JN267787

近代農村社会運動の群像

在野ヒューマニストの思想

坂本 昇 著

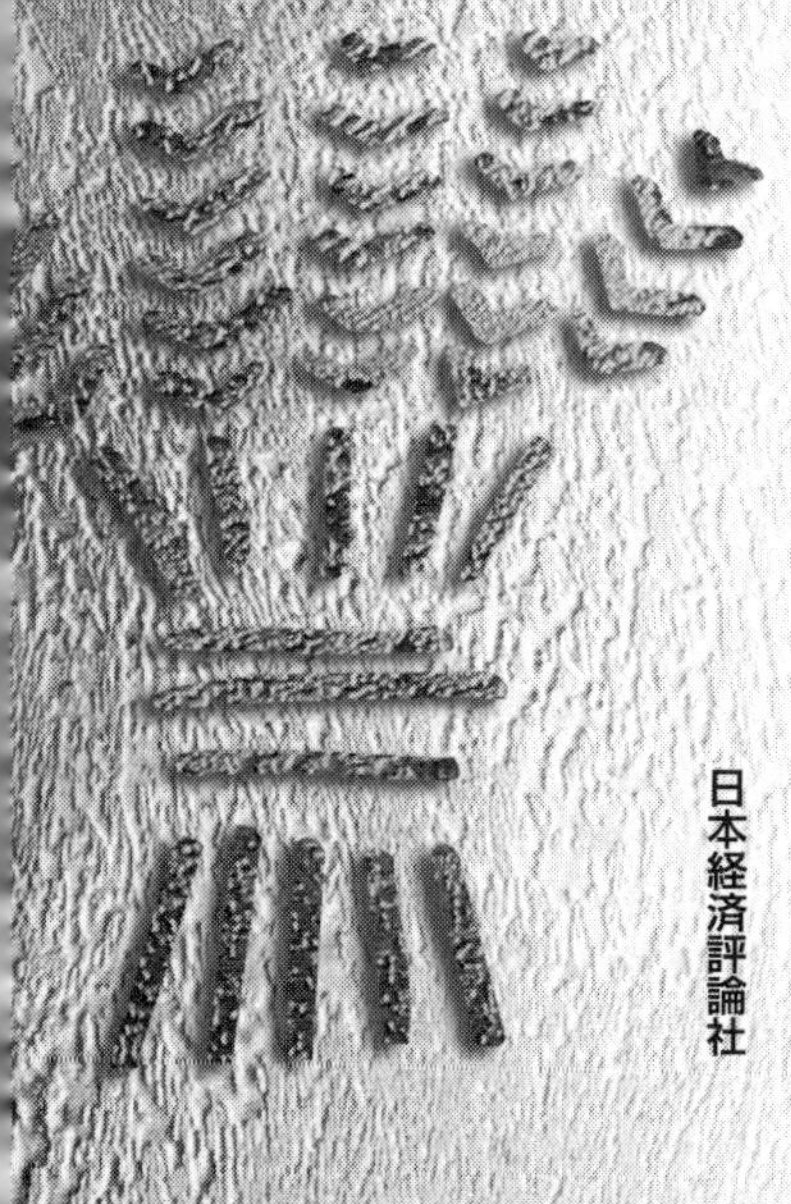

日本経済評論社

目次

凡　例

一、引用史料は、旧字・旧かな遣いを原則として、原史料を再現するように努めたが、一部現代表記とした箇所もある。史料中の伏せ字は「×」で示した。

二、埼玉県富士見市立中央図書館「渋谷定輔文庫」所蔵史料は、史料番号を付して引用し、その他のものは、所蔵先を明記した。

三、先行研究・論文等の註記は、初出の場合を除き刊行年を省略したものがある。

四、本文中・史料中の傍点は、特に但し書きのある場合を除き、坂本が付した。また、中略等は「…」で示し、要約・補注は［　］とした。人物の敬称は省略することを原則にした。

五、「戦後」「満州」などは、煩雑さを厭わず鍵括弧を付して表記した。

序　章　近代農村社会運動史研究の地平——本書の課題と視角——

第一節　課題の所在

現在の社会では、政党レベルの組み合わせだけの「統一戦線」で、民主主義運動が進展する状況ではない。自治と民主主義を基調とした、幅広い共同と統一の追求が社会的課題である。世界史的にも、日本近代社会においても、政党間の対立が労働運動や農民運動などの大衆運動内部の対立を惹起し、結果としてそれらの運動を「敗北」させた史実は枚挙に遑が無い。近代日本農民運動も、また「戦前期」の埼玉県農民運動も、その例外ではない。「統一・分裂・弾圧」の歴史として、また表面上は「敗北」の社会運動と見なされてきた埼玉県農民運動ではあるが、その運動における活動家の思想・政治意識や運動論などを検討することによって、現代民主主義のありようについて考察するうえでの橋頭堡としたいと思う。そのためには、運動論・政治意識など個々人の思想が問われなければならない。

「運動論」とは、労働運動・農民運動などの社会運動や政治運動などに対する行動論理・考え方のことであり、政治方針・政治理論などによって構成されるものであると考えたい。「政治意識」とは、運動論に大きく影響されながらも、個人の生活や社会情勢の推移に応じて変容したり、より強固なものになったりする日常的な意識のことである。例えば、「これまでの運動は誤謬が多かったのかもしれない」とか「今は情勢が厳しいが、明日からも頑張ろう」などという意識である。

政治意識の変容は、運動論にも影響を及ぼすこともあろう。個々人の思想は、情勢の推移や先駆者の思想などに影響を受けながら、政治意識や運動論と相俟って一つの方向性を獲得したり、または次第に変容をとげたりしながら形成されていくものであろうと考える。

埼玉県における農村社会運動の群像を思想史的に検証するにあたり、はじめに、農民運動史の研究史を概観してみよう。

従来の「戦前期」農民運動史研究は、「大正デモクラシーには如何なる限界があり、如何にしてファシズム体制に組み込まれていったのか？」という問題意識に支えられてきたものが多い。こうした研究の第一人者であって、約三〇年間にわたって各地の農村史料を分析してきた西田美昭は、次のように近年の研究状況を整理している(1)。

近代日本農業史研究、とりわけ近代日本農民運動史研究の本格的な見直しが必要であると実感している……。日本の農民運動は一九二〇年代中葉の小作争議・農民組合勢力の拡大と、農地改革直前の農民運動の爆発的高揚という二つのピークをもつが、運動の性格を統一的に理解する論理をこれまでの研究は基本的にもたなかった。戦前の小作争議・農民運動についていうなら、第一次大戦後の不況のなかで小作人は労働運動の影響をうけつつ小作料の減額を求める小作争議に立上り、農民組合運動も発展するが、一九二八年の三・一五事件やその後の左翼に対する弾圧のなかで運動は困難に陥り、さらに戦時下で農民組合そのものが禁圧されることにより農民運動は窒息させられるというのが通説的理解といってよい。しかし、……小作争議は、昭和恐慌からの脱出過程である一九三〇年代中葉に二〇年代のそれに及ばないにしても再び増加しているし、戦時下で組合が禁圧されても、自己の経営を充実させるべく運動を展開している。簡単にいえば、不況や弾圧が重大な影響を与えたことは否定しえないが、それだけでは説明が困難な諸運動がみられるのである。

西田美昭は、労働運動よりも農民運動がより左翼的であった理由（労働者にとって「解雇」がもった意味など）や、農民的小商品生産とその概念の再検討、自作農創設方式で実施された農地改革の画期性と戦後農民運動の高揚と衰退などについて課題を立てて検討しようとした。農民各層が統一を守って闘うならば、「耕作権」を「確立」し勝利する可能性があったことを示しつつ、例えば「新潟県の王番田争議の勝利が『貧農的農民運動の高揚』によってもたらされたものでないことは、もはや多言を要しない(2)」などとした分析と、各章に見られる地主・小作関係の実証的抽出など学ぶべきことが多い。

しかし、そうした争議の勝利を可能にした農民各層や運動指導者などの政治意識や運動への主体的な関与に関する検討は、なお十分とはいえない。

また、西田美昭編による『昭和恐慌下の農村社会運動』（御茶の水書房、一九七八年）は、長野県小県郡をフィールドにした共同研究書であり、地域の産業構造の分析をはじめ、農民運動のみならず青年団運動や部落解放運動、さらには経済更生運動などをも視野に入れた九〇〇頁に及ぶ大著である。同著のねらいの一つとして、「大正デモクラシー期」から「昭和恐慌期」を経て、「ファシズム期」さらには「戦後改革期」へと推移する過程を、「農村で生活する人々の行動を通して」明らかにすることが挙げられており、同著は、そうした構成で叙述されたものである。そして「焦点をあくまで農村で生活する人々の意識・行動に合わせていきたい」と述べている(3)。したがって、抽出された史実では、村人一人一人の村内で占める経済的・社会的地位などが重視されている。こうした精緻な分析の問題意識と方法論に、もとより学ぶところが大きい。しかし、同著が実証した農村社会運動史の領域とは別の、個人的思想史の領域が形成される必要があると考える。農民運動関係者などの変革主体の思想史的研究である。そのためには、日記・書簡などの第一次史料の活用が必須であり、「生」の声として、すなわち同時代的政治意識のありようを再現しながら検証しなければならないのではないかと思われる。

「農民の生の声」に関しては、太田敏兄『農民意識の社会学』（明治大学出版部、一九五八年）という古典的研究がある。しかしながら、これは岡山県南部地域を対象にして「戦前・戦後」の四回にわたる一般的な農民の意識アンケートであって、小作争議などの農民運動の推移に沿った政治意識（あるいは小作争議の前後や渦中の意識、同時進行中の意識）の分析としては、なお十分なものとはいえない。

大正期の農民の政治意識を扱った代表的な研究に、鈴木正幸『大正期農民政治思想の一側面』[4]がある。しかし、標題のとおり大正後半期までの反都会主義・反商工業主義の抽出と農民党論が中心であり、一九三〇～四〇年代への言及は少ない。

また、東敏雄『大正から昭和初年の農民像』（御茶の水書房、一九八九年）のような聞き書きをもとにした研究もあるが、これは農民生活史の史実確定に力点が置かれている。さらには、西田美昭・久保安夫編『西山光一日記』（東京大学出版会、一九九一年）のように、新潟県西蒲原郡坂井輪村における「戦前・戦後」を通した第一次史料の編纂も進んでいるが、これはこの日記が淡々とした事実の記載が多いためか、その解題も小作争議や農地改革などの史実自体の確定に関する叙述が中心になっており、農民の政治意識・運動論などの検証は、必ずしも十分ではない。

このように運動指導者や農民が「何を思っていたか」「どんな意識であったか」を不断に視野に入れ、政治意識や運動論を思想史的に抽出して検証した研究は、ほとんどない[5]。

また、先行研究における一九三〇年代の農民運動の評価については、二つの異なる見解に分かれているといえよう。一つは、農民運動が耕作権の確立を要求する段階に到達したとして三〇年代の農民運動を高く評価する林宥一らの見解である[6]。林は、ほぼ一貫して貧農的農民闘争に高い評価を与えているといってよいであろう[7]。

近代農民運動史の「草分け」的存在である栗原百寿が全国農民組合（全農）全国会議派の農民委員会運動を高く評価し[8]、さらに暉峻衆三は、その栗原が「革命的高揚」論者であるとして整理した[9]。林の見解は、こうした栗原および暉峻の整理の系譜のなかに位置づけられよう。もっとも暉峻の栗原に対する評価については次のような異論がある。坂根嘉弘は、栗原が「大恐慌以後における土地取り上げ争議の激化」を別の箇所では、「運動衰退のメルクマールにほかならない」と叙述している点などを上げて、「系統農民組合運動の運動方針や主観的な理念から客観的な運動の実態を無視して農民運動に対する評価を下すのは誤りである」ことを強調する。(10)

一九三〇年代の農民運動についての二つ目の見解は、二〇年代の大小作争議段階が衰退したのであるとする西田美昭らの研究である。(11)さらに「近畿型」の農村史研究者の白木沢旭児は、「庄司俊作氏や坂根嘉弘氏の協調体制論や森武麿氏、大門正克氏の協同組合による組織化論も農民運動衰退を前提としている」と整理している。(12)

また、後者の見地からの研究には、庄司俊作『近代日本農村社会の展開』（ミネルヴァ書房、一九九一年）がある。庄司は、地主・小作関係の近代的形態を「温情的」関係として定式化しつつ、小作争議のなかで出現する各地の協調団体に着目して地主・小作関係の現代的形態として「協調体制論」を提起している。(13)さらに佐藤正志は、こうした協調体制が、国家や農業諸団体が単に「上から」組織化していっただけでなく、恐慌による「閉塞状況」のなかで生産（力）主義への傾斜を強めた農民自身の能動的・主体的な選択にもとづくものとして位置づけている。(14)佐藤の議論は、昭和恐慌期の小作争議は「協調体制未成立」の農村におけるものとして相対化され、さらに社会大衆党の「右旋回」によって農民運動は「ファシズム的統合の中へ徐々に組み込まれ」る存在として位置づけられるのである。

こうした西田・庄司・坂根・佐藤らの研究は、大枠として首肯できるものであるが、例えば佐藤の「能動的・主体的な選択」説にしても、農林省農務局・徳島県内務部などいわば「上から」の史料に散見される記述をもとにしたものであり、「下から」の声が十分に検証されているとはいえない。

一方、日本帝国主義を「軍事的・封建的帝国主義」と位置づけた所謂「講座派」の理論を部分的に批判しつつも基本的には継承している中村政則は、(15)寄生地主的土地所有の分析を中心に、地主・小作関係の進展と農民運動について膨大な量の実証的研究を蓄積している。中村政則は、栗原百寿の「中富農的な第一期農民運動」から「貧農的な第二期農民運動」へと推移する運動主体の転換論を継承しながらも、昭和恐慌期については、農民諸階層の全般的窮乏化に着目して、中農が実質的には貧農に転落して「貧農的ライン」を基調とする農民運動が展開するのであるという修正を加えた。そのうえで、一九三二～三三年に本格化する恐慌対策（小作調停法による調停によって農民が農村におけるファシズム的再編への軌道にのせられたこと、自作農創設維持事業、農村経済更生運動など）によって農村の社会的矛盾の激化が鎮静化され、ファシズム的再編が進展すると指摘している(16)。

小作争議の背景に進展した農民的小商品生産の評価に関して、中村政則と西田美昭の見解は若干異なる(17)。農民が手元に「剰余（＝利潤）」を残す「商品生産小作農」の存在は、大恐慌下では決して多くはないとする中村政則と、剰余と利潤を区別したうえで「農民的小商品生産」を評価する西田美昭との差異である。しかし、両者が「協調体制論」とはやや異なった経済史的視点で、一九三〇年代の農民運動の激化・衰退を論じている点では共通している。また、小作争議の嘆願書、全農中央委員会の指令書などの分析は行われているが、中村・西田両者とも、在地の指導者や農民個々の政治意識についての検証は、十分ではないと思われる。

こうした点を補う研究として大門正克『近代日本と農村社会――農民世界の変容と国家』（日本経済評論社、一九九四年）がある。初期小作争議をも高く評価する大門正克は(18)、明治後期から昭和恐慌期にいたる農村社会の変容のなかに、農村社会運動全体を位置づけようとした。そして、栗原百寿が提起していた「農民運動の主体の具体的な階級構造的、人間関係的分析」の視点を継承し、農村・農民の文化状況を対抗文化・対抗社会の創造として把握し、その挫折過程の中に農民運動の衰退を位置づけようとしている。大門は、農村青年の文芸熱・教育熱や青年団活動など農民運動の周縁に広がる社会の変容を抽出した。そして、男子普通選挙や農民運動によって地域的公共性が定着するという時代の転換期における農村経済更生運動などは、「それまで政策的に光のあたらなかった自小作・小作中農層を中堅人物に登用して、農村の階層変動を推しすすめた(19)」と結論づけて、日本の現代社会へ転機としての「転換期の農村社会」像を描写した。

日本近代各時期における農村社会と農民運動の特徴に関する、大門の鋭利な分析には敬服するが、その構造的分析に主力が割かれているためか、また史料的制約のゆえか、素朴な「生の声」を包含した政治意識・運動論の検証は、やや後景に退いている印象が残る。

いずれにしても、これらの先行研究は、「戦前期」農民運動を、一九二〇年代後半と「昭和恐慌」後とを運動の二つのピークとしてとらえつつ、地主・小作関係の進展や農民的小商品生産、農村中間層の分析などをもとにして、運動の発生・展開・衰退を描き出した数々の労作として蓄積されてきたものであるといえる。また、政治史的には、集合離散を繰り返した数多の無産政党や日本共産党などとの指導・共闘などの諸関係、「左右」両派の労働組合運動や水平社運動との提携関係などについての研究も進んでいる(20)。

次に、本書がおもに分析の対象とする埼玉県内の農民運動史研究について概観してみよう。古典的大著である農民運動史研究会編『日本農民運動史』（一九六一年、御茶の水書房、新装版は一九八九年）には、岡山・兵庫ほか一八道府県について各章で論じられているが、埼玉県はそのなかに含まれていない。しかし、埼玉県内の運動に関しては、農民自治会運動、指導者の渋谷定輔論、吉見事件など全国農民組合埼玉県聯合会（全農埼聯《ぜんのうさいれん》）傘下の激化諸事件、埼玉人民戦線事件などの各時期の研究は、少ないながらも一定の蓄積がある(21)。近年の研究のなかでは、一九三四～三五年の全農埼聯「左右」両派の合同への動きついて、長原豊の「全会派（「左派」：坂本註）としての運動に行き詰まっていた全会派埼玉県聯が、運動的に折れて出た」とするなど「左右」両派の運動史から運動論を抽出しようとした研究もある(22)。これらを略述すれば、協調的な二〇年代後半の争議から激化・孤立分散状態に陥る三〇年代の運動を総括した、政治史的研究及び経済史的研究であるといえよう。また、三七年一〇月の埼玉人民戦線事件は「デッチ上げ」とされ、さらには、こうした弾圧によって「農民組合としての実質はそなえていない(23)」大日本農民組合へと移行するとされてきたのである。

さて、農民運動などの無産運動の在地の指導者や活動家たちは、経済要求に基づいて行動しただけでなく、本来は社会正義とヒューマニズムを基調とした群像（とりあえず彼らを「在野ヒューマニスト」と呼ぶことにする）であったと思われる。しかし、彼らもまた、当時の政党中央部の指導者と同様に、分裂・集合離散を繰り返す。こうした農民運動指導者・活動家個々の思想や政治意識などについての研究は、ほとんどない。安田常雄には、渋谷定輔についての個人史的研究がある。(24) しかし、渋谷定輔が運動の第一線を退く一九三四年頃までを中心とした研究である。

昭和恐慌以後の経済更生運動と農民運動の関係や、全農埼聯再統一の模索の時期から戦時体制に至る時期（一九三四〜四一年）、さらには「戦後民主化」の時期などに関する運動論や活動家の思想・政治意識などの検証を中心とした、埼玉県における農村社会運動についての分析は、ほとんどない。

運動を退き戦時体制に協力する者は、従来は「転向者」として扱われてきたが、近年の研究では、「転向」も、その思想や運動の継承・前進・実際化として再評価されるようになってきた。(25) また、政治思想史的には、大正デモクラシーの担い手の一部が「近衛新体制」などを支えていく「革新派」となることを明らかにした研究も蓄積されてきた。(26) さらには、総力戦体制に現代化を見いだす山之内靖らの研究は、近現代史研究の一つの「主要な潮流」となりつつあるといえる。(27) また社会思想史的には、総力戦体制下の「革新左派知識人」(28) の「戦時変革思想」や、プロレタリア文学作家たちのヒューマニズムの分析から、その曲折や変節過程を明かにする研究も近年盛んである。(29)

こうした議論も視野に入れつつ、当時の在地活動家の思想・政治意識を具体的に検証することが、本書の中心的な課題なのである。

繰り返すが、現在の社会は、政党レベルの組み合わせだけの「統一戦線」で、民主主義運動が進展する状況にはない。自治と民主主義を基調とした、幅広い共同と統一の追求が社会的課題である。「統一・分裂・弾圧」の歴史として、また表面上は「敗北」の社会運動と見なされてきた埼玉県農民運動における活動家の思想・政治意識や運動論などを検討することによって、現代民主主義のありようについて考察したい。これは、日本近現代史を在地の活動家の思想・政治意識などのレベルから問い直すことであり、換言すれば「下から」の農村社会運動史の視点から、新たな近現代史像を再構築しようとする試みであると考えている。民衆運動の思想史的検討によってファシズム体制・総力戦体制への道程を明らかにしつつ、戦争への民衆の多様な「加担」のあり方について考察し、さらには「戦後」民主主義勃興期への政治意識の継承について展望しようとするものである。

第二節　研究の方法

先行研究を整理し、一九二〇～四〇年代および「戦後」初期の方針案・ビラ・雑誌や新聞などの資料を収集・整理して、運動史を政治史的に検証する。さらに、「戦前」の活動家の書簡・日記・論文草稿・聞き取りなどの史料を史料批判を踏まえて検討して、運動論・思想・政治意識などを実証的に検証して考察する。

おもな史料は、埼玉県富士見市立中央図書館「渋谷定輔文庫」（以下：渋谷文庫）資料、埼玉県小川町山本正躬氏所蔵資料、石川県羽咋《はくい》市高野源治氏所蔵資料、法政大学大原社会問題研究所資料（以下：「大原社研資料」）、『新編埼玉県史資料編23』（以下『県史資料編23』）などである。

渋谷文庫は、渋谷定輔《しぶやていすけ》の所蔵図書・日記・書簡・ビラなど約二万点が渋谷の死後寄贈されたもので、整理途中の資料もあるが、筆者は「戦前期」の諸資料約二万点を極力幅広く閲覧し、利用することができた。また、石川県内の小学校教員出身で全農埼聯活動家山本弥作《やまもとやさく》のご子息山本正躬氏が所蔵する資料は、これまで一部の研究者がごく一部の史料を利用してきたにすぎないが、ほとんど未整理の状態で、山本家の倉庫にある書簡・会議録・ビラなどの多数の資料を一点ずつ検討しつつ複写させて頂いたものである。この二箇所の資料群のなかでも、渋谷定輔の日記、渋谷宛の多数の書簡、全農埼聯の理論的指導者鞠子《まりこ》稔《みのる》の山本弥作宛書簡、山本弥作の石川県での活動を伝える書簡と地方新聞など、先行研究ではほとんど分析対象にはなっていない多数の第一次史料を発見したり、閲覧できる機会を得たりしたことが、研究進展の大きな契機となった。

本書のもとになった研究の当初は、ビラ・会議録などによって農民運動における統一戦線運動の限界と可能性について政治史的に検証しようとしていたのだが、日記・書簡類の発見等によって思想史的研究が可能になった。「どんな政治意識であったのか、何を考えていたのか」などの問題を捨象しては、社会運動の実態や変革主体について考察し得ないと考えたからである。

先行研究では、小作台帳・小作料収納帳などをもとにして地主・小作関係を抽出するという手法や、農民組合の議事録・ニュースや『特高月報』などの警察資料等に基づいて争議の経過を確定するという方法論が一般的であった。もとより、本書もこうした方法論に学ぶところが大きいが、そのうえで運動論・政治意識などを明らかにするために、個人の書簡・日記・草稿・ビラなどを中心的な分析対象とすることにした。思想史的研究には、これらの第一次史料の分析が必須であると考えるからである。

本書は、小作争議を中心とした従来の農民運動史ではない。活動家群像の思想的変遷を分析するために農民運動以外の多様な社会運動にも言及する。また、収集・整理した史料類の性格と制約により、本書は、渋谷定輔に関する記述が多い。渋谷定輔は、一九二〇年代半ばから農民運動に身を投じ、農民自治会から全農埼聯結成への中心的活動家となる。運動中の弾圧・拷問により病身となり第一線を退いた後、温泉厚生運動に取り組み、「戦後」は生協運動・革新自治体運動などに身を投じる。渋谷自身が、当初のアナーキズム的非政党主義からマルクス主義思想への接近、日本共産党入党と離党など多様な思想史を歩む(30)。

しかしながら、また本書は、渋谷定輔個人の思想史研究でもない。渋谷を中心とした活動家群像の思想的変遷を

「縦糸」としつつ、農民運動を中心とした農村社会運動の史実を「横糸」としながら、それらのなかの政治意識や運動論などを抽出・描写することによって、「戦前・戦後」期の運動関係者の思想史を検証しようとするものである。そして、一時期の短期間の分析をこえて、史料上で可能な限り分析時期を長くとり（例えば青年期から晩年まで）、思想の変容と継承の問題を検討しようとするものである。

第一章では、農民自治会の結成とその解散過程に着目し、その間の活動家の政治意識・運動論を検証し、併せて日本共産党の農民委員会方針について検討する。

第二章では、全農埼聯の運動が分裂・激化していく過程における小作争議や諸活動を中心に、その政治意識を分析する。

第三章は、共産党「多数派」事件、「転向」問題などの思想・運動論の問題と、全農埼聯の再統一過程における人民戦線方針などを中心に検証し、併せて埼玉人民戦線事件について再検討する。

一～三章の検証を踏まえて、第四章では、総力戦体制下から「戦後」民主主義運動にいたる時期の活動家群像の政治意識について洞察を加える。

また、おもに対象とする時期は、概ね次のとおりである。

第一章：一九二二年～三一年〔運動の黎明期と農民自治会運動、農民委員会方針提起の時期〕
第二章：一九三一年～三四年〔全農運動の分裂と激化の時期〕
第三章：一九三四年～三七年〔全農運動の再建と人民戦線運動の時期〕
第四章：一九三七年～「戦後」〔総力戦体制と「戦後」民主主義運動の時期〕

章立ては、埼玉県農民運動の時期区分に該当していると考えている。

［序章　註］

（1）西田美昭『近代日本農民運動史研究』東京大学出版会、一九九七年、三頁。
（2）西田前掲書、二三六頁。
（3）西田美昭編前掲『昭和恐慌下の農村社会運動』四頁。
（4）『日本史研究』一七三・一七四号、一九七七年。
（5）安田浩は、「民衆意識のレベルで、デモクラシーからファシズムへとその志向性が旋回していく過程をいち早く問題にしたのは鹿野政直であった」として、反資本主義・反都市的志向が、普選体制への期待から政党・議会制への不信へと展開する様相を鹿野が追跡したとする（安田浩『大正デモクラシー史論』校倉書房、一九九四年、二一〇頁）。鹿野の分析は、農村青年団の思想分析であり、本書が対象とする農民運動関係者に関する思想史的研究とはやや視角が異なるものであるが、「（現状打破のエネルギーとしての）『改造』志向が体制のファシズム化への同調へと旋回する論理」の分析として学ぶべき点が多い。
（6）林宥一「農民運動史研究の課題と方法」『歴史評論』三〇〇号、一九九六年。後に林『近代日本農民運動史論』（日本経済評論社、二〇〇〇年）に収載。
（7）坂根嘉弘「小作争議の経済理論」三好正喜編『戦間期近畿農業と農民運動』校倉書房、一九八九年、三八八頁。
（8）栗原百寿『栗原百寿著作集』校倉書房、一九八一年。
（9）暉峻衆三『日本農業問題の展開』下、東京大学出版会、一九七〇年、一六一頁。
（10）坂根嘉弘『戦間期農地政策史研究』九州大学出版会、一九九〇、一四歳。
（11）西田美昭「昭和恐慌期における農民運動の特質」『ファシズム期の国家と社会一昭和恐慌』東京大学出版会、一九七八年。
（12）白木沢旭児「近畿都市近郊農業と商品市場」三好正喜編『戦間期近畿農業と農民運動』校倉書房、一九八九年、二四九頁。

(13) 前掲の坂根嘉弘『戦間期農地政策史研究』、および森武麿編『近代農民運動と支配体制』(柏書房、一九八五年)も「協調体制論」という枠組みからの分析としては、共通しているといえよう。
(14) 佐藤正志『農村組織化と協調組合』御茶の水書房、一九九六年、一〇三頁。
(15) 中村政則『労働者と農民』小学館、一九七六年、及び『近代日本地主制史研究』東京大学出版会、一九七九年など。
(16) 中村前掲『近代日本地主制史研究』二八八〜三一七頁。
(17) 中村前掲『近代日本地主制史研究』二九四頁と、西田前掲書『近代日本農民運動史研究』五四頁。
(18) 今西一「初期小作争議の一事例」三好正喜編『戦間期近畿農業と農民運動』校倉書房、一九八九年、三一四頁。
(19) 大門正克『近代日本と農村社会——農民世界の変容と国家』日本経済評論社、一九九四年、三六四頁。また、大門は「農民自治とデモクラシー」(中村政則他編『デモクラシーの崩壊と再生』日本経済評論社、一九九八年)や、『民衆の教育経験』(青木書店、二〇〇〇年)などによって、民衆の日記や教育史資料などから、都市・農村の生活者意識に即して民衆像を明らかにしようとしている。ただし、日記史料としての『農民哀史』については、本書の補論で、再考の上再論する(本書四三頁)。
(20) 塩田庄兵衛『日本社会運動史』岩波書店、一九八二年。また、横関至『近代農民運動と政党政治』(お茶の水書房、一九九九年)は、農民運動参加者が既成政党(おもに民政党)を支持していくような政治的意向や、現状改善の多様な要求などを検証した好書であり、教えられることが多い。ただし、日記・書簡などの史料発掘は少なく、農民の意向や要求に関する同時代的な「肉声」があまり聞こえてこない。
(21) 『新編埼玉県史』(ぎょうせい、一九八九年)以外では、とりあえず以下のようなものがある。
本田豊「埼玉のピオニール運動」『埼玉県労働運動史研究』九号、一九七七年。

渡辺悦次「埼玉県農民運動小史」『埼玉県労働運動史研究』一〇号、一九七八年。

渡辺悦次・星野千華子・鈴木裕子「埼玉県農民運動史年表」『埼玉県労働運動史研究』一〇号、一九七八年。

星野千華子「全国農民組合青年部埼玉連合会の活動」『埼玉県労働運動史研究』一一号、一九七八年。

渡辺悦次「埼玉人民戦線事件」『埼玉県労働運動史研究』一二号、一九八〇年。

田中正太郎「人民戦線事件と私の闘争」『埼玉県労働運動史研究』一二号、一九八〇年。

牛窪宗吉「開拓団への参加と改革闘争」『埼玉県労働運動史研究』一二号、一九八〇年。

石川道彦「満州開拓団苦闘記」『埼玉県労働運動史研究』一二号、一九八〇年。

埼玉県史編纂室「『埼玉人民戦線事件』をめぐって」『埼玉県史研究』六号、一九八〇年。

加藤千香子「埼玉県吉見村小作争議」『埼玉県労働運動史研究』一三号、一九八一年。

斎藤健「埼玉県における労・農運動と水平運動」『部落問題研究』八四号、一九八五年。

加藤千香子「普選実施後の農民運動」『歴史学研究』五五四、一九八六年。
＊年代に着目すればわかるとおり、「埼玉県労働運動史研究会」の活動が休会し、県史編纂が一段落した、一九九〇年代以降の研究は管見ではほとんどない。
(22) 長原豊『天皇制国家と農民』日本経済評論社、一九八九年、一〇五頁。ただし、筆者は全農埼聯「左右」両派の統一過程に関しては長原の見解に若干の異論がある。第三章第三節註1（本書一六七頁）。
(23) 渡辺悦次「埼玉人民戦線事件」『埼玉県労働運動史研究』一二号、一九七八年。
(24) 安田常雄『出会いの思想史』勁草書房、一九八一年。
(25) 例えば、運動史研究会編『運動史研究』三一書房、一九七八年や、伊藤晃『転向と天皇制』勁草書房、一九九五年など。
(26) 例えば、酒井哲哉「一九三〇年代の日本政治」、塩崎弘明「革新運動・思想としての『協調主義』」、ともに『近代日本研究の検討と課題』山川出版社、一九八八年所収。
(27) 例えば、山之内靖他編『総力戦と現代化』柏書房、一九九六年や、雨宮昭一『戦時戦後体制論』岩波書店、一九九七年など。
(28) 例えば、米谷匡史「戦時期日本の社会思想――現代化と戦時変革」『思想』岩波書店、八八二号、一九九七年一二月、

第四章第一節註13参照（本書二一二頁）。

(29) 権錫永「帝国主義と『ヒューマニズム』――プロレタリア文学作家を中心に」『思想』註28に同じ。第四章まとめ註31参照（本書二三九頁）。

(30) 安田常雄前掲書。

第一章　全農埼聯の結成過程とその政治意識

一九二八（昭和三）年五月二七日、日本農民組合（日農）と全日本農民組合が合同し、杉山元治郎《もとじろう》を委員長として全国農民組合（全農）が結成された（創立大会は大阪市立公会堂）。埼玉県では、一九二九年五月、旧農民自治会（農民組合全国協議会）と発足間もない全農埼玉支部が合同し、全国農民組合埼玉県聯合会（全農埼聯）の組織確立協議会が開催され、以後全農埼聯としての活動が始まる（第一回大会は、一九三六年一〇月。第三章参照）。

本章では、全農埼聯結成の前史として一九二〇年代後半に活動した農民自治会を中心に検討したい。ただし、この黎明期の埼玉県農民運動史、渋谷定輔論、農民自治会などに関する先行研究は多く[1]、本章第一節・二節は、第三節以降の論証に必要な程度の記述にとどめる概説的なものである。農民自治会の「農民自治思想」とは何であったか。農民自治会は何故解散したのか。また、全農埼聯の運動にどのような影響を与えたのかを確認したい。併せて、のちに全農運動にも多大な影響を及ぼす日本共産党が、全農埼聯の結成期においてどのような農村方針を持っていたのか（＝農民委員会方針）について検討する。

第一節　黎明期の農村社会運動と農民自治会の結成

埼玉県下では一九一〇年代から単発的に小作争議が始まっているが、本格的な農民運動の成立は、第一次世界大戦後の二〇年代に入ってからのことである。長島新《ながしましん》（大里郡太田村・現在妻沼町出身）は、早稲田大学在学中から社会主義思想にふれて、二一年太田村の小作争議の支援に入り、また機関紙『小作人』などを発行していた。

周知のとおり、一九二二年賀川豊彦《かがわとよひこ》・杉山元治郎らによって日本農民組合（日農）が結成され、関東地方には、労働総同盟・東大新人会・早稲田建設者同盟などの支援を受けて、須永好《すながこう》らによって日農関東同盟が組織された。埼玉県では、日農支部よりも先に埼玉県水平社が結成されており、埼玉県水平社が日農の運動に参加するなかで、埼玉県の日農支部が結成された。一九二四年のことである。この中心的存在が近藤光《こんどうひかる》であった。近藤は「労働組合―農民組合―水平社の三角同盟の理論」(2)に基づく運動を目指していた。しかし、この黎明期の埼玉県農民運動は、壁に突き当たり活動は衰退する。県内の支部は、日農関東同盟東京出張所の直属とされたため、日常的な支援が受けにくく組合員の不満が高まったことや、近藤光の独善的性格への批判などが原因として考えられている(3)。

同じ頃、もう一つの農民運動が胎動を始めていた。渋谷定輔・中西伊之助《なかにしいのすけ》(4)・下中弥三郎《しもなかやさぶろう》らの農民自治会であった。渋谷定輔は、一九〇五年埼玉県入間郡南畑村（現在富士見市）の自小作農家の長男として生まれ、自由大学の指導者土田杏村《つちだきょうそん》、『女工哀史』の著者細井和喜蔵《ほそいわきぞう》らと出会い、進歩的思想にふれる。また農民詩を書き続けて二六年最初の詩集『野良に叫ぶ』を刊行し、この前後から埼玉県農民運動の中心的人物の一人となる。

渋谷定輔は、すでに一九二二年から二四年四月まで続いた南畑村の小作争議に参加した体験をもっていた。この南畑村争議は、小作農民側の小作料減額の要求を実現し、ほぼ全面的に勝利した。林宥一の研究では、この勝利をみち

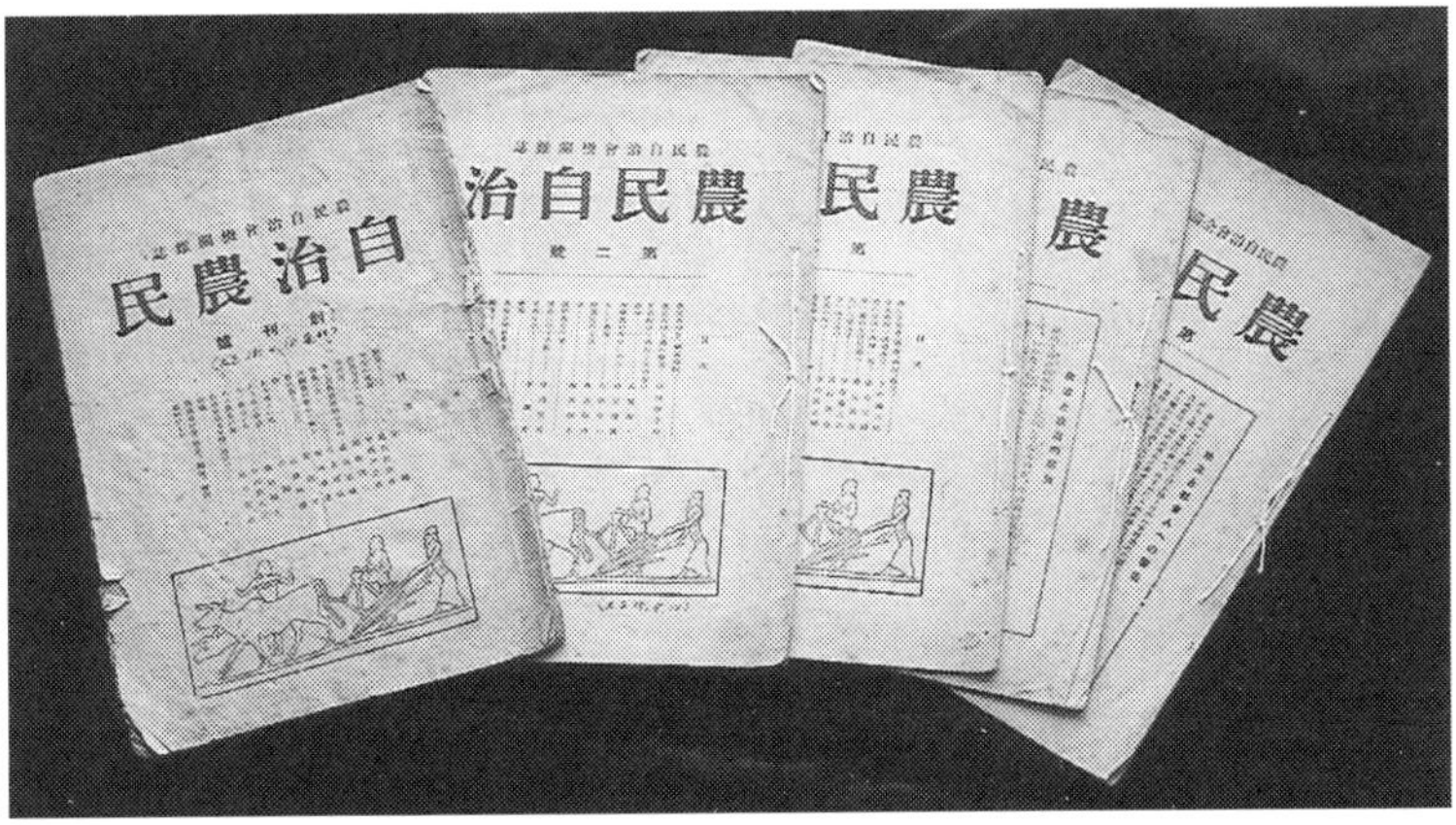

『農民自治』 創刊号のみ『自治農民』、第2号より『農民自治』。埼玉県富士見市立中央図書館「渋谷定輔文庫」所蔵。

びいた小作農民の意識の根底に近代プロレタリアートの団結権に共通する思想や、人間らしく生きるべき生存権思想の萌芽を読みとっている。(5)

ただし、南畑村四字《あざ》のうち、早期に僅かな減額で地主側と妥協した二字については、当然ながら全面勝利とはいえない。その原因を渋谷定輔は「封建遺制というんでしょうか、地主の所へ日雇いに使われるというような身分的格差が残ってい」たこととしてとらえていた。(6)農村に残る封建的遺制改革を目指した渋谷定輔の南畑での活動は、争議勝利直後の一九二四年「第二農民同盟」を組織して、農村青年運動を企図することに継承されていったのである。渋谷定輔は、翌一九二五年二月、『報知新聞』(7)に掲載された中西伊之助の評論文に共鳴して中西を訪問して出会う。同年二月一六日には南畑小学校で「農村問題講演会」が開催され、講師に中西伊之助を迎え、司会は渋谷が務めた。参加者は二〇〇名にのぼり、以後渋谷定輔は、日農関東同盟ではなく中西伊之助らの人脈のなかで活動するようになる。

渋谷定輔は、当時の政治意識について「農民自身が直接立ち上がり、発言し、行動し、組織し、改革するしか道はない」というものであったと、あとで記している。(8)それは、行政にたずさわる人々が、農民の労苦や要求がわかるはずはないと考えていたからである。農村青年渋谷定輔が、主体的に運動に身を投じる契機は、こうした「農民自身」

による改革を展望したことにあったのである。

一九二五年一二月一日、東京で農民自治会が結成された。この時に、渋谷定輔は、もと埼玉師範教官で教員組合「啓明会」を結成し進歩的知識人として知られていた下中弥三郎(9)と平凡社で出会うのである。中西・下中・渋谷らのほか、石川三四郎（所謂「アナーキズム」系の社会主義者）、竹内圀衛《たけうちくにえ》（長野県の農民出身）、大西伍一（農民文学作家）、高群逸枝《たかむれいつえ》（女性史家）、野口伝兵衛（新潟県木崎村小作争議の中心的人物）、犬田《いぬた》卯《しげる》（農民文学作家、作家住井すゑの夫）など、多彩なメンバーが農民自治会の全国連合委員に名を連ねた。特に、中西伊之助・下中弥三郎との出会いにより、埼玉県内での農民自治会活動に開眼し実践化していく渋谷定輔と、渋谷の盟友の宮原清重郎《せいじゅうろう》、岡正吉《しょうきち》らが埼玉県農民自治会の中心的活動家となっていったことに注目しておきたい。

第二節　農民自治思想と非政党同盟運動の政治意識

一九二五年に結成された農民自治会は、政治的には非政党同盟・非政党主義を提唱した。非政党同盟を提唱したために、従来は「アナーキズム系」といわれてきた(1)。しかし、農民自治会の実際の運動は、農村講座・農村読書会などの農村文化運動や、互助組合的側面（極貧の小作農女性を救済することなど）が強かった。農村部の青年を中心とした「大正デモクラシー」の息吹も残っていた。それは、埼玉県内の初期の小作争議が日農関東同盟に追随していたことへの自己批判から、農民の自立をめざす運動が在地から志向されたからである。渋谷自身は、のちには「南畑争議のときも、日農関東同盟の指導は参考にはしたが、それに引回されなかった。農民自身の主体的条件を大切にする姿勢を貫いたんです(2)」と回想している。また、渋谷は、「(関東同盟の)一部の人びとに政治屋風の臭味があったり、大先生みたいで俺たち小作人なんか対等に見ない指導者意識を感じた(3)」とも述べている(4)。

また、農民自治会のもう一つの特徴は、都会主義への批判としての農業主義・農村主義が打ち出されたということである。大正後半期の農民運動が「反商工業・反都会意識」を強烈に意識化したことは、すでに鈴木正幸も指摘している。(5)渋谷が編集・発行人となった機関誌『自治農民』には、次のように述べられている。

史料：『自治農民』（創刊号、大正一五（一九二六）年四月。渋谷文庫・雑ノ―28）（第二号から『農民自治』）

「農民自治とは何ぞ」　中西伊之助　［五頁］

まず最初に、無産農民は、二重に自分の血を絞られてゐることを知らねばならぬ。一つは、地主から直接に、その二つは、都会から間接に。――従って、都会労働者の解放よりも、農民の解放は困難である。農民が解放されやうとすれば、都会主義と戦はねばならぬ。即ち、農民運動は一面には都会の商業主義にたいする、田舎の農業主義の戦である。

「第二期農民運動の方向」　渋谷定輔　［七頁。『農民哀史』上、二〇五頁にも］

…今や農業耕作者は、地主も、小作人も、自作農も、打って一丸となり、近代商工業、都会中心主義に対して、弓を引かねばならない秋に面してゐるのである。

…われわれの目標は、商工業を農業に従属せしめ、都市を農村に従属せしめ、積極的に都市商工文明に弓を引き、健全なる、しかして正義なる農村文化の建設の要求であらねばならぬ。されば農村内部における地主小作人の問題を第一に解決しなければならないが、農村における大地主は、次第に資本主義化し、われ等の敵たる都会ブルジョアと握手し、農民搾取の新戦術に余念がない。

渋谷定輔・黎子夫妻（1932年秋）　埼玉県富士見市立中央図書館「渋谷定輔文庫」所蔵。

…悩める小地主よ、諸君は狭小なる不耕作地に恋々とせず、この全農耕作者の危機と社会的正義に自覚し、わが農民自治会の綱領に基づく自治体有（ママ）地に自発的寄進をなし、以て真正なる農民としての立場から、新しき農耕作者全体と団結して、都会集中商工主義と、それに移転せんとしつつある大地主に向い、奮然と戦いを宣すべきである。

これこそが、第二期農民運動の方向であらねばならぬ。

ここでは、渋谷が小作農だけでなく「全耕作者」「農耕作者全体の団結」を理念としていたことにも注目しておきたい。地主側の妥協を引き出して勝利した南畑小作争議の経験をもつ渋谷定輔らは、運動の分裂・激化にはむしろ批判的であり、小地主層（及び自作地主なども含まれると推定される）とも、協調的であったのである。

農民自治会教育部主催の第一回林間講座は、一九二六年八月二〇日から五泊六日で東京・上高井戸の大西伍一方で開催された。おもな講座は、石川三四郎「近世社会運動と農民」、下中弥三郎「農村教育再建」、中西伊之助「労働組合論」、犬田卯「土の芸術」、岡本利吉「農村消費組合について」、室伏高信《むろふしたかのぶ》「土の哲学」などであり、講座参加者は、「記念文集」を編んでいる(6)。

また、翌二七年には「会員の相互扶助的方法により各種の書物を経済的に読むと共に相互の啓発をはかる［原文カタカナ：坂本註］」ことを目的として農村読書会規約(7)が制定された。この頃には婦人部も設置され、全文カタカナの勧誘ビラがまかれたりした。「シイタゲラレテヰル　オークノ　シマイヨ!!!」で始まるこのビラは「アナタガメガサメテ　アカルイ　ヨノナカニ　タヾシク　イキタイト　オモウナラ　ノウミン　ジチカイ　エ（ママ）　オイデナサイ！」(8)と結ばれている。これは、「国字カタカナ」と「国際語エスペラント」を普及する当時のエスペラント運動の影響であるが、平易な文字で農村女性を組織化していく配慮がなされていたことが想定される。

埼玉県内の農民自治活動で特筆すべきは、前述の極貧小作農女性を救済した運動である。病弱の老夫婦の娘（入り婿《むこ》は赤貧に堪えられず家を捨てる）を救済するため、地主との小作料全額免除交渉や支援物資の呼びかけ（地主からも義捐金を出させる）などの運動に取り組み、新聞にも取り上げられた。「病と貧に小作一家が哀れ／生きるなやみ」(9)、「農民自治会の活動で／若林一家 甦《よみがえ》る／悲惨なる同家へ温き同情／渋谷氏感激して語る」(10)などである。こうした互助組合的あるいは農村文化運動的な農民自治会は、「生産階級の自治」及び「自治力」拡充のためにとして、政党とは一線を画した運動を展望していった。

二七年になるといわゆる「非政党主義」運動が、農民自治会の中心的な活動になる。渋谷定輔はローカル紙に「農民自治主義の勝利」と題して、「…アナもボルもあるもんか！　それは知識階級の政治的野心家や小児病的観念革命狂の言ふことだ。私は『唯の純農民』だ。政治に代るに自治を以てせよ！　そこにのみわれわれの解放がある！(11)」と述べている。「アナ・ボル論争」からは、相対的に自立した農民の立場から述べているのである。

また、雑誌『農民自治』も非政党同盟に関する論説が多くなる。

史料：『農民自治』（十二号、一九二七年九月。渋谷文庫・雑ノ―28）

◎「わし達はなぜ政治運動を嗤《あざわら》ふか」［二頁］

自治が通れば政治引込む

…単一無産政党をなど云ふ虫のいゝ叫びも聴えたにもかかわらず、組合運動の分野さへも分裂又分裂いろいろの理屈を並べて聞くにたへない仲間争ひを見るに至った。但しその争ひは野心に充ちた指導者達の勢力争ひ、椅子争ひに過ぎないことはわかりきってゐる。

若しも真に単一を望むならばそこには政党はあり得ない。それを俺れに委せろ彼に頼んでの政治ではなしに、みんなで力を合わせての自治、生産階級の自治的団結であらねばならない。その団結より生ずる、自治力を拡充して行く処、政治的支配の突破などは問題ではないのだ。

◎「非政党的組合行動の秘訣」［三頁］

彼等の持たざる武器を執って

…わし達はこゝに掲げたやうな一々の問題に就いて村の人達を説く。そしていやが上にも与論を呼び起さうとしてときには懇談会、講演会、村民大会、農自の大会などを開く。が一番力をそゝぐべきはこれらの問題につき或ひは組合員或ひは期成会員になるやう村中にすゝめる。説いて説いて説き廻って署名調印を求めることだ。そしてそれが政治問題にぶつかる場合には請願の形式によってそれぞれ村会に県会に国会に要求する。村長に知事に当局大臣に談じ込む。村会議員、県会議員、代議士にその取次ぎを迫る。「君を選挙した村民の大多数はこれこの通り真の要求を持ってゐる。この要求につき、君は取次ぐ義務を負へ」と談じ込む。そしてこの要求を取次ぐことを余儀なくさせるにの《ママ》だ。

無産政党の分裂・対立が続き、農民自治の思想からすると、政党間の政争は「椅子争い」でしかなくなっていたのである。それゆえに、行動提起は、請願・集会などの直接行動主義的なものになっていった。この後も『農民自治』誌上では「吾等永遠の旗印～政治運動の無力暴露～中西伊之助[12]」、「埼玉に非政党同盟の烽火あがる／まづ四要求を提げて当局に当る[13]」、「全国的非政党同盟を起すの議[14]」など非政党運動の主張が繰り広げられていった。農民自治会埼玉県聯合会は、県会議員選挙に際して「埼玉非政党同盟」として「百姓ハ一人残ラズ非政党同盟へ」のビラを一〇万枚作成して県内に配布している。そのビラには、穀物生産検査規則の改正、農家用諸車税・自転車税の廃止、農家家屋税の廃止、官公吏俸給三割削減の四大要求が印刷されている[15]。

また、こうした農民自治会の運動について、大門正克は次のように評価している。国家や政党から自立した自治をめざす農民自治会の運動スタイルは「何よりも近代がおしつけたライフスタイルへの異議申し立てだったのであり、農民自治会なりの新しい生き方（ライフスタイル）の提起にほかならな[16]」いものだったというのである。しかし、近代の「押しつけ」との対決という優れた農民自治思想は、政党運動とも対立し、しかも議会に進出できないような直接行動主義は、「異議申し立て」のなかに埋没し始める。「非政党運動」も、次第に限界が見えてきた。本格的な男子普通選挙制度の導入のなかで、政党運動の模索が農民自治会内部からも始まる。このことが農民自治会の命脈を断つことになる日は、すぐそこに来ていた。

第三節　農民自治会の解散と全農埼聯の結成

一九二八年に農民自治会は、無産大衆党参加問題を契機とした思想的路線対立が生じて、中心的指導者の一人であった中西伊之助が脱退する。中西自身は、当初は否定していたが、無産大衆党結成（のちに日本労農党などと合同して日本大衆党へ）への動きには、ある程度同調していたようである（後述）。

史料：中西伊之助脱退の辞（渋谷宛葉書、渋谷文庫・雑ノ―28『農民自治』合本31―5）

…小生事、創立以来三年の間心血をそそいで運動して来ました農民自治会が全く小ブルジョア的アナキスト文学運動に堕落したる不満と節制ある政治的進出を企て八月十六日夜脱退声明を致しましたが、その後二十三日にもなって全国聯合会委員会は既に脱退したる小生へ数項の理由を挙げて除名の発表を致しました。しかしこれは一つの閥を作りつゝある委員会の勝手な憶測故意の捏造と、無産大衆の根拠なき空宣伝に依るものであり、小生は大衆党とは現に何等の干係はありません。この経緯は布施辰治氏主幹の「法律戦線」十月号には発表致しますから公平なる御批判を仰ぎます。小生は同志と共に更に新しい運動に取かゝりますから益々御指導の程を御願いします。

昭和三年八月二十八日　　東京市外淀橋町柏木六五五番地　　中西伊之助

農民自治会本部は、中西伊之助を除名処分にした。その理由は、無産大衆党発起人会に中西が独断で農民自治会を代表した資格で参加したこと、無産大衆党結成式に際して中西が農民自治会の名を以て賛成の手紙を送ったこと、農民自治会埼玉聯合会が既に大衆党支持を決したとの報告をしたことなどであった[1]。中西は、これらを否定しており真偽は不明である。しかしながら何らかのかたちで中西が無産大衆党と接触をもっていたことは想定できる（後述）。

渋谷定輔は中西の除名・脱退の直後は、自らの進退と農民自治会の将来について逡巡する。次の書簡草稿には、中西脱退に際する渋谷定輔の逡巡と中西への反感が窺える。

史料：一九二八年八月、渋谷定輔の書簡草稿・差出先は不明（渋谷文庫1656―22）

…十二日竹内君と懇談したところ、竹内君は決して脱退する意味はないとのことであったから喜んだ次第だ。……しかし、先日中西氏を処分した苦しみは農自の更生にあったのであるから、そして今日中西氏の逆宣伝が卑劣且つ醜なるものがある時に農自が解体したもののよふな有力な逆宣伝（坂本註：書き込みあり：俺がヤメタラそらみろペシャンコになったではないかといふ）の材料になると兄の行動は思はれるから、脱退しないで貰ふことをお願い致したい。

農民自治会の盟友であった竹内圀衛は脱退しないでいるからとして、農民自治会の再出発のために、脱退を申し出る者を説得するための渋谷定輔からの書簡であろう。一方の中西伊之助は『農民新報』を刊行してさらに反論する。

史料：『農民新報』（創刊号、一九二八年一二月五日）発行編輯人中西伊之助（渋谷文庫259）

吾等は如何に政治的進出をしたか

一、自己清算時代来る

…過去三年の間に、日本の無産階級運動は未曾有の過失を繰り返した。所謂全面的政治闘争、分裂主義の指導理論である。その惨禍は過去十年に渡って日本の無産階級が血と涙に築き上げた僅かの組織さへも根底より破砕するに至った。

…かくて今や一切を清算して新しき陣容を整へる時代が来た。政治と経済の闘争分野は政党と組合とのその本質的陣営に於て分担し、各の分野に於て一大合同を企て、ここに巨大なる抗争団体の二大陣営を結成して、一路無産階級の解放の彼方に驀進しなければならない。［中略］

如何なる政党を支持すべきか［中略］(2)

誠意ある単一合同主義のためにまい進せよ！

…吾々は日本の現段階に必要なる経済闘争を忘れた所謂福本主義に依る全面的政治闘争には断じて反対である。殊に分裂主義をあくまで排撃する。［中略］

…最近の全面的政治闘争なるものが、如何に労働者、農民の組合組織を破壊し滅亡せしめたかを知れば十分理解することができる。

吾々は日本の客観的情勢に明白なる認識を有するものでなければならない。いかに華やかな闘争的言辞を弄ぶも、それは単なる自己陶酔的満足に過ぎない。いかに非妥協的快感に酔ふも、大衆は彼等の背後より遠く離れ失ってる。それでは何等無産階級の解放とはなり得ない。

傍点部に明かなように、中西の主張には、「分離・結合」論を唱えた「福本イズム」によって経済闘争の政治闘争化と分裂主義に影響された「左翼」運動への批判が根底にはあるが、単一・合法的な無産政党への思想的傾斜が明瞭に表れている。

また中西は、「堕落せる農民自治会幹部」と題して、雑誌『農民』(3)は同人雑誌・文壇的出世雑誌となった、『農民』は小山啓・牧輝夫［本名鷹谷信幸］の農民自治会幹部らが文士や文芸評論家となるための野心的な雑誌にほかならないなどと批判した（雑誌『法律戦線』からの再録記事）。さらに、無産大衆党が過失を認めて陳謝したと述べたうえで、中西は「今後同党を個人として支持することにした」として、同党への支持を呼びかけている。そして「過失を過失として改め私情を排して合同することが無産階級的義務と信ずるからである」とこの文を結んでいる。中西自身この後無産大衆党・日本大衆党に参加するわけで、この時から自ら政党への進出を意図していたことは間違いないことであろう。

中西は、さらに日本大衆党除名後、堺利彦らと結成した東京無産党党首として、一九三〇年の総選挙に出馬する。農民から離れた知識人・政治家の農民自治思想からの逸脱行動の結末であった。渋谷定輔も引責辞任のかたちで脱退する。

こうして、「福本イズム」による政治的混乱と、政党主義や無産政党への合流問題によって、農民自治会は結成三年で解体するのである。農村自治的な運動の行き詰まりと、統一戦線運動の第一回目の挫折であった。

しかし、農民自治会の解散や日本農民組合の分裂後、全国的統一への模索の動きは早かった。一九二〇年代前半の小作争議では解決されない高率小作料問題や封建的小作慣行などの問題が残存していたため、全国レベルの運動体の結成が各地で志向されたからである。その結果、埼玉県でも二九年に全農埼聯の結成をみるに至る。

史料：一九二九年五月、声明書　（大原社研資料、『新編埼玉県史資料編23』五七五頁にも）

声明書

資本家地主とその代弁たる反動政府は、駆って我等の組織破壊に狂奔しつゝある。これに対抗するには我等の戦線を統一し組織を拡大強化するより道はない。戦線の統一！　これこそ窮乏に苦しむ農民大衆が、その解放戦を、一歩一歩踏み出す毎に切実なる要求となって現れる。真に自らの解放を欲する農民に取って、農民戦線の統一――即ち戦闘的な全国的単一農民組合の結成こそ、実に当面の本能的要求である。この要求をもしも拒否せんとする組合幹部があるならば、彼等こそ実に憎むべき農民の裏切者たることを立証するのだ。

かゝる農民大衆の要望は、かつて我国農民運動に唯一、非政党主義を標榜し来たれる農民自治会の内部にも、勇敢なる政治的進出となって現はれ、それを阻止せんとする一派と遂に分裂を見た。そして政治的進出をなせる同志は、全国的階級的単一農民組合実現のスローガンを掲げ農民組合全国評議会を組織するに至った。かくて同組合本部は、……その中心組織地帯たる埼玉県支部に於いては、全合同実現への一歩を進め、先づ全国農民組合埼玉支部に対し、無条件合同、即時県聯合会組織確立を提唱した。［以下声明書本文略］

昭和四年五月

全国農民組合埼玉支部

農民組合全国評議会埼玉支部　合同県聯合会組織確立協議会

これまでのいきさつを捨て、単一農民組合の実現のために歩み出した全農埼聯結成時の経過と統一戦線を目指す政治意識が明確に述べられている。しかし、この時点では、運動の統一よりも組織の合同・統一に重点があったがために、「如何にして」「如何なる運動を」という展望が欠如していた。ここに支持政党問題と並ぶ分裂の要因があったのかもしれない。なお、全農埼聯結成時の委員長は佐野良次、書記長は渋谷定輔であり、埼聯本部として浦和に事務所を開設し、ここで渋谷は池田ムメ（渋谷黎《れい》子《こ》）と結婚する（黎子は初代婦人部長となる）。

全農埼聯は、結成直後から「火工廠設置反対」運動を展開し、また、大久保村排水路開削反対運動、教員減俸反対運動などを小作農民以外の一般の農民・市民をもまきこんで統一戦線的な運動を展開した。さらに翌年五月には、県下の無産団体の共同を提唱する。(4)

「大同団結」を呼びかけたこの懇談会には、大衆党・社会民衆党・労農党の三党のほか、県内の労働組合の代表など五三名が集まり、救援会を設置すること等の協議が行われたが、(5)それ以後の運動の成否は不明である。

この懇談会直後の六月二〇日、大久保村争議中(6)に県聯本部事務所が家宅捜査を受けて、渋谷定輔は逮捕されている。次の史料にこの間の経過が述べられている。

史料：『農民闘争』（第一巻第5号、一九三〇年七月、渋谷文庫・雑ノ―29）

●大衆行動で八年間闘ひ抜く／埼玉の大久保村民

北足立郡馬宮村から同郡大久保村に通ずる新排水路の計画に就て、下大久保村はそれをやられては死の問題だ！　大久保村が水路買収に応ぜぬ結果土地収用審査会がノサバリ出してムリヤリ土地を収用せんとした。……大久保村民は内務省へ三回、県庁へ数十回、全村民総動員して抗議運動に押しかけた。そのため収用審査会で裁決したにも拘はらず、馬宮村と大久保村の代表者会議を開くことになった。……一体この八年間の闘争は何を意味するか？　これこそ実に農民の強固な団結と大衆行動の威力である。

…死んでも勝つと云ふ大久保村民を勝せろ！

大久保村民の大衆的闘争万歳！（全農埼聯ニュースから）

●突如！　埼聯に弾圧

六月二十日早朝、浦和警察特高は七名の官犬を引連れ、埼聯事務所を襲撃し、家宅捜索を行って、県聯ニュース原稿、雑誌農民闘争、其他数点を押収し、書記長渋谷定輔君を検束した。左翼農民運動の雑誌「農民闘争」が、全国農民大衆から絶大なる支持を受け、ぐんぐん読者が増え、勢力を増して行くのを怖れ、何とかして妨害したいと思って、「農闘」の発行人渋谷君目がけてこの暴圧を下したのだ。だが奪還に行った埼聯の同志の勢に屈し、遂に三日渋谷君は帰へった！

「農民闘争」は安全だ。だが今後弾圧はますます激しくなるだらう。

全国の農民諸君、ガッチリと腕を組んで農民闘争を守れ！

雑誌『農民闘争』への支持が広がり、無産運動者懇談会の運動が萌芽し、大久保村争議に勝利の展望が出はじめた直後の埼玉県警による弾圧であった。

一方、埼聯内部でも、鞠子稔ら「二七テーゼ」などに依拠した日本共産党シンパは、火工廠設置反対運動や、とりわけ「教員減俸反対」などの埼玉県における埼聯の統一戦線的運動を次の史料のように「プチブル化」として、厳しく批判した。

史料：一九三〇年八月一四日、渋谷定輔宛鞠子稔書簡（渋谷文庫1879）

貴兄達が教員運動をやってゐるとすれば、それは全農としてやるべきことではないと思ひます。……全農としてあんな決議をした事は、或る意味の階級的ダラクであると思ふ。……中小商工業者、下級サラリマン相手のスローガンは、社会民主主義者にのみ必要ではあるまいか。彼等小ブルには解放戦に参加できる丈の階級性、生活条件がない。それはレーニンの云ふ通りだと私は思ふ。

…全農の諸君は、戦術的見とほしのない、社民流の同情から、あんな決議をしたのではないかとも、私は憶測してゐる。……全農としては、自分達の組織内に於ける農民兄弟に何と弁解してゐますか？

鞠子稔は、旧七郷村（現在比企郡嵐山町）で、地方税減税のために「教員俸給の供出」の運動に取り組んでいた。そのなかでは、教員は「プチブル」とされていたのである（第三章第二節参照）。

全国農民組合全体としては、一九三二年第四回全国大会において、全国労農大衆党（三一年結成、翌年社会民衆党と合同し社会大衆党となる）への支持強制に固執する「右派」によって排除された「左派」系代議員四〇名が検挙されるという異常事態のなかで、「左右」の対立は組織的分裂へと拡大してしまったのである（「左派」＝全国会議派＝全会派と「右派」＝総本部派）。統一戦線的運動の「二度目の挫折」であった。

第四節　日本共産党の農民委員会方針と運動論的限界

当時の日本共産党中央では、佐野学らが農民委員会方針を掲げていた。[1]全農「左派」系の雑誌『農民闘争』でも、般若豊《はんにゃゆたか》（のち作家「埴谷雄高」、当時のペンネーム「中尾敏」）が「農民委員会の組織に就いて」を発表した。[2]これは、当時の日本共産党農民部長伊東三郎が渋谷定輔と相談したのち、般若豊、小崎正潔《こさきまさきよ》と議論したうえで般若が執筆したことが、確認されている。[3]

また三・一五事件公判で党幹部高橋貞樹は次のように述べている。当時の日本共産党を代表する見解であり、農民委員会方針の特徴が述べられているので、長文であるが引用する。

史料：農民問題に対する方策並に指導の尋問に対する被告高橋貞樹の答弁[4]

第一七回公判：一九三一年九月一五日、東京地裁：裁判長宮城実、

…次に小ブルジョアの諸政党、すなはち社会民主主義諸政党の農民政策であるが……彼等の言ふ土地国有なるものの性質を見ますと、……農民は今迄地主階級に対した代りに今度は国家に対する。さうして地主階級をして、最早小作争議とか其他一切のうるさいことから逃れて、単に公債所有者として安楽な、堅固な生活を送らせよう、而も農民は国家に対する債務奴隷の地位に陥る。これが彼等の土地国有の正体でありまして……。…胡麻化しの最も滑稽な、最も極端なものは、「公正なる小作料」といふスローガンであります。……公正なる小作料といふことは、言葉を換へて言へば公正なる搾取、或は公正なる吸血高といふことに等しいのであります。

…最後に最も悪質下等の社会ファシスト、解党派が来るのでありますが、……彼等は、日本に於ける明々白々たる大土地所有の存在に対してこれを否定する。日本のやうに土地からの搾取の高が多く、土地価格の高い所では、

十町以上といふのは最早明白な大土地所有であります。而もこの大土地所有者の数が約五万人、その占有する土地面積は全耕地の約四分の一に当るといふことを此の前申し上げました。この事実を彼等は全然見ない。これを否定する。更に、滑稽な最も悪質な意図を蔵したものに彼等の「全土地所有の没収」といふスローガンがある。一体全土地所有を誰が没収するか。〔五反以下の小農民の所有地も没収するのか？〕……スパイ的な社会ファシスト、解党派が、日本共産党の名を以て農村に持込むといふことになれば、日本共産党の意義ある大土地所有の没収といふものを全然滅却するものである。

　第一八回公判：一九三一年九月一七日、〔前回に続き、被告高橋貞樹の答弁〕

…農民の闘争は略々三つの段階をとる。最初は極めて端初(ママ)的な段階、小作料の一時的な減免やその他要求項目である。その形態は鎌止とか不納同盟とかいふものである。これが第二の時期に入りますと地主階級の攻勢のために、勢ひそれはブルジョア国家機関の裁判所に於ける係争事件となり、所謂法廷戦を採るに至った。然るに第三期は斯の如き法廷戦では決して農民の闘争は勝利を得ることは出来ぬ。これによって何等の解決手段はないのでありまして、勢ひ大衆行動にうったへる。流血の惨事といふものを到るところに行ふやうになる。この大衆行動の意味は即ち今日より高い段階、大土地所有の没収といふことを全面的に目標とする時期に進んで来たのであります。

…党の農村に於ける活動……即ち農村プロレタリア及び貧農に立脚する農村細胞を形成する。農民組合内に於いて働き、その指導権をかちとるために努力する。革命的指導のために闘ふ。組合内にフラクションを作る。強大な左翼を形成するといふことに努力をする。特にこの党大会のためのテーゼ草案が問題にしました重要問題は現在の農民組合を農民委員会に転化させるところの任務であります。現在農民組合といふものは総て小作人組合として先づ発生して居る。小作争議といふものを主として居る。これは余りに中央集権に出来て居る。

…吾々は農民協会又は農民委員会といふ形態に転化すべく努力しなければならぬといふことを主張したが、これ

> は既に二十八年コミンテルン大会後の決議が吾々に示してゐる。
> この農民委員会といふのは村落を基礎にし貧農を基礎にするところの広汎な被搾取農民大衆の組織である。これは小作争議のみならず農民に当面するあらゆる経済的利害の問題、政治的問題に付ての闘争を行ふのでありまして、農民の大衆行動の指導はこの農民委員会が当る。……農民の日常の政治闘争といふものはこの農民委員会が当る。
> …次に農民の闘争の諸形態に付て述べます。……農民の大衆暴動は多くこの小作争議の発展として起って居る。従て党はこの小作争議の革命的指導といふことに最も力を尽し、この小作争議はしばしば大きな示威行動、野天の大集会、或は執達吏や地主の無頼漢に対する大衆的な組織或は警察の無頼漢に対するところの逆襲或は地主の屋敷の襲撃、或は地方官庁への大衆的示威押掛けといふやうないろいろな形態を採って居ります。これを有ゆる形態に於て発展させるといふことが農民闘争に於ける共産党の任務である。革命的な大衆行動といふものはしばしば小作争議の発展として起る。……

ここでの特徴は、以下の諸点であろう。第一に、社会民主主義政党の「土地国有化」論を農民を債務奴隷化するものとして批判したこと。第二に、「共産党解党派」の「全土地所有の没収」を批判し、日本共産党の大土地所有の没収の意義を混乱させるものであるとして断罪したこと。第三には、農民が当面するあらゆる経済的・政治的課題に取り組むという大衆的な農民委員会方針の意義を確認したこと。そして、それにもかかわらず第四に、大規模な示威行動とともに官吏への実力行動・地主屋敷への襲撃などの極左行動への発展を「農民闘争に於ける共産党の任務である」としたことである。

三点目のように農民のあらゆる経済的・政治的要求を取り上げて小作争議だけに限定しない運動が提唱されたが、一方で、「流血の惨事」をも当然視する激化方針を掲げるという矛盾（＝「ズレ」）があったといってよい。

こうした観念的な方針が、在地では各県の指導部レベルに対する影響力をもっていったと考えられる。埼玉県も例外ではなかった。ちなみに埼玉県で、「全農埼聯ニュース」に「農民委員会」方針が初登場するのは管見では一九三一年一二月であり、次に掲げる史料である。

史料：一九三一年一二月一日、「全農埼聯ニュース第12号」（渋谷文庫64）

農民委員会で戦へ――それは一体どんなものか？――

…農民の生活は益々くるしくなって来た。小作人はもとより自作兼小作も自作農も困りきってゐる。税金をへらすこと、電灯料・肥料の値下げ、自転車・荷車税の廃止、農民の息子を殺す戦争反対等々の問題はひとり小作人のみの問題でなく全勤労農民の重大なる問題だ。こうゆう問題は農民組合の支部ばかりでなく、これに利益を持つ全勤労農民の問題として、その地域内の全農民の中から代表を選び代表者達の指導の下に、大衆的に戦って吾々の問題を解決し吾々の要求を貫徹しやう。「実権」は一番戦闘的な小作人が握ってゐる様にしないとこれは強くならない。こうする事によって自作農も自作兼小作をも皆小作人の味方とすることが出来るのだ。

この闘争を指導する代表者の集りを正式には「農民委員会」と言ふのだが、むつかしい様に思ったら名前は何でもよい。皆のすきな感じのよい名前をつければよいのだ。こうした農民委員会の指導の下に農村の勤労大衆を広く動員して働く農民の利益を守り資本家地主の政府をやっつけろ！

★農民委員会を作れ！／★農民の問題は農民自身の手で解決しやう！〔中略〕

★即時満洲からテツ兵しろ！／★軍事費で農村をすくへ！

★帝国主義戦争を止めろ！／★銃を資本家地主にむけろ！

こうした方針は、在地の一般農民にはすぐには理解されなかった。農民委員会の実践はなかなか進展しなかったのである。農民委員会方針とともに「帝国主義戦争反対」を掲げているが、在地の農民には理解されなかったと思われる。

全国的には、社会民主主義政党の合同により全国労農大衆党（一九三一年）、さらに社会大衆党（三二年）などが結成されるが、全国会議派およびその傘下の全農埼聯はこれらを「社会ファシズム勢力」と明確に規定するようになるのである。世界史的には、コミンテルン第六回大会（二八年七月）の「社会民主主義主要敵論」の束縛からのがれられていなかったのである。

まとめ——統一戦線の二度の挫折と、二重のズレ——

農民自治会の解体は、農民自治思想が行き詰まるなかで無産大衆党への賛否というかたちでの対立が表面化したものであり、第二章で詳しく検討するように、結成間もない全国農民組合の分裂も、全国労農大衆党支持強制をめぐる対立が要因であった。政党支持強制をめぐる対立は、一九三六年の全農埼聯統一まで（さらには現在にまで至る）一貫した理由としては、おそらく唯一の対立要因であったといえよう。統一戦線的運動は、埼聯の本格的統一までに「二度の挫折」（農民自治会解体、全農の分裂）を経験したのである。

また、この間の運動論・政治意識には「二重のズレ」があった。一つは、在地側から見ると農民自治会のような「耕作者全体のため」（自作地主・中小地主をも含めた利益のため）の運動論とそれに身を投じる政治意識が、中央の指導層（日本共産党幹部など）には理解されず、指導層側にしてみると、基本的には同趣旨と想定される農民委員会方針に込めた政治意識が在地では理解されなかったというズレである。「アナーキスト」と「ボルシェヴィキ」の対立に関して藤田省三は、小野陽一の「農民組合らしいものがあっても、それがたとへば農民自治系のものだといふのでマルクス主義者はすぐ理論闘争をやって分裂してしまふやうなことを、熱心に行った」（小野陽一『共産党を脱する迄』）という発言を重視している（5）。

「アナ・ボル」論争の所為といえばそれまでであるが、在地では「アナ・ボル」の二項対立だけでない「ズレ」が生じていた。この「ズレ」がもたらした歴史的意味は再検討されなければならないだろう。「論争・対立」が自己目的化する過程で、ほぼ「同質・同趣旨」の他者の政治意識を見失いがちであったのである。

二つ目には、左派に影響を及ぼす共産党指導部の運動論が、農民委員会活動のような農民のあらゆる経済的・政治的課題に取り組むといういわば全村的運動を志向しつつも、明確な極左・過激方針を内包していたという「ズレ」である。

この「二重のズレ」は、第一の「ズレ」が「組織中央と在地」、第二の「ズレ」が「政党内部の戦略的・方針的矛盾」ともいうべきもので、本来は次元の異なるものである。しかし、第二章で検討するように、第一の「ズレ」は、のちに全農全国会議派中央の常任委員会と全国会議派内部の批判派である在地指導層の「ズレ」を惹起する。また第二の「ズレ」は日本革命をめざす全国会議派在地指導層と一般農民の意識の「ズレ」の原因となり、第一・第二の「ズレ」が相俟って、闘争の過激化傾向の全国会議派が大衆的基盤を失っていく過程で、本格的な大衆的方針を出すという「ズレ」を生み出していくのであった（第二章まとめ参照。第二章まとめでは、これらを「三つの大きなズレ」として整理している）。

この「二度の挫折」と「二重のズレ」に見られる政党支持強制問題と農民委員会方針の展開について着目して、埼玉県内の特に全国会議派を中心に、第二章で検討していきたい。

〔第一章第一節　註〕

（1）渡辺悦次、安田常雄らの前掲書など。

（2）『新編埼玉県史通史編6』一九八九年、二八八頁。
（3）渡辺悦次「埼玉県農民運動小史」（『埼玉県労働運動史研究』10号、一九七八年）。
（4）中西伊之助は、一八八七年京都府宇治の生まれ。日比谷焼き打ちに参加したのち、社会主義運動や、プロレタリア文学運動に加わる。農民自治会以後、無産大衆党・日本大衆党に参加するが、堺利彦らとともに除名され東京無産党などを結成する（第三節参照）。一九三七年第一次人民戦線事件で検挙。アジア太平洋戦争終結後は、人民文化同盟を組織し、日本共産党から立候補して衆議院議員を二期務めている。一九五八年死去。なお、一九四五年九月下旬から活動を開始し「治安維持法撤廃、政治犯の即時釈放、戦争責任者の処罰」を要求した人民文化同盟は、治安維持法撤廃前の敗戦直後の民主主義運動として再評価されつつある（梅田欽治「戦後民主主義運動の流れと日本国憲法の制定」『日本国憲法を国民はどう迎えたか』高文研、一九九七年参照）。
（5）林宥一「小作地返還闘争と地主制の後退――埼玉県入間郡南畑村小作争議を通して――」（『歴史学研究』三八九、一九七二年）。のち『近代日本農民運動史論』（前掲）収載。
（6）大栗行昭『日本地主制の展開と構造』御茶の水書房、一九九七年、二四七頁。原典は渋谷定輔『農民哀史から六十年』岩波新書、八九頁。
（7）安田常雄前掲書、一二二頁。
（8）渋谷定輔『農民哀史』勁草書房、一九七〇年、一四一頁。ただし、本書補論で述べるように、この前後の記述は、当時の「日記」にはなく『農民哀史』刊行時に渋谷が加筆したものである。
（9）農民自治会以後の下中は、平凡社社長を続けながら、一九三一〜三二年には「新日本国民同盟」「日本村治派同盟」などを組織するとともに、次第に「大アジア主義者」となっていく。四〇年大政翼賛会発足に協力、アジア太平洋戦争終結後は、戦犯として公職追放となった。追放解除後は、平凡社にも復帰し、世界連邦運動などのほか平和運動に取り組む。一九六一年死去。

〔第一章第二節　註〕

（1）安田常雄前掲書、一二八頁など。ただし、安田自身も「アナ・ボル」の二項対立的把握については疑問視している。

（2）渋谷前掲『農民哀史から六十年』八九頁。

（3）渋谷前掲書、八九頁。

（4）安田常雄は、渋谷が「…日農青年部に加盟してみて不満に感じたのは、青年部員や、組合員が、自主・自治・自律精神に弱く、上からの知識人に盲従して引き回される危険性があったからだ」。「もう一つは、単に小作料の軽減運動だけが中心となり、その他の農村農民問題が軽視されていたことだ」（『農民哀史』三七九頁）と述べていることに着目している（安田前掲書、一二八頁）。本書補論で紹介するように、『農民哀史』のこの前後の記述は、のちの渋谷の回想を含めて加筆されたものであり、原記録ともいうべき渋谷定輔の「日記ノート」には、この箇所の記述はない。ただし、この記述の前半は、渋谷の組織観や知識人の「啓蒙性」批判として、また後半は農民委員会的活動への展望（および回顧）として重要な指摘であると考えてよい。

（5）鈴木正幸前掲論文「大正期農民政治思想の一側面」。鈴木は、「…農業、農民が（都会の）商工業によって収奪されているのだという意識」を抽出し、昭和恐慌期の農本主義的運動に先行する大正期の農本主義的傾向を分析した。筆者は、渋谷定輔ら農民自治会の農業主義もこうしたなかに派生したものであると考えている。また、林宥一は「農民自治会論」（林前掲書に収載）で、渋谷の反都会主義を渋谷と交流のあった室伏高信の『文明の没落』からの影響であると指摘している（林前掲書、一〇三頁）。

（6）農民自治会教育部『第一回林間講座記念文集』渋谷文庫243―2より。

（7）「農村読書会規約」渋谷文庫242より。

（8）エスペラントとカタカナ使用の勧誘ビラもある。渋谷文庫86より。

（9）『東京日日新聞』一九二六年八月一三日付、渋谷文庫・雑ノ―28『農民自治』合本31―1。渋谷『農民哀史から六十年』一〇二頁にも掲載されている。

(10)『読売新聞』同九月二一日付。『農民哀史』四二九頁にも転載されている。
(11)『由利新聞』一九二七年二月一日付、渋谷文庫221―7aより。アナーキズムとマルキシズムに関する渋谷定輔の認識については、本書の補論第二節（五二頁）を参照。
(12)『農民自治』一三号、一九二七年一一月、八頁。
(13)同前、一一頁。
(14)『農民自治』一四号、一九二八年一月、三頁。
(15)渋谷文庫写真資料Ⅰ―33他。安田常雄は、農民自治会の「非政党同盟」運動について、「選挙のときに住民の生活要求項目をあげて、候補者に回答を求め、それによって投票するかどうかを決めるという運動」として、「生活と政治をいかにつなぐかという素朴な願いが込められていた」と評価している（高畠通敏・安田常雄『無党派層を考える』世織書房、一九九七年、九三頁）。筆者は、運動の質としての「非政党同盟」については、安田の評価に基本的に首肯できる。ただし、本格的普通選挙実施という歴史的背景のなかでの運動論的限界性にも着目したいと思う。
(16)大門正克「農民自治とデモクラシー」前掲：中村政則他編『デモクラシーの崩壊と再生』一六六頁。

［第一章第三節　註］

(1)渋谷文庫・雑ノ―28『農民自治』合本31―5より。
(2)引用を省略した部分で中西は、次のように述べている。
吾々が政治運動に関心を持ち、政治的進出をなすに当って、如何なる政党を支持すべきであるか。それは実に次の数項に基準するものでなくてはならない。
一、無産階級運動の歴史的使命を裏切らざる政党従って、ブルジョア自由主義に堕落せざる闘争主義政党
二、政治的、経済的闘争分野を規定せる政党
三、日本の客観的情勢に明白なる認識ある政党

四、誠意ある合同主義を標榜する政党

＊いずれにしても、中西が単一無産政党支持を志向していたことは明らかであろう。

（3）『農民自治』を一九二八年八月から改題した。

（4）この時に送付されたビラ（案内状）には次のように述べられている。

史料：一九三〇年五月、全無産運動者懇談会の提唱全国農民組合埼玉県聯合会有志（大原社研史料）

埼玉県下の無産階級運動は、最近いちじるしい発展を示して来た。…労働組合の中には、日本労働組合総同盟及び日本労働組合同盟に属するものと単独労働組合とがあり、農民組合の中には全国農民組合及び日本農民組合（総同盟）に属するものと百余にのぼる単独小作組合とがある。又、無産政党の陣営を見れば、労農党、大衆党、民衆党、地方単独無産政党等、実に各党派に分かれてゐる。

無産階級運動が発展するに従って、資本家地主階級の攻勢と、官憲の弾圧は、必然的に高まって行く。これに対抗して勇敢な闘争を押し進めるためには、無産階級陣営を更に拡大強化し、大同団結する以外に道はない。

…正しい合同運動とは、各派の大衆と大衆との共同闘争からのみなされねばならぬことは今更、改めて言ふまでもない。だが、未だ本県下に於いては、県下の無産運動に参加する各派の闘士が、壱に会して各自の意見を自由に述べ合ったと言ふやうなことすら、只一度として行はれてゐない。今日、私共は右のやうな現下の無産階級運動の情勢を前提とし極めて自由な意味での県下全無産運動者の懇談会を提唱するものである。（『埼玉県史資料編23』七〇五頁にも収録されている）。

＊無産運動の分裂・分立を嘆き、その団結が説かれている。

（5）渡辺悦次他「埼玉県農民運動史年表」『埼玉県労働運動史研究10』一九七八年より。

（6）大久保村（現在さいたま市・旧浦和市）の争議は、荒川の洪水を防止するために計画された排水路工事をめぐるもので、付近の小作農民は、用地買収と新排水路による汚水流入の危機を問題として争議中であった。

（1）「佐野学上申書」一九三一年二月二三日。渋谷文庫49より。
（2）『農民闘争』一九三一年、五・六月号。
（3）安田常雄前掲著、四四四頁。生前の渋谷からの安田の聞き取り調査による。
（4）『現代史資料』一七、みすず書房、一九六六年。
（5）藤田省三『転向の思想史的研究』みすず書房、一九九七年、二二一頁。

補論 もう一つの『農民哀史』

渋谷定輔『農民哀史』の初版本が勁草書房から刊行されたのは、一九七〇年の二月のことである。周知のとおり、『農民哀史』の刊行は、『女工哀史』の著者細井和喜蔵と渋谷との間に交わされた「農民の記録」を渋谷が出版するという約束を、「四十七年ぶり」に果たしたものとして知られている。新聞にも、脱稿した渋谷が細井の未亡人高井としを氏を訪問して、刊行を報告したという記事が報じられた(『朝日新聞』一九六九・四・一四)。また、『農民哀史』の普及版(上・下、一九七七年)の末尾には、「初版出版前後の反響」として、埴谷雄高・大島清・真壁仁ら各氏の讃辞や、諸新聞の書評などが掲載されている。

また近年、「農民日記」を第一次史料として扱う研究が進められている。序章で紹介した西田美昭他『西山光一日記』のほかにも、大門正克「農民自治とデモクラシー——農民日記を題材として」(中村政則他編『デモクラシーの崩壊と再生』日本経済評論社、一九九八年。『西山光一日記』と『農民哀史』を利用)や、栗原るみ『一九三〇年代の「日本型民主主義」』(日本経済評論社、二〇〇一年。福島県伊達崎村長の日記により、農村の合意形成のあり方を分析した)などであり、『農民哀史』など、「日記」を第一次史料として扱う研究である。

本書も、渋谷定輔関係の史料に依拠するところが大きく、また『農民哀史』は、農民自治会や初期の全農全国会議派などの活動を検討する重要な資料の一つとして検証してきた。しかしやや事情が違ってきた。今般、「もう一つの『農民哀史』」ともいうべき「日記ノート」の存在を確認したからである。

第一節　渋谷定輔「日記ノート」の存在

すでに紹介したとおり、埼玉県富士見市立中央図書館内に渋谷定輔文庫（以下渋谷文庫）がある。私は、渋谷文庫で資料整理を担当してこられた本多明美・二見多鶴子両氏から、「日記ノート」の存在を以前からご教示頂いていた。私は、本書刊行にともなう今般の再調査の段階でこの「日記ノート」を確認したにすぎない。両氏によれば、すでに渋谷文庫としての資料整理初期にあたる一九九〇年には、「日記ノート」が存在することが確認されていたという。そして九二年一〇月には、大学ノートに記載された「日記ノート」全六冊（および一九二五年当時の「読書ノート」一冊、計七冊）の整理が終了した。そのなかの一冊などは、バラバラな状態で八つの部分に分かれてしまっていたものを、丹念につなぎ合わせていったものだという。いずれにしても、渋谷文庫としての資料公開前の整理作業の段階で、関係者には、「日記ノート」の存在は確認されていたのである。

また、そもそも渋谷自身も、『農民哀史』普及版のあとがきのなかで、大学ノートに記した「日記ノート」の存在を認めている。すなわち、一九二五年から大学ノートに日記を書き始めたこと、ノートは生家の倉庫の天井裏に隠していたこと、一九五九年に松永伍一氏が注目し松永氏が整理した原稿の一部が『思想の科学』に掲載されたこと、さらに後日渋谷自身も病気療養中にノートを整理して、『農民哀史』として刊行したという経緯について書いている（普及版下巻六九三～六九六頁）。

さて、現在、渋谷文庫で閲覧できる「日記ノート」は次のとおりである（番号は資料番号）。

483　一農夫の記録（一）　一九二五年五～八月
484　一農夫の記録（二）　一九二五年九月～二六年一月

485　土の記録（一）　一九二六年三～四月
486　土の記録（二）　一九二六年四～六月
487　農民生活の記録　一九二六年七～一一月
488　土の勝利　一九二六年一一～一二月
489　読書よりの収穫　一九二五年

「日記ノート」の六冊分と、刊行された『農民哀史』とは、その叙述されている時期が重なっている。また『農民哀史』普及版下巻の口絵写真に見られる「ノート包み」は、これらの「日記ノート」であると考えてよいと思われる。渋谷自身は「七冊のノート」と書いているが（同前・下巻、六九四頁）、「日記」としては六冊であり、「読書ノート」（前掲の「読書よりの収穫」）一冊を加えて「七冊」としたのだろう。この六冊の「日記ノート」をもとにして、さらには「読書ノート」も部分的に使用しながら『農民哀史』の原稿が書かれたこと、つまり松永伍一氏の協力などで「日記ノート」の整理が進められ、渋谷自身の手で原稿が再整理されたのち、『農民哀史』が刊行されたことは、ほぼ間違いない。

ただし、次節で検討するように、刊行前の原稿整理の段階でかなりの加筆・修正、添削が行われていることを今般確認した。農民自治会運動・小作争議・青年団活動などの農村社会運動の当該時期の事実・史実の経過などを、「創作」してしまったり、捏造したりするような書き換えはないといってよいと思われる。また、農民文学・記録文学としての『農民哀史』の価値を減じるような添削ではないといってよいだろう。しかし、第一次史料として、表現・表記などを検討することなしに使用することには、今後注意が必要である。とりわけ、史料批判がないままに思想史・文化史・社会生活史などの第一次史料として依拠することは問題であろう。

初版本刊行直後に、すでに故・井上幸治氏は、『農民哀史』が「日記」の忠実な再現ではないのではないかということを指摘していた（書評、『日本読書新聞』一九七〇年五月一八日、渋谷文庫新聞資料2983より）。井上氏の書評では、『農民哀史』の刊行を高く評価し、讃辞もそえられている。そのうえで「文学者としてとうぜんのことだったと思う」としつつ、井上氏は、「（渋谷が）〝いま〟という時点で過去を引きよせる現在意識のはたらきのままに」ノートを書き写したのではないかと指摘した。井上氏は、『農民哀史』に登場する「主体的」「意識過剰」などの言葉は、大正時代には使われていなかったはずだという。また、『農民哀史』の欠陥を指摘しようとするのではないという前提に立ちながら、渋谷が『共産党宣言』などを読んだ夜の『農民哀史』の次のような記述について、井上氏は疑問視する。

…私はこのとき初めて自己の生存における歴史的意味とは、真の人間性に自立し、社会的自我としての階級的団結をもって社会革命を実行することだと知った。私はそれが自己の内部の奥底から、自己の生命の要求として湧出してくるのを全身に感じた。（一九二五（大正一四）年一一月一五日の記述（同前・上巻、一五二頁））

井上氏は、「大正十四年に実際このままの文章で書かれたとみる必要はないのではなかろうか」という。

「日記ノート」では、この前後の事情について次のように記述されている。日付は、大正一四年一一月一七日になっており、（井上氏の指摘どおり）『農民哀史』とは差違がある。

［志木町に米・小麦を持って行ったとの記述のあとに］……朝は「共宣」をよんで行った。午後は下中氏の「万教（『万人労働の教育』のこと：坂本註）」をよむ。実に感激した。俺はこの時はじめて顔に血が赤かった。行きがけに須田政之助《ママ》［輔］君と逢った。彼に語る言葉、その時はじめて小我を越へて大我を体験したやうな気がした。そして徹底的個人主義の強調より社会我へ人類愛へと移り行く、自己の真実な相《すがた》を明瞭に見ることが出来た。これは明らかに、小我より大我に、自我より社会我に――さうだ俺はこの時はじめて、自己の生存に於ける形而下の欲求より、正義と真理の前にすべてのものを犠牲に共《ママ》［供］しても、社会運動を引起さねば、やむにやまれぬ生命の要求に迫られた。家庭?! それはあまりにも小さき問題ではないか！ 自己の形而下の欲求を捨て、社会

我の、然り形而上への道程に於ける感激‼　それこそ社会愛ではないか！（渋谷文庫484より）

以上のように照合してみると、井上幸治氏が指摘するような書き直しがあったことは明白であり、「日記ノート」の存在が公表されていない『農民哀史』書評の段階における、井上氏の指摘の鋭角さには敬服する。また、「小我」を越えた「大我」とか「形而下の欲求を捨て…形而上へ」など、原記録ともいうべき「日記ノート」の方の哲学的記述にも、二〇歳の青年としての渋谷定輔の思想の先進性を実感させられた。いずれにせよ、私は、『農民哀史』と「日記ノート」、この二つを比較対照しながら、その時代・時期に特徴的な表現や言葉としての「時代の語彙」を、再検討する必要性を痛感したのである。

第二節　『農民哀史』と「日記ノート」

『農民哀史』（以下本節ではAと表記、西暦年月日は、25・5・1などと表記する）と、「日記ノート」（おなじくBと表記）では、全編を通じてかなりの添削があることは明らかであるが、本節では、AとBの記述の一部を比較検討してみたい（そもそも、Aは一人称「私」で書かれているが、Bの冒頭部は、農民文学の素材にすることでも予定していたのか、渋谷自身について「彼」と表記している）。

①　加筆・修正の概略

さて、まずA・Bともに日記の冒頭部（メーデーの日）を見てみよう。

Aは、「五月一日《メーデー》が来た。全世界の労働者と農民が、血と汗と泪の結晶ともいうべき真実の叫びをあげて行動し、日ごろの屈辱を奪還する日がきた。」（25・5・1・四頁）という書き出しである。Bは、「五月一日は来た［注・ルビなし］。全世界の労働者が、白顔細指の遊食共に、血と汗と泪の結晶たる真の叫びを浴びせ、日頃の屈辱と冷笑を雪辱する日は来た。」となっている。Bには、もともとは「農民」の表記が無かったこと、Bにはあった「白顔細指の遊食共」など都会の資本家階級を批判的に表現した語句がAの段階では削除されたこと、またメーデーが「日頃の屈辱と冷笑を雪辱する日」というBにおける位置づけが、Aでは、やや曖昧になっていることなどを確認できよう。原記録ともいうべきBの方が、階級闘争の視点が明瞭である。

メーデー参加の許諾を所轄の警察に照会したという記述にも、次のような差違がある。

A、わたしが警察にこうした照会をするのは、農民の立場からのひとつの示威行動なのだ。（25・5・1・四頁）

B、彼が警察にかうした照会をするのは一つの方便であり手段である。（渋谷文庫483より）

Aを刊行する際に、「農民の立場」が加筆され、「方便であり手段」が「示威行動」などに修正されている。また、大幅な加筆は、科学的社会主義関係の文献・論文への言及の記述や、新聞記事へのコメントなどに多い。例えば、Aでは「…、床のなかでレーニンの『貧農に訴う』を読む」（25・5・6・一六頁）という記述がある。レーニンの文章にある「働く人間は、自力で自分たちを解放しないかぎり、だれも貧乏から解放してはくれないのだ」という箇所を引用し、これは「農民自治の思想と全く同じ精神に立っている」と書かれている。しかし、Bには、この日や前後の日付の記述を探索しても、これらは全く記述されていない。

さらには、おそらくAを刊行する準備の段階で、交友体験などを回顧しながら書き足したような内容のものが、Bの記述に長文で挿入されている箇所がある。例えば、Aには、細井和喜蔵との出合いや、『女工哀史』を書くという細井に対して『農民哀史』を書くという約束をしたのだという内容の叙述がある（25・7・16・八〇頁）。しかし、この箇所もBには見あたらない。

だがもちろん、これらの加筆があるからといって、事実自体の信憑性を全面否定するものではない。例えば、渋谷定輔の伯父が渋谷のことを「『お前は東洋のレーニンだ』と言」ったという記述は、AにもBにも登場する（Aは25・5・18・三七頁、Bは渋谷文庫483より）。渋谷がレーニンの著作をこの前後に読んで影響を受けていたことは、ほぼ間違いないと推定される。また、渋谷と細井が出会ったことも間違いない。

②　「時代の語彙」について

まず、井上幸治氏が指摘した「主体的」という言葉について、AとBを比較してみよう。

A、——天才は境遇によって圧迫されるものではない！　これはフィリップの言葉だ。もちろん私は自分を天才などとは思っていない。だがこの言葉にひかれる。自ら主体的に生きれば生きるほど、周囲はそれに同調する。社会と個人、全と個——個が全に包含されているのか、個が全を内包すべきものか。私は個のうちに全を生かすときのみ、真に力強き社会的仕事ができると思っている。（25・5・23・三九頁）

B、——天才は境遇によって圧迫されるものではない！　フィリップ短編集の序にあるこの言葉を思ふと、おれは自分を天才だと考へてはゐないが、力強さを感ずる。力強く生きよ！　これは私のモットーである。自ら強く生きれば生きる程、社会は周囲はそれに服従して行くのだ。社会と個人——全と個——個が全に包含されてゐるのか、個が全を内包すべきものか、彼は個の内に全を生かす時のみ、真の力強き社会的《ママ》の仕事が出来ると思ってゐる。（渋谷文庫483より、五月二四日の記述）

当初の「日記ノート」の「力強く生きる」が、『農民哀史』では「主体的に生きる」と書き換えられている。「自主的」「主観的」などはBにも頻出するが、「主体的」という表現自体は、Aでもここだけであり、そして当時はなかった語彙なのであろう。

次に、「意識過剰」について検証してみたい。Aには、友人須田政之輔が渋谷定輔の思想を評した記述中の「そうだ、そうだ。君の主義主張には、みんなちゃんとした根拠があり、ちっとも危険でも意識過剰でもない。心から共鳴させられるのだよ、……」という記述がある（26・3・25・二二八頁）。一方のBには、「『さうだ君の主義はちっとも危ケンでも過激でもありやしねえ』と須田が言ふと……」という叙述になっている（同年三月二七日の項、渋谷文庫485より）。「過激」を「意識過剰」と修正しているのである。

また、いくつかの歴史的用語の差違について見てみたい。Aには「田植えをしながら父と議論をはじめた。それは明治初年の自由民権運動や、秩父事件のことが中心であった」（25・6・20・六五頁）という記述がある。「秩父事件」という表現を含めて、当時の語彙ではないだろう。Bでは、次のように叙述されている（ただし六月二一日の記述）。

……父と田植をしてゐたが、遂にそれは父との議論になって了った。彼が父との議論は、明治維新当時に於ける日本の革命運動のことであった。彼は××のあまりにも確実なるを考へ、日本歴史を復習したい気が起って来た。

（渋谷文庫483より）

渋谷定輔と彼の父とは、この頃から長男である定輔が社会運動に身を投ずることをめぐって口論することが多くなっていく時期であった。「革命」としての明治維新や自由民権運動の評価と関わって、興味深い箇所ではあるが、『農民哀史』刊行時に、歴史用語は、書き直されている。

ほかにも、「植民地朝鮮」「国旗」や「天皇陛下」、などの用語がAには登場する（順に、25・5・12・二七頁、25・12・7・一七〇頁、26・12・15・五二〇頁）。「植民地朝鮮」「国旗」については、その前後を含めてBには記述がない。「天皇陛下」は、Bでは「聖上危機の話し、高く号外の呼び声しきりなりき。」と書かれていたものが、Aでは「天皇陛下が危篤だというので、青年団、処女会、青年訓練生、小学生などが、平癒祈願のために村内の各神社をまわっている。志木町でも天皇危篤の話が高く、号外の呼び声がしきりだった。」（渋谷文庫488）という具体的な記述へと加筆されている。「天皇陛下」「聖上」など渋谷定輔の天皇制認識に関わる表現であり、興味深いが、ここでは事実関係のみを紹介することにとどめたい。

③　無産政党・アナーキストなどの評価に関して

無産政党の結成と綱領についての議論に関する記述を見てみよう。次の対照資料は、一九二六年三月初旬の、最初の労働農民党結党時のものである。

A、……私は発言した。「綱領の第一にあげている小作制度の廃止の件は、目標は勿論そこにおくべきだが、その前にまず耕作権の確立ではないか」と。これには全員賛成した。／そのあとで、下中氏の「万人労働の哲学」の意見が発表された。つづいて石川氏の「土民生活と無抵抗主義」の意見が発表される。

…帰りの電車の中で、中西、下中氏と私は、小牧近江氏が陶酔して腰をかけているのと出会った。（26・3・5・二一一頁）

B、綱領第一の小作制度廃止の件が彼は非現実的でもっと現実的ならしめるには小作権の確立ではないかと言い出し、下中氏の万人労働哲学の意見発表あり、中西氏の実際労働の場合に於ける法律権主張あり、石川氏のアナーキスティクの無抵抗主義の主張あり。

…汽車のなかで中西・下中と彼は三人乗車し、すると小牧近江が同車中に陶酔して、いい気持ちゲに腰をかけてゐた。文士の堕落のなりを見給へ！（渋谷文庫485より）

Aのなかの、渋谷の意見に「全員賛成した」は、刊行時に加筆した部分であり、逆にBにあった「アナーキスティク」という石川三四郎への形容や、小牧近江への嫌悪感などは削除された。石川三四郎や小牧近江へのコメントは、推敲段階で筆を和らげて中傷的表現を回避したのかもしれない。しかし、アナーキストへの評価や、「都会派・左翼文士」への当時の渋谷自身の感情など、思想史的には、Bの記述の方が参考になる史料であると思われる。

また、アナーキズムとマルキシズムに関して、A・Bには、次のように記述されている。Aでは「私はアナーキストではない。またマルキストでもない。それらは一つの思想原理である。私は一人の自主・自治・自律の農民として、その中から必要な養分を吸収して成長しているのだ。」（26・11・29・四九八頁）。Bの叙述では、「私はアナキストではない。又マルキストではない。それは一つの概念である。我等はその中の養分を吸収して、育つのだ。我等は一農民だ。それでいい。そこから立上る！　あらゆる養分を吸収して、大きく大きく――さうだ、そこに新ら《ママ》しい社会が建設せられる！」（渋谷文庫488）とあり、A・Bに共通・通底する記述である。「アナ」からも「ボル」からも相対的に自立した渋谷定輔の思想を見てとることができよう。これらは、時代を隔てても、なお叙述上も通底する部分が大きい渋谷定輔の農民運動思想の根幹をなすものとして、確認することができそうである。

まとめ

本補論では、『農民哀史』には「もう一つの『農民哀史』」ともいうべき原記録にあたる「日記ノート」が存在し、前者は後者を書き直して刊行されたものであることを述べてきた。書き直し（添削）の動機やその姿勢は、必ずしも一貫したものではないように読める。憶測の域を出ないが、整理してみると、添削の経緯についてはとりあえず次のような類型が考えられる。

第一に、階級闘争や資本家批判などに関しては、語感や文意を和らげる表現にした。

第二に、読書感想や新聞記事などを入れるなどして、後日加筆した。また、交友記録なども、後日の回想を含めて、刊行前に大幅に加筆した。

第三に、社会運動・社会科学（歴史用語も含む）などに関する用語・表現については、刊行前の推敲によって、一九六〇～七〇年頃の表現に修正した。

第四に、個人への中傷・批判をさけることや、人物や思想に関する評価については修正した。一方で、渋谷自身の評価については、やや誇大評価や甘い評価などによって加筆されている箇所が散見される。

添削の経緯の類型化はともかくとして、これまで検証してきたような添削が確実になったことにより、『農民哀史』は、歴史研究上の第一次史料としてはリアルさを失した感がある箇所もある。また、『農民哀史』と「日記ノート」を、集団的にさらに精査・比較対照することによって、添削の経緯の類型は、増えていくことになるだろう。さらには、書簡・蔵書・議事録など関連資料と緻密に照合することが進めば、添削の経緯にとどまらず、本来の史実の詳細が明らかになったり、逆に通説的歴史像の修正・再構成が必要になったりする可能性もある。

本補論の言及にもかかわらず、『農民哀史』がもつ農民文学・記録文学としての金字塔のような価値、また農村行事・農作業など農村生活を知る資料としての価値は決して減殺されないと思う。さらに、史料批判をへた検証が必要だという歴史研究の大前提に立てば、小作争議・農民自治会・青年団活動・非政党同盟運動など、一九二〇年代の農村社会運動史を語る上で、なお貴重な資料であると考えている。

また、渋谷文庫には「日記ノート」とは別に、原稿用紙に書かれた『農民哀史』の「原稿」も保存されている。「原稿」も、大きく二つに分けられる。松永伍一氏が「日記ノート」を整理し筆写したものに渋谷定輔が補筆・添削した「原稿」（渋谷文庫資料番号1～6など）と、渋谷自身が刊行前に加筆・修正した「原稿」（渋谷文庫資料番号7～26など）。さらに、刊行前の初校ゲラなどもあり、校正段階で加筆された箇所も確認できる。

これらの資料群は、農民文学史や文化史・思想史を考察する上で、大変貴重な資料群である。資料群とりわけ「日記ノート」や『農民哀史』の「原稿」などを全面的に活用した本格的な検証は、今後の課題としたい。

第二章　全農運動の分裂・激化とその政治意識

本章では、全農が「左右」に分裂したのち、合同・再統一が志向される前の期間（一九三一〜三四年）の運動論や政治意識について検証する。史料の制約上、本章では全国会議派の活動家についての分析が中心となるが、可能な範囲で総本部派の活動家たちについても分析し、両者の運動論・政治意識の異同についても考察したいと思う。

第一節　全農の分裂と在地活動家の政治意識

（1）全農分裂前の「左派」の政治意識

前述のとおり、全農は第四回全国大会（一九三一年三月、大阪天王寺公会堂）に際して分裂した。その前年から、「左派」系は全農有志団を結成し、労農政党派を批判していた。

史料：一九三〇年四月八日、全農有志団ビラ（渋谷文庫58）

全農第一主義を守れ！――労農党の主張の批判――

…弾圧に屈し、陣営を裏切った議員病者共は、自己の野心のために、農民組合を踏台とせんとして、合法政党の地盤拡張に、この我等の意義ある大会に策動を試みてゐる。

…彼等は言ふ。「現在、農民戦線の統一が不十分であり、力が弱いのは無産政党が分裂してゐるからだ」と。

だが彼等の議論はゴマカシだ。農民組合の統一が不十分であり、力が弱いのは、只、無産政党が分立してゐるからではない。農民組合の闘争を裏切り、これを打ち捨て、、合法政党の議会主義的活動に飛び廻る連中が策動するからだ。只分立してゐることが悪いのではなくて、これ等無産政党の本質そのものが悪いのだ。

彼等は言ふ。「この分立してゐる政党を合同すれば農民戦線が強くなる。」と。

これはまるでウソだ。本質的に農民を裏切った連中の政党が固まって大きくなればなるだけ、裏切りが大きくなるのだ。総本部費や聯合会費の集まりの悪いのも、これ等議員病者の政党運動で組合の活動が荒らされてゐるからだ。

…我々は、全農の拡大、強化のために、今こそ断然合法無産政党から脱退しなければならぬ。

全農第一主ギを守れ！　合法政党より脱退せよ！　全農・有志団

「社会民主主義主要敵論」の影響が想定されるが、運動の広がりを阻むものとして議会主義的合法政党派を厳しく批判したのである。また、このビラの翌日出された「全農・有志団」名のビラでは、「合法政党に鞍替えすること」を批判し、「議員病患者の政党合同論反対」が主張されている(1)。当時（分裂前）「左派」系が結集して刊行していた『農民闘争』や「左派」の活動などについて、渋谷定輔は次のように書いている。

史料：一九三一年一月一五日、獄中の山口（？）宛渋谷定輔書簡（カーボン複写、渋谷文庫232—1）

…「農闘」は全国的の（ママ）支持が高まって来てゐます。「闘争」の発展は「全農主義」清算にまで高まって来てゐます。「全農主義とは何か」と言ふ小生の約六十枚ばかしの論文が一月号の『プロ科学』へ載りました。いろいろ議論になりさうです。……労農党も解消問題が起こって分裂し大衆党との合同へと進んでゐます。そして更らに

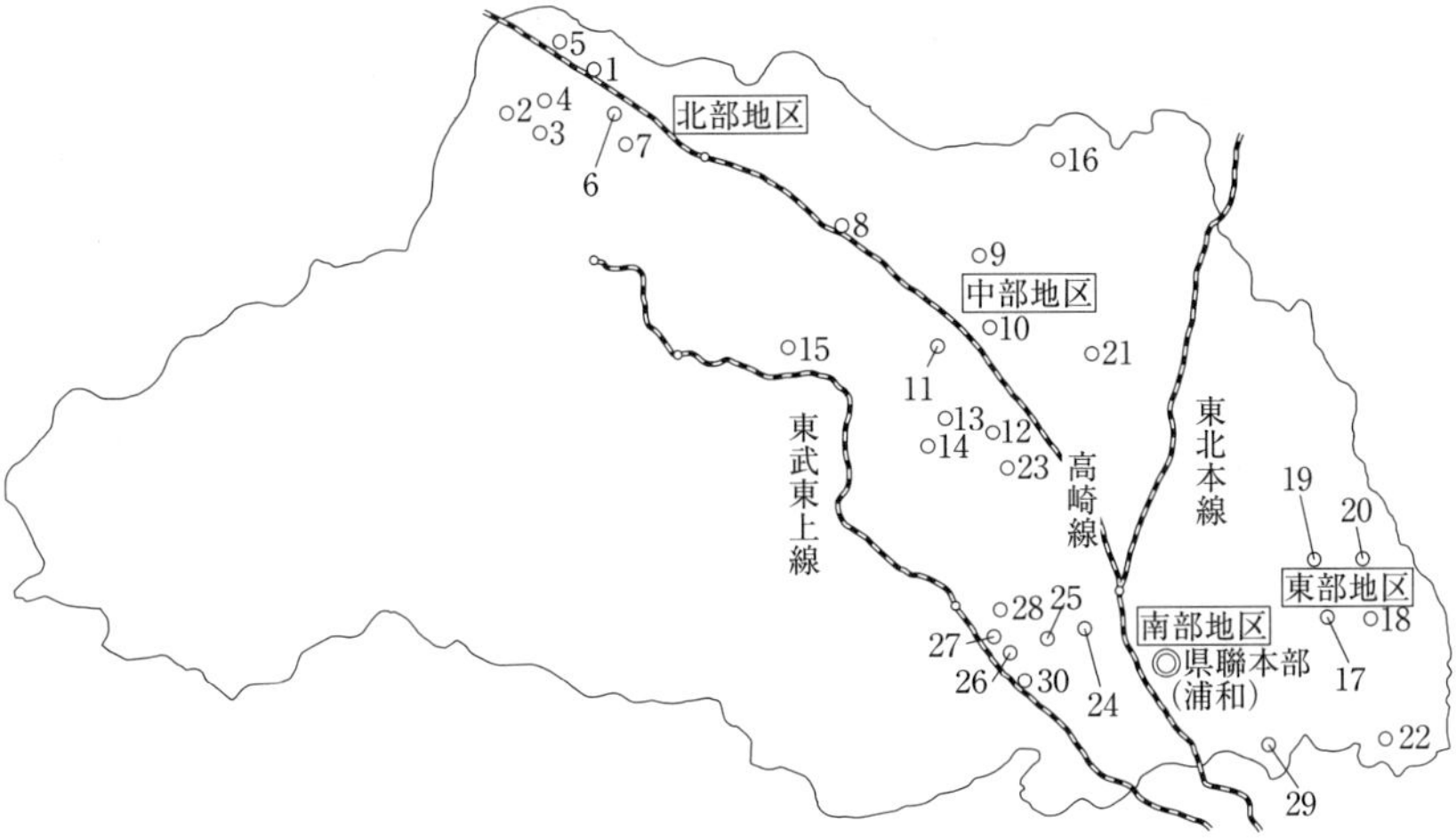

図１　全農埼聯地区・支部一覧（「左右」分裂以前。分裂後の地図はP. 84〜P. 85）

1930年５月「全農県聯特別委員会議事録」大原社研資料より坂本作成

［　］内は現在の市町村

北部地区　庄司銀助（本庄出張所）

○１　本庄　［本庄市］
○２　丹庄　［神川町］
○３　共和　［児玉町］
○４　七本木［上里町］
○５　神保原［上里町］
○６　岡部　［岡部町］
○７　榛沢　［岡部町］

中部地区　小林駒蔵（箕田出張所）

○８　熊ケ《ママ》谷［熊谷市］
○９　下忍　［行田市］
○10　箕田　［鴻巣市］
○11　田真宮［鴻巣市］
○12　大石　［上尾市］
○13　八ツ保［川島町］
○14　三保谷［川島町］
○15　菅谷　［嵐山町］
○16　羽生　［羽生市］

東部地区　荻野宇内（大沢町）

○17　大沢　［越谷市］
○18　増林　［越谷市］
○19　豊春　［春日部市］
○20　豊野　［春日部市］
○21　戸ケ崎［菖蒲町］
○22　潮止　［八潮市］

南部地区　渋谷定輔（県聯本部）

○23　平方　［上尾市］
○24　大久保［さいたま市・旧浦和市］
○25　南畑　［富士見市］
○26　鶴瀬　［富士見市］
○27　福岡　［上福岡市］
○28　南古谷［川越市］
○29　神根　［川口市］
○30　志木　［志木市］

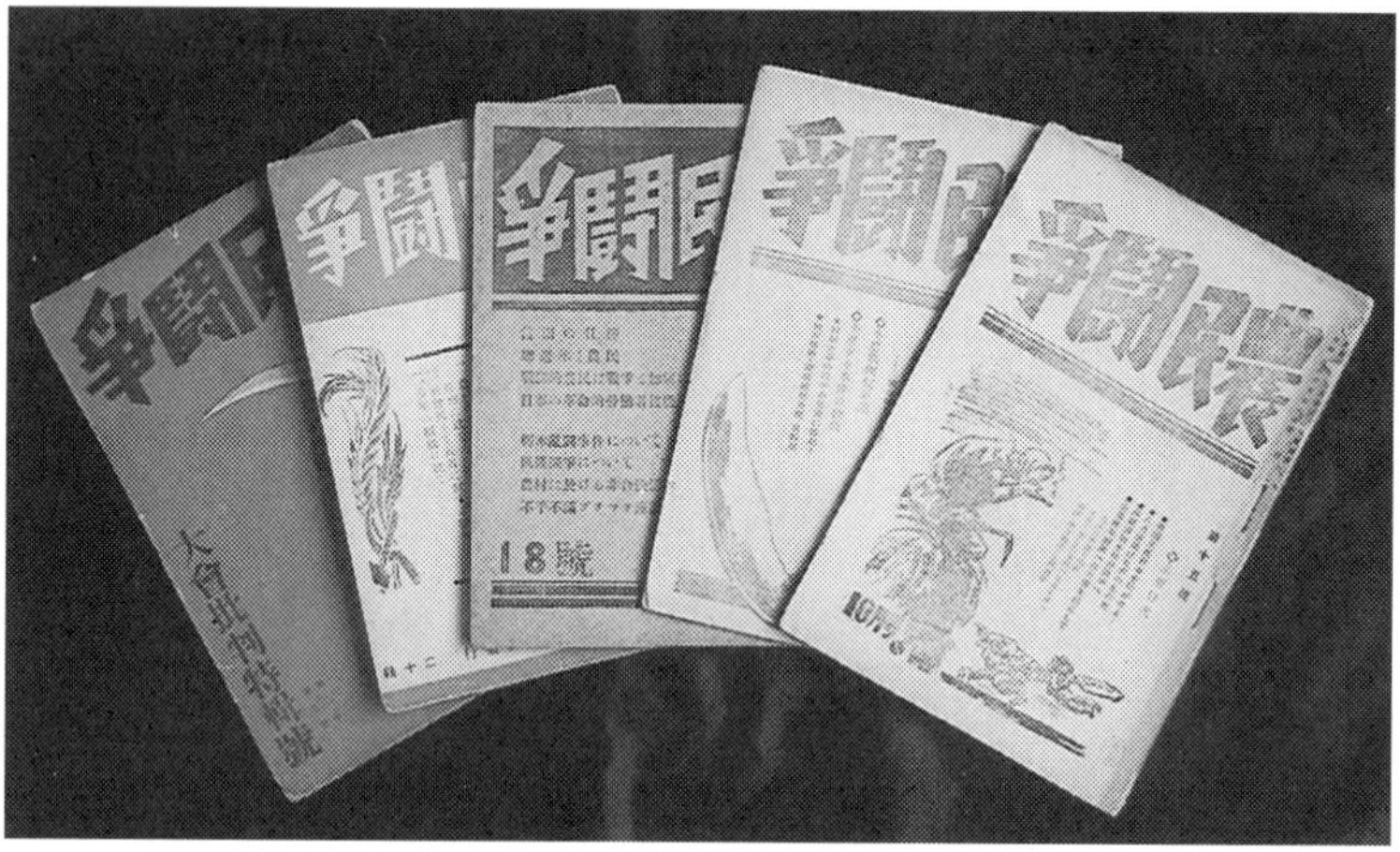

『農民闘争』 大会批判特集号など。右端の第15号の表紙は柳瀬正夢の絵。埼玉県富士見市立中央図書館「渋谷定輔文庫」所蔵。

社民への合同でせう。八月にモスクワで開かれたプロフィンテルの大会以来、…全協もその大会の批判によって右翼的左翼的偏向を清算して、大工場へ主力を集中してゐます。いよいよ社会民主主義と××主義の二潮流の対立が今年の展望になって来ました。〔以下略〕

史料：一九三一年一月二〇日、埼聯宛渋谷定輔書簡（カーボン複写、渋谷文庫232―3）

…小生は此の間「戦協」に独自の指導部を確立することの意見をのべておいたが、それはいろいろ調べたり考えたりして見ると、結極《（ママ）》、現在の書記局のボルシェヴェキ化と言ふことになる。……ボルシェヴィキ化と言ふことが抽象的とすれば全農左翼内外の日常闘争を革命的に指導し得るやうな実力あるものにすることだ。

この書簡には、渋谷個人の主観的観測が入っているにせよ、当時の「左派」系運動は一定の昂揚期であった。また、労農党と大衆党の合同（全国労農大衆党結成、一九三一年）、さらには社会民衆党との合同（社会大衆党結成、一九三二年）を、渋谷定輔が同時代的制約のなかで的確に予測していた点は注目されよう。史料中の「全農主義」とは、一九二九年の全農第二回大会以来、全農「右派」幹部らによって提唱された組合主義・農民党論であった。[2]端的にいえば、全農の組合員は農民の政党（合法無産政党）を支持すべきであるという内容である。したがって渋谷定輔が述べている「『全農主義』清算」とは、実際は、「社会民主主義と××主義（共産主義）」の対立のなかで前者を批判する立場のことである。

また、渋谷定輔は、大衆団体である全農書記局のボルシェヴィキ化を展望するなど（これも、第一章まとめで述べた「二重のズレ」の後者）、運動の昂揚のなかでの観念的・公式主義的誤謬を見てとることができる。[3]

一九三一年二月二五日、埼聯拡大執行委員会で、渋谷は全農埼聯の会長に就任する。「左派」（のちの全国会議派）の運動の激化・逸脱もこの前後から強まる。分裂大会＝全農第四回大会について県内にリアルに報告した、埼聯の大会評価は次のとおりであった。

史料：一九三一年四月一日（渋谷文庫71）

全農第四回大会報告書　　　　埼玉県聯合会

…俺達は自分を解放するタメニ、地主資本家と徹底的な方法で闘争しなければならなくなってゐる。こうした今日の情勢から、全国の農民が一ケ所に集って、一九三一年の新しい方針をミッチリ論議することは実に重要だ。

……俺達が徹底的に資本家地主をヤッツケなければ俺達が死んでしまふのだ。

…大会批判――大会は一言で言へば、右翼左翼の対立で終始したと言へる。……一方は組合の力を利用して国会、県会へ代議士を沢山出せばそれで俺達の生活は良くなる様に考へ、一方はそれでは駄目だ、国会県会は今では俺達の革命的な熱と力を押へつけ又その熱と力を誤った方向へ向けさせるものだと言ふ考への相異からだ。併し俺達は知らなければならぬ。

今後の闘争方針――単に年貢を五割六割減らさせた所で、俺達の生活は良くならない。それは土地の私有制及資本家が貧乏人をシボリ取る制度が相変らず残ってゐるからだ。こうした制度を全く廃止する為に、俺達の全国の兄弟姉妹は団結して勇敢に地主や資本家と戦つてゐる。……他人まかせではダメダ。俺達皆の力を集めて戦ふ。之が一九三一年の戦ひの一番重大な方法であり方針であるのだ。

国会・県会の役割を否定し、小作料の軽減程度では生活改善はできない、私有財産制や資本主義的搾取の制度の廃止が必要であるというのである。

これらを受けて、全国会議派埼聯のなかでも早くから青年部が確立した寄居地区では、以下のように闘争の強化が呼びかけられていった。

史料：一九三一年九月八日「青年部寄居地区ニュース号外」（渋谷文庫64）

敵にだまされるな!!

…［国際無産青年デーを前にしてアジビラ、デンタンを持って出かけると］資本家地主の使ひ小僧寄居ケイサツの野郎は、小使のオンボレ爺《ママ》一人をのこして、おほげさにも、全部夜警をしてゐた。ところが、内田、福島、北条、大野、和田君が帰らうとすると、つかまへて行き、一晩止めた上、内田君、大野君、北条君が「ミダリニ他人の家を汚ごした」と云ふので、三君にだけ科料三円よこせとぬかしやがった。

…明石、内笹井――この二人の指導者だけ引っこぬいてしまへば、あとはおっかながって、何もしなくなってしまふだらうと、たかをくくった奴らは、両君の検挙のあとを、直ぐ支部が発会式をあげ、支部員がグングンふえて行くのを知って、いつでも、くやしがり、御主人にてがらをしめせなかったので、最近非常にあせりぎみだ。

それで「今度の青年デーにこそ、誰かを捕まへてバッキンでもとってやれ、そうしたらもう止めるだらう」なんて子供らしい量見《ママ》をおこしたのだ。［中略］

★俺達の闘争をジャマする奴を×き××せ!!

★労働者農民を圧迫する法律は全部取り消せ!!

寄居地区では、このように警察を正面から批判しつつ極左型路線が提唱されたが、一方では、小作料収支計算書の作成なども積極的に呼びかけられている(4)。

小作料収支計算書について述べた研究誌『小作農民』の発行者は、酒井清吉（後述）である。要求の正当性に目覚め、闘争への理論的基礎は固められた。こうして寄居地区の青年部活動は昂揚し、その昂揚のなかで「寄居署襲撃」事件（第二章第二節参照）へと発展することになるのである。

（2）全農分裂直後の埼聯総本部派指導部の政治意識

一方、全農分裂以後、在地の総本部派指導部はどのような政治意識をもっていたのであろうか。埼聯総本部派の綿引伊好は、総本部に宛てて次のような報告をしている。

史料：書簡一九三一年九月（大原社研資料）

「土地と自由」編輯部御中

全国農民組合埼玉県聯合會
本庄出張所　本庄町三、八八二　綿引伊好

レポします。

（1）労農大衆党と全農の共同闘争に就いて

従来埼玉には、全農第一主義者がゴロゴロとゐたのであるが、全農第一主義の理論的実践的破綻が、彼等をだんだん清算せしめて、最近では、積極的に労農大衆党との共同の下に日常闘争を進めてゐます。

…一コのトラを残して、全農は今や労農大衆党と緊密なる関係の上に起って闘争を展開し、極左日和見主義を実践の上で清算しつゝあります。

（２）　日常闘争について

１、共済会被害金奪還闘争は、三年越しの闘争を経て、九月二十五日熊谷才判《ママ》所で判決されました。結果は三分の一勝利で、三分の二は棄却です。この問題の性質は、数名の者（村長や地主、弁護士、代議士）等が共済会といふ団体を組織して、結婚する人とか死ぬ人とかにかけ金を会から贈呈するといふて、そのために会員にし、会費を納めさせ会費を掛けきると、会費の一割とか二割とかを贈呈する、又中途で結婚・死亡などのあるときは、約束の金を贈呈するといふのです。それが約束通りに行かず、大部分の会員の金を取りぱなしにしてしまったのです。

で、全農北部地区でこれを取り上げて、被害金奪還同盟を作り、才判にしたのですが、前に申上げた様な結果に終ったのです。才判関係人員八百、勝利二百五十。

２、今争議になってゐる小作争議は、北部地区共和支部、児玉支部、両支部で関係してゐる田桑土地会社争議で小作人四十余名、地主十名で田十町歩、原因は小作料五割値下要求、今年の正月からやってゐます。今調停才判中。

３、岡部村（北部地区）にも畑の争議があります。畑七割要求です。

４、其他肥料高に対する借金棒引の闘争、土地取上げ闘争等、今のところ北部地区以外には争議はありません。

［以下略］

全国会議派を「全農第一主義者」と呼びつつ、（全国）労農大衆党への支持の広がり、北部地区での争議及び共済会問題の経緯などが述べられている。しかし、実状は、県内は、全国会議派が優勢であり、かつ北部はその牙城の一つであった。また共済会問題の解決は、一九三六年の全農埼聯統一大会以後（全国会議派の田島貞衛らの奮闘、第三章参照）のことである。本部宛の報告であるという我田引水的な点を割り引いても、状況分析の甘さは指摘されよう。

さらに、翌一〇月の報告をみてみよう。

史料：一九三一年一〇月五日、書記局宛書簡（大原社研資料、『県史資料編23』七四四頁にも）

全農青年部　中央書記局御中

青年部埼聯再建準備会　綿引伊好

…埼玉の情勢は組織率の少ない割合に、非常に消極的、日和見的ではあるが、全農第一主義者の多いところで非常に再建闘争も骨の折れるところです。青年部の全体を合わせても三四十名位です。

…埼玉ではトラといっても理論の上でどうこうと云ふのは一二でしかなく、後は皆合法政党に就いて正しい理解を持ってゐない。

いや政党派が、正しく理解させられないのです。政党の幹部が（私自身幹部の一人ではあるが）あまりに、階級的でない、あまりに非難の多い行動のみとってゐる。で彼等（トラ）はトラである故にこの幹部の行動を見て、政党の役割についてもあいそをつかしてしまふ。

政党支持反対者の発生原因は大体こゝにある。そればかりでない、最近では、党員の中の階級的良心の強い者の間には、反幹部的動ヨウを通り越して反政党の意識さへ持たせるに至ったのです。勿論トラの策動などもあって。［以下略］

実際は、「トラ」派＝全国会議派に圧倒されつつあった総本部派中心の再建は「骨の折れる」活動であったのであり、また、総本部派自ら幹部の問題行動を挙げて、その改革を求めているあたりに総本部派埼聯指導部の苦渋があったのかもしれない。

全国会議派からすると、こうした総本部派（特にその幹部）への批判的見地が強まっていたことは容易に推察できる。こうして総本部派は、次第にその活動の縮小を余儀なくされていった。前記一〇月五日付け書簡に同封された報告書は、次のように述べている。

史料：一九三一年一〇月五日、報告書（同前、『県史資料編23』七四五頁にも）

全国農民組合埼玉県再建準備会

……闘争経過

青年部は右報告の如き極めて微弱な力の故に記すべき闘争はなかった。然し、小作争議・演説会には、常に先頭に戦った。トラ派は活動の全部を組合のカク乱に消費して来た。トラ派は殆んどが農民でない（彼等は地主の息子、自作、町の商人が多数）ため、そして彼等は比格《（ママ）》的時間と金に困らないため、飛び歩けたが、反トラ派の青年は日常の仕事を一寸も手放せないために、ビラ撒き等には出るには出るが、そう活動はしなかった。

……全国の闘士諸君に対してお恥ずかしい報告ではあるが、渋谷定輔等のアナキズム・全農第一主義、その行動の、小ブルジョア的・売名的の故に只一つの組織も組織［し？］得ず、わずかに北部の政党派の努力の結果、漸く組織も確立した様な訳である。

「トラ派」（＝全国会議派）の指導部が農民でないという認識は、のちに見るように正しいが、総本部派は、本庄・児玉など北部のわずかの地域を除いて、支部活動さえままならなくなっていったのである。この報告書には、そうしたなかでの危機意識が表れている。

分裂直後、全国会議派も総本部派も新しい運動を模索していた。数の上で勝る前者の指導部には危機意識が乏しく、後者に色濃く危機感があったといえよう。この政治意識の差が次節で検討する争議の激化と混迷をもたらしたのである。

第二節　争議の激化と政治意識

総本部派の伸び悩みのなかで、埼玉県の運動をリードしつつあった「左派」系は、一九三一年一一月には、全農全国会議について紹介して、全国会議派埼聯としての態度表明を行った。

史料：一九三一年一一月一〇日「全農埼聯ニュース第11号」（渋谷文庫64）

全農全国会議とは何か

…ダラ幹どもの集りが現総本部派で合法政党支持の裏切者だ。これに対して全国会議派は農民の要求を守り通し、いかに弾圧されようとも、いかに買収しやうとも断固として蹴飛ばし、借金は払へるまで待て、資本家地主の利益の為に貧乏人の青年兵士を殺す帝国主義戦争反対、差押競売反対、土地を働く農民へ、資本家地主の政府をたてろと勇敢に戦ひ、法律に頼らず、あくまでも貧乏人の生きる権利を主張して、貧乏人が勝ち抜く様に戦ふ人の集りだ。

［大見出し］ソヴェートロシアを守れ！農民兵士を殺す戦争反対！

「帝国主義戦争反対」と並べて、弾圧・買収に屈せずあくまで闘争を貫こうとする意志が表明されている。第二節では、こうした状況下で起こった「寄居署襲撃」事件と吉見事件を中心に、事件の経過とともに争議参加者の政治意識を抽出していきたい。

（1）「寄居署襲撃」事件と「反体制」意識の昂揚

「寄居署襲撃」事件が起こったのは、前掲「全農埼聯ニュース第11号」発行の直後であった。埼玉県大里郡寄居町西部の末野地区は、酒井清吉らを中心に先に見た小作料収支計算書の提唱など早くから埼聯の支部活動が活発であり、闘争への強い確信をもつ活動家が多かった。一九三一年夏には青年組合員の検束があった支部である。「襲撃事件」なる争議の発端は、末野の地主が、小作人に相談なく農地を売り渡したことにある。

新しい地主が小作人に土地の明け渡しを要求したが、小作人側はこれを拒否し、全農埼聯寄居支部に救援を要請した。組合が一九三一年一一月一二日、組合員を動員して共同の麦蒔きを敢行したため、寄居署から警察官が出動し、指導者を検束した。同夜、寄居・本庄・共和・岡部などの全国会議派系の各支部から動員された組合員たちが、検束者の釈放を求めて寄居警察署を包囲するに至った。この夜の行動でも三七名(1)（ニュースでは三六名）が検束された。これがマスコミがいう「寄居署襲撃」事件であった。埼聯は青年部ニュースの号外で真相・顛末を次のように報じている。

史料：一九三一年一一月一七日「全農埼聯青年部ニュース号外」（渋谷文庫62）

地主の番犬！　寄居署の陰謀を粉砕しろ!!

「全農員《ママ》大挙寄居署を襲撃」――とブル新はでかでかと書き立てた。だが事実はかうだ。未組織をふくめて全部で争議に入った寄居支部は、出獄した吉村君を迎へて十二日、坂本倉吉君の共同耕作を決行した。ところが、地主坊主の忠犬寄居署は、常任委員会に出席の為早く引き上げた吉村君を途中で待ちかまへて検束し、次いで支部長酒井清吉君外三名をも検束してブタ箱へぶち込みやがったのだ。…大衆は憤激した。…そして検束者を奪カンしようと寄居署に殺到したのだ。…狼狽した犬共は、各署に急報して、又々検束を開始した。五十余名の大衆は、この暴挙に対して勇敢に応戦したが、……奴等は各地に予備検をやり応援を喰ひ止め三十六名をブタ箱にぶち込み、すかさず争議の切り崩しにかゝりやがった。
…吾々は警察が何であるか奴等の階級性をハッキリ知り、一段と資本家地主への闘争を決意しなければならぬ。

警察権力に真っ向から敵対し、組合員の政治意識は昂揚した。それは、埼聯側には、以下の三点の史料にみるように、自らの正当性を主張する根拠があったからでもある。

史料：一九三一年一一月、全農埼玉県聯合会からのビラ（渋谷文庫62）

寄居支部の組合員／並びに全小作人諸君に訴ふ

十二日の坂本倉吉さんの家の畑の共同耕作から多くの検束者を出しましたが心配しないで下さい。倉さんの畑は法律上、こっちに作る権利があるので決して法律にはかゝりません。ではなぜ警察は之を妨害したかと申しまするに、此の頃全農寄居支部が優勢になったので、今の中にツブさうと言う地主の腹から、ケイサツと地主が共同して寄居のみなさんをオドカシ組合のブッツブシをやらうと言ふ腹なのですから、あんなムチャクチャなオドカシをしたのです。

史料：一九三一年一一月、「オヤジ組合員家庭訪問アジの為の方針書」渋谷文庫62）

先づ次のことを強張す可きだ。

一、倉さんの小作地は、法律上の返カン手続きが終へないのだから、当然倉さんに作る権利があり、従って共同耕作それ自体決してブルジョアー法律さへかゝらぬ。

一、此度のダンアツは単に倉さんの問題の為に起きたのではなく、寄居支部並びに県聯全部の破壊を目的とする地主の陰謀を官犬が忠実に実行したのであること。警察の階級性をアバク。

一、一般組合員は、決して何ら法律上の罪人にもならぬから安心しろ。
一、まだ指導者は幾人も残って居るから安心してやれ。

史料：一九三二年一一月「全農埼聯寄居地区ニュース」（渋谷文庫64）

俺達は勝ったぞ

勇敢な俺達の闘争に腰を抜かした設楽一平（ママ）は、小作人坂本倉吉氏に畑を従前通り作らせることにした。土地取上げをしやうと近所の地主は一平（ママ）をおだてまつり上げ、警察を使って俺達の組合をぶちこわさうと盛んに吠へたてた。其の上本部の同志をぶた箱にぶち込んで苦しめてゐる。だがこんなことで俺達の組合はビクともしない。かへって地主共をふるい（ママ）上がらした。……次にあるやうな条項で大勝利に解決した。あれもこれもみんな、岡部や共和、吉見の兄弟達の応援と俺達寄居支部員のがっちりした団結があったればこそだ。…今後も全農は貧農大衆の味方としてどこ迄も努力する。…どこまでも正当正理により貧農の苦しい立場を地主や債権者に訴へて、吾々貧農が真面目に働きさへすれば、楽にくらせる明るいすみよい社会を作るのが全農の目的なのだ。だから、みんな地主の逆宣伝に迷はずに全農の旗の本に集（ママ）って貧乏人同志（ママ）手をたづさへてお互いの利益をはかろうではないか。

この争議は「一、土地は三ケ年作らせること。二、小作料は反七円。三、地主は争議費用八十円出すこと。四、土地返還の際地主は桑株代二十銭づゝ出すこと。五、地主は作離料四十八円出すこと」という内容で妥結した。三番目の史料は、要求の法的正当性に確信を持ちつつ、検束者が出たことで政治意識が昂揚したなかで、県聯支部の応援団結の力で闘った争議の、高らかな「勝利宣言」であった。

また、あくまでも「正当正理」であると認識していたのである。なお、弁護士布施辰治を招いて、翌年一月寄居町高砂座で真相報告会が開催され、聴衆は一〇〇名を超えたといわれている。(2) また、争議と並行して、支部青年部の活性化や青年独自の要求に根ざした活動が提案されている。

史料：一九三一年一二月二五日「『班』は吾々の城砦である」（渋谷文庫75）

全農埼聯寄居青年部

一九三二年を迎へるに当って寄居青年部を批判す

青年部の方向転喚（ママ）を提唱す

岡村義雄・投

…全寄居青年部諸君

寄居青年部は第一に公然性を獲得しなければならぬ。俺達は今まで闘争を続けてきた。だが、非公然のものではなかったか。おやじ組合の出来てゐる寄居班でさへ、公然性を獲得してゐるものはわづか（ママ）ではないか。

…では如何にして公然性を獲得するか、それは青年自身の要求を闘ふことだ。寄居青年部は今迄青年部としての活動を忘れてゐた。俺達が青年部へ結束したのは、青年としての不平不満を持ってゐたからだ。ブルジョア官製青年団にあきたらず思ってゐたからだ。

…青年部の任務をおやじ組合の獲得とカンタンに規定したのは誤りだ。青年部の任務はあく迄青年自身の要求を捉へて、青年の闘争を広汎にまきおこすことだ。……

自主的青年部確立のために「班」組織を強化せよ

梅澤剛太郎・投

…全農青年部は過ぐる七月の弾圧前後漸次自己批判して親爺組合とのギャップを克服し、ギャップを作るに至った青年部の極左的傾向を清算してして（ママ）来てゐる様に思ふ。

…埼聯青年部のさうした今までの関係は其まゝ寄居地方の青年部にもあてはまる様な気がする。二三ケ月以前親爺組合とのギャップが盛んに問題になっていた此の地方も十一月の所謂寄居署襲撃事件を中心として親爺組合とのギャップは殆どなくなって来たと云っても過言ではないといふ。

…ともあれ俺達は、絶えず正しく自己批判と全農全国会議派の旗の下に、埼聯確立のためのカンパとして旧班組織と広汎な未組織貧農獲得のために新らしき青年部独自の闘争を展開しなければならない。

岡村義雄の投稿では、青年自身の独自の要求に基づいた大衆的な活動をめざすなかで公然性を獲得する運動が展望されている。しかし、梅澤剛太郎の投稿にある「極左的傾向を清算して来て」いるという青年部の政治意識の内容は具体的には不明であり、十分な総括が行われた様子はない。「寄居署襲撃」事件の「勝利のなかの敗北」(3)は、ここにこそあったのかもしれない。

(2)　吉見事件に際する政治意識と極左型運動の敗北

一九三二年三月二日コミンテルン執行委員会(「クーシネン報告」)でも議題になったという吉見事件は、埼玉県の小作争議のなかでは研究史が比較的多い事件である。簡単に事件の経過にふれておこう。

吉見村(現在埼玉県大里郡大里村)の七〇町歩地主根岸家などに対する小作料減免闘争は、地主側の土地取り上げ訴訟に発展し、小作人組合(当初は全農に属さない単独組合、組合長鳴清治)は窮地に追い込まれていた。組合長の鳴清《しぎせい》治《じ》が、当時熊谷にあった全農埼聯(全国会議派)の組合事務所に田島貞衛《たじまさだえ》を訪ねたことから、闘争は急転回する。

一九三一年八月七日、田島・大谷竹雄《おおたにたけお》らの埼聯書記(オルグ)の支援を受けて、百人規模の小作農民による共同草取りが実施された。出動した警察官により、書記の田島・千野虎三《ちのとらぞう》が検束されると、農民約二〇〇名が後を追って田島らを奪還した。大谷竹雄は、地主の家に対する抗議のデモ行進を実施するなどの大衆行動を指揮した。村長の調停で小作料の減免が実現し、組合側は八月一一日争議経過報告会を鳴清治方で開催したが、この席から大谷竹雄が検束された。付近の農民・組合員に伝令が飛び、約四〇〇名の農民が「大谷奪還」のためのデモを開始し、デモ隊は、大谷の検束先の熊谷警察署をめざした。荒川大橋では動員された警察官との衝突があったが、約二〇名の農民が泳いで荒川を渡って熊谷署をめざし、大谷は釈放されることになった。荒川の河原に集まった小作農民たちの前で、田島の提案によってこれまでの吉見小作人組合は、全農埼聯吉見支部として発足することが決定されたのである。

一九三一年夏のこの吉見村の争議は、小作農民及び全農埼聯側の「勝利」であった。争議勝利の政治意識の昂揚は、隣村の西吉見村（現在埼玉県比企郡吉見町）に飛び火し、全農西吉見支部結成の動きが強まった。

翌三二年二月二日、全農吉見支部・西吉見支部合同主催による西吉見支部発会式をかねた小作問題演説会が西吉見村で開催され、弁護士布施辰治《ふせたつじ》をはじめ、渋谷定輔、庄司銀助《しょうじぎんすけ》、山本弥作など全農全国会議派埼聯指導部、県下各支部の指導者、吉見・西吉見の組合員を含め約三〇〇名に及ぶ盛会となった。

しかし、埼玉県警各署から動員された警察官により会場は包囲されていた。演説途中の庄司銀助への「弁士注意」「弁士中止」をへて、会場内は大乱闘となり、その場で一三名が検挙され、さらに二月三日にかけて組合員の家宅捜査が行われて八五名が逮捕されるにいたった。「同志奪還」のためのデモが熊谷署に向かい、二月の寒中にもかかわらず、この時も荒川を渡り警察官と対峙した約八〇名のグループがあり、乱闘ののち約二〇名が検挙されている。この時は指導者の奪還はならず、検挙者は県内の警察各署に別々に留置され、厳しい拷問にあっている。面会を求めて出かけた渋谷黎子（定輔夫人）らも、暴行を受けている。事情聴取のために出頭を命じられた吉見支部副支部長が自殺するという悲劇も生じた。事件ののち、吉見支部・西吉見支部ともに組合員の脱退が相次ぎ、組織的活動は停止するに至る。以上が吉見事件の概要である(4)。

事件直後から、全農埼聯本部から各地へ檄が飛んだ。

史料：一九三二年二月、檄（渋谷文庫68）

「匕口《アイ》、竹槍、棍棒——あらん限りの暴行」等々……地主資本家、官犬共はブル新を通じて全然ありもしない事を書き立て、悪宣伝をしてゐる。

史料：一九三二年二月、檄［原文総ルビ：坂本註］（渋谷文庫68）

全農ブッツブシの暴圧に断然抗議しろ！

…（西吉見支部発会式後の三人目の弁士庄司君が語り出すと）、大衆の興奮を恐れた官犬は中止と叫び直ちに庄司君を検束した。このベラボウな不法に憤激した大衆は一斉に立ち上って「官犬横暴」「同志を奪還しろ」と口々に叫んで…庄司君の後を追った。そして遂に庄司君は奪ひ返したが、他の戦闘的分子約十三名を奴等に奪われた。官犬と地主共は俺達が演説会をやってゐる間に裏山ですっかり相談してゐたのだ。

…兄弟諸君！　輝ける我が県聯の第一回大会、選挙闘争を目前に控えてのこの弾圧こそ、我々の組織の拡大強化と戦闘化に恐れた奴等地主官犬共の全農ツブシの陰謀であり、戦闘的労働者農民の組織的破カイの何物でもないのだ！

全国農民組合埼玉県聯合会

事件への誤解を回避するための必死の檄であった。事件は組織破壊のための意図的な弾圧であることが、繰り返し強調されている。渋谷定輔・吉村参弐は、二月一五日に釈放されたが、二人の連名で、即日声明書が発表された。

史料：一九三二年二月一五日、声明書（渋谷文庫68）［『県史資料編23』七三九頁にも］

…同志諸君!!　……吾々は暴圧暴圧と泣き事を並べ立てることでなくして、今后如何にして奴等の弾圧をケトバス組織を作るかが問題なのだ。吾々が生きるために！

…今日—十五日—、俺達は本部に帰って来た。そして仕事をすぐ始めた。——鉄は火に依ってキタエられ、嵐は強い木を作る——オレ達は益々元気だ。

…サア又皆んなで闘争を進め様ぜ、日延べになった第一回大会を効果的に戦ふ。

★労働者農民の検束拘留絶対反対だ！　★戦闘的同志をスグ釈放しろ！
★ノー村自衛団をソシキしろ！　★救援ソシキの確立を計れ！
★全ノー戦闘化万才！
一九三二・二・一五　全農埼玉県聯合会本部にて　吉村参二《ママ》　渋谷定輔

激しい拷問から釈放された直後、「嵐は強い木を作る」といい、全農の「戦闘化万歳！」を表明したのである。しかし、吉見支部副支部長の自殺を典型的事例として、吉見・西吉見両支部の一般の組合員動揺は、激しかった。埼聯常任委員会は、動揺を鎮めるために、次の史料のように、埼聯各支部の全面支援と法廷闘争を想定しての弁護団の全面的援助を計画した。

史料：一九三二年三月五日、檄［総ルビ］（渋谷文庫68、『県史資料編23』七四一頁にもある）

常任委員会

全農西吉見支部員に告ぐ！

…田島常任の西吉見支部の情勢と、争議の経過報告の後、各自支部の自分の経過体験から割りだされた意見を述べ、もうれつな討論・審議の結果、ダンゼン西吉見支部争議を全県的に応援することになり、技術的な戦術戦略を遺憾なき迄に決定した。同時に諸君の中にはいろいろな逆宣伝や何かに迷ってゐるものも、可成に見えるので、さうした誤解をなくすために、東京の弁護士団本部にも電話で通報し、差押へとか、土地取上とかに対する法律的問題について、西吉見争議の受持弁護士を決めてもらひ、全勢力をつくして応援することに決定した。大体決定したことを記してみるが、何せ、いつスパイをする奴が、できるか知れぬから差支えないものだけを記しておくことにする。
一、各支部は共同責任を以て西吉見支部争議を支持応援すること
二、各地区から責任者一名づゝを出し、いつ誰が検束されても差支えのないやうに合計七名を決定すること［中

略］

六、弁護士団本部と密接な連絡を計ること

東京市外高田町雑司谷八一五番地

弁護士　布施辰治　〃　青柳盛雄　〃　上村　進

〃　河合　篤　〃　大森梓夫　〃　三浦次郎

七、スパイ（犬をする奴）があれば、その人の素行を調査し、ダンゼンたる処置をとり絶対に交合ひをせず、社会的にもてってい的に葬むってしまふこと［中略］

★ぎゃくせんでんにまよふな。じじつのおこないを信ぜよ。あくまでがんばるぞ。

マスコミを総動員した「逆宣伝」、スパイ的動揺（寝返り、組織からの脱退）等のなかで、おそらく疑心暗鬼が広がりつつあって、その対策であったのだろう。しかし、一般の組合員の動揺は抑えきれず、先述のような支部解体状態に追い込まれるのである(5)。

さて、吉見争議をこれほどまでに昂揚させたものは何であったろうか。また、事件後短期間に支部解体にまで追い込まれたのはどうしてであろうか。

残念ながら、管見では事件当時の第一次史料は、既述のものなどを含めて多くない(6)。したがって、ここでは、大谷竹雄の回顧をもとに検討したい(7)。

まず、埼聯指導層の意識である。大谷は、活動家（埼聯常任委員・書記など）、とりわけ職業的活動家について次のように語る。

若い時、吉見事件の頃は、日本の農民のため、日本革命のため明日命を取られても惜しくないと思っていたな。自分の主義主張、自分の目的のために命を捨てても良いという心境になることがある。特攻隊のような間違った目的であっても、心境自体としては、命は惜しくないと思うことがあった。

特攻隊に行った人達は、もっと早く生まれていたら、二・二六事件に参加した連中になっただろう。二・二六事件に参加した人達は、もっと早く生まれていたら全農の闘士になっただろうし、全農の闘士がもっと早く生まれていたら自由民権運動だね。あの連中がもっと早く生まれていたら勤皇倒幕の志士ですよ。主義主張は違っても体内に脈々と流れている血液は同じですよね。

「命を捨てても」という発言は、回想であるから多少はバイアスがかかっているかもしれない（大谷は、職業的活動家を、回想当時に社会問題化していた某宗教団体の「出家信者」にたとえて、「出家しなかったら仕事はできないのです」とも述べている）。史料批判が必要であろうが、それに近い心情は想定されよう。また、農民組合運動と日本共産党の関係についての認識については、次のような興味深い発言をしている。

…埼玉は殆ど左派だった。全国農民組合全国会議派の本当の指導部は組合の中にはなくて、党の農民部の中にあった。いうならば埼玉県の農民運動は、一皮むけば（表の稼業は小作組合だが）裏稼業は共産党の指導下で、明らかに日本革命を意図していた集団だった。田島のようなダラ幹でさえ、また渋谷だって観念的には考えていたし、私のような男もそうだった。みんな革命家として参加していたんです。

…自称共産党だった。だから世間の人も、全農といえば共産党と同義語と解釈していたね。「全農党が来た！」なんていう地主もいたね。自分達も党員だと思っていた。意識としては日本革命をやっていると思っていた。

日本共産党の党籍の有無は関係なしに、「左翼＝全国会議派」として日本革命の運動に身を投じているという政治意識である。また、指導部には小作農・貧農出身者は少数であったことや、田島貞衛の長所（大衆性）などを次のように述べている。

…私とか田島とか、農民でないものが随分多かった。田島など（家は農家だけど）農民とは言えないな。半農半商で。田島は東京の米屋で小僧をしていたし。中番頭になるかならないかの頃、幸か不幸かのちに埼玉県農民運動を揺るがすような大闘士として生まれていくけどね。丁稚の苦労しているし、……如才もない。しかも根は農民だ。
　田島くらい優れた農民運動家・オルガナイザーはいなかったと思う。但し理論はダメ。理論はなかったな（笑い）。
…田島は神様のように信頼があった。田島は農民の中にハダカで飛び込んで行った。話し方も私たちと違って「ベエベエ言葉」が入るし、私たちはいざとなるとあらたまった話し方になってしまうが、田島のは百姓の次男三男丸だしだよ。あれだと「全農党の社会主義者の先生が来た」という感じはしないと思うね。

こうした田島の大衆性が、一時は、吉見村・西吉見村の小作農民たちを励まし続けたのであろう。しかし、小作農民の政治意識と埼聯指導層の認識とは「ズレ」があった。
　次に、小作農民側（一般組合員側）の意識について検討してみよう。争議を拡大した契機となった小作人組合長の鴫《しぎ》清治の埼聯事務所来訪時の様子を、大谷は次のように語る。

…吉見は、小作料闘争、裁判闘争で追い込まれていたんですよ。裁判とかになると全農に頼みに来る。でもすぐに来ないんですよ。……「頼みたい、頼まないと勝てない、でも頼むと怖い」、怖いんでしょきっと……。だから事務所の前でうろちょろしている。（あとで聞いたら）三度くらい行ったり来たりして思い切って入ってきた。入った所に田島貞衛がいた。……田島という男は不思議なくらい農民から信頼があった。……鳴清治が来た。鳴は正義感があった。……節を曲げなかった。しかし法廷闘争に勝ち目がなく全農に来て、田島が行くことになった。

正義感に燃える小作人組合長の鳴清治でさえ、全国会議派系の埼聯を敬遠していたのである。しかし、一般の小作農民にとっては、さらに大きな恐怖の対象は、地主であった。

…地主の根岸と交渉するのでも、田んぼの減免は百姓が「三割引き」と言う（地主ではなくて百姓が）。怖くって地主の家にも入れないのですよ。顔をかくすようにしていて。だから要求書を書く時、百姓が「三割（引き）」と言う、僕らは一反の田んぼで五俵しか取れないなら半分［五割引：坂本註］でたくさんだという。（地主じゃなくて）百姓本人が「三割でいい」と頼む。私なんか観念的だから怒っちゃう。田島はちゃんと話を聞いてね、自分で百姓の気持ちがわかるから。話を受けとめて聞いておいて、田島だと四割位で話をまとめる。そうしないと勝てないよね。

こうした地主に恐怖する小作農民たちは、指導部を含めた大勢の組合員の検束のなかで動揺する。またその上、小作農民を大衆団体として指導していた指導部の本来的な観念的誤謬が存在したのである。大谷は、続けて語る。

…吉見事件のあと壊滅状態に組織がなってしまった。闘士がみんな持って行かれちゃったから。常任闘士や職業的活動家はみんなやられた。

何で職業的活動家がやられて農民組合はなくなったか。当時の農民運動の指導は誤っていた。…最高に目覚めた農民だって、理論的に目覚めていたわけではない。

農民は食えない、食えない農民を革命的に指導すれば、地主の家の襲撃の一つくらいやりますよね。だけど農民自身革命意識を理論的につかんでいるわけではないから、常任たちがやられるとダーッとなくなるんですよ。埼玉県だけでなく日本中の農民組合が、弾圧が激しくなるともろくも影も形もなくなってしまった。百姓の意識が必ずしも階級的に高まっていたわけではないですよ。…部分的には経済闘争で高まるし、革命的に警察署の襲撃とかやり、いかにも農民たちが革命化したと思いやすかった。

革命運動の一環としてとらえる指導部と小作農民との意識の「大きなズレ」は埋まらなかったのである。また、闘争の昂揚や一時的勝利が指導部の情勢判断を誤らせていった。吉見村の最初の田島の検束・奪還に際しても、「赤いサイドカーはもんどり打って田んぼへ落っこちた。それで『それー!』ってみんなで警官の帽子取っちゃったり、ありとあらゆる乱暴狼藉……。あとで考えると、あれが吉見事件の時の思い上がりの、戦術を誤った要因となったのだと思う…」と回顧する大谷。また「(…警官は)乱闘を誘発しないとさすがに検束できない。……乱闘・検束などがあると元気がつくし、乱闘があることで弁士も頑張る」と西吉見支部発会式での庄司銀助の演説について回想する大谷。大谷は、自らの検束や農民の「大谷奪還デモ」、釈放後の経緯などについて次のように語る。

…検束された時、夜明けの三時か四時頃起こされて「大谷、出てくれ」と警察がいう。荒川大橋まで吉見の小作人が来ていて、警官隊とあわや「血の雨」になるというんだ。百姓の青年が三〇人位警察署にすでに入ってきていた。いい気持ちだったね。……この時あとで、牛窪だったかに「大谷同志、君はなぜその時熊谷ソヴィエットを宣言しなかったのか」と言われ、自己批判させられたね。警察に検束され、それの奪還に成功したからって

「熊谷ソヴィエット」なんて出来るわけないでしょ。そういう雰囲気、そのように観念的でありすぎた。純真であったがゆえに観念的だった。お寺へ行っていて、飯を炊く時、卒塔婆を薪にしてた。なぜかっていうと「宗教はアヘンだ」って。

史料中の牛窪宗吉《うしくぼそうきち》に限らず、こうした「観念的左翼思想」が存在したことが、「極左型」運動へと走らせた要因であった。八和田村《やわたむら》争議では、一月の半分くらいは八和田に行き、毎晩のように座談会をやって「大谷さんの話を聞くと社会主義の話がわかる」「社会主義の話の名人」といわれていた大谷にしても、人情話が得意だったという田島にしても、同時代的に進行していた誤謬に陥っていたのである。

一方、埼玉の総本部派はどのように吉見事件をみていたのだろうか。事件から一週間後に総本部派から全農総本部に宛てた書簡が残っている。

史料：一九三二年二月一〇日、書簡（大原社研資料）

全農総本部出張所御中

二月十日　　全農本部出張所

県聯の大会は十四日浦和会館でやることになってゐるが、トラの気狂いぢみた行動が敵の弾圧に口実を与へて殆ど全県下に亘る弾圧を食ったので今のところ大会は不可能状態です。

内容はトラ派がこの大会で県聯として反総本部の態度を明確にしようとするのです。結局、反本部、総本部派の分裂が行われることになります。

数の力はトラ派が優勢だが（本庄の庄司などトラに行ったので）今度の弾圧で、支部の間で今迄庄司君などに引きづられてゐた支部がはっきり反トラの態度を表して来［た］支部もあるのです。こうゆう支部は本部（党）から県に大衆党派に対して迄弾圧したのを抗議してくれとのことです。
近い内に弾圧の内容、情勢報告等とその対策、県への抗議（関東出張所からも行って貰いたい）等のことで綿引をやりますからよろしく。……

山田房五郎

吉見事件を「気狂いぢみた行動」として批判した。また「反総本部の態度を明確にしようとする」大会開催は、延期されることになったのである。書簡には、吉見事件後、総本部派に接近してきた支部の存在について述べられているが、その後の動向（後述）を勘案すると総本部派側にはそれらを受けとめる組織力はなかったのではないかと思われる。

しかし、吉見事件を契機として、全農総本部は（「左派」優勢・「右派」も混在の）「全農埼聯の解体」を命じてきた。[8]この時は、同じく「左派」系の奈良・三重の県聯とともに解体が指令され、解体以後の再建委員として、綿引《わたびき》伊好《いこう》・浅川三郎（ともに総本部派、後述）が任命されることになった。全農埼聯全国会議派は、この解体命令を無視し、当面は全国会議の指示を受けつつ、一方で小作農民との「ズレ」を残したまま、新しい運動を模索し始めるのである。

第三節　分裂後の総本部派の運動と全国会議派の農民委員会方針

ここでは、埼聯解体命令以後の総本部派の動向と、全国会議派の運動とりわけ農民委員会活動について検討していきたい。第一章第四節で述べたように、全農埼聯が農民委員会方針を紹介したのは、一九三一年一二月頃であるが、農民委員会方針や大衆との結合のための具体的な方針を持たなかった総本部派埼聯は、次第に混迷の色を濃くしていく。一方の全国会議派は、全県的運動には至らないながらも農民委員会活動に取り組んでいったのである。

（1）埼聯総本部派の再建活動

『新編埼玉県史通史編6』は、総本部派埼聯の再建活動は比較的スムーズに進展したかのように叙述している。[1] しかし、吉見事件から三カ月後、綿引伊好とともに再建委員として埼聯の再建に着手したはずの浅川三郎は、全農総本部に宛てた書簡で、次のように書いている。

史料：一九三二年六月七日、書簡（大原社研資料）

拝啓　前略　就ては最近に於ける当地方の全農関係者は少しも振はず、何が何んだかさっぱり解《ママ》が解らぬ状態に有之候。既に当地方に於ける唯一の頼みとして居る綿引君も北葛飾より本部とか関東出張所とかへ行ってしまって、更に便りもない様な訳で、通信連絡も出来得ざる始末に候。

其の後当地方（児玉郡中心）も種々なる関係にて、眠り勝《ママ》ちに候へど、最近本庄町丈はハッキリと確立致し、労働組合の発会式も上げ今後の運動方針も決定致し居り候も、農民の労働組合員は、別にキリ離して全農（本庄）準備会として初会合持つ可く決定致し居り候間、左様御承知相成度、御願申し上候。尚ほ、綿引君の所在を御知らせ相成度候。支部事務所も表記の通り変更致しましたから今後宜敷御願い申し上候。

浅川三郎

角田藤三郎殿

総本部派の再建責任者のうち綿引伊好は、埼玉県を離れがちで児玉・本庄などを除いて再建の目途が立たないというのである。そもそも、綿引にしても、浅川にしても大衆的に支部活動を組織するタイプの活動家ではなかった。すでに全国会議派埼聯は、彼らを次のように評価していた。

史料：一九三一年四月一三日、声明書　全農埼玉県聯合会支部代表者会議（渋谷文庫72）

…総本部ダラ幹連中はにくみても余りある地主の廻し者である。しかも浅川と綿引伊好君を再建委員に命じたずぼら振りだ。
人《（ママ）》もあらうに、浅川は本庄支部からとっくの昔に相手にされぬ男、ヨタ新聞のゴロつきやぢゃないか。然も組合員じゃねえ。綿引君だってそうだ。田桑会社争議団の先に立って起しておき乍ら、工合が悪いと見ていつの間にかオッぽって北葛の方に逃げてしまひ、大衆党系北葛農民組合の争議をやってゐるかと思へば地主やその手先に強弾判《（ママ）》されてふるへ上ってしまって「小作引きなし」「今度は徒党を組んで小作問題を起せば土地取上も苦しからず」といふ一札を入れさせられてひきさがり、金一封をもらってうやむやにしたとかで…本庄の実家にかくれてゐるとかいふ男だ。…総本部のダラ幹といふのはこういふ連中に守られてゐるウジ虫だ。

この声明書がセクト的に対立している相手への悪罵であることを相殺しても、綿引伊好が総本部派埼聯再建の本部からは不在がちであったことや、組織活動が十分行えてはいなかったことは確認できるであろう。こののち、浅川の書簡で九月末には「ボツボツ総本部派支持の空気濃行《（ママ）》になり行き」、共和村争議などで若干の前進があったことがわかる（大原社研資料より）。

しかし、全国会議派は総本部派の再建活動を否定した。「全農埼聯支部代表者会議議事録」[2]では、「再建委員が大衆的に基礎をもつてゐない綿引、浅川であるのと、解体命令そのものが規約違反」とのべられており、総本部派の再建活動を批判していた。それでも総本部派は、幹部を中心にした数回の準備会を開催し、同年一二月に児玉郡共和村吉《き》田林《たばやし》（現在の児玉町。一九二〇年には「左派」系の石川綾《いしかわあや》らが入って少年ピオニールができていた地域）の岩上寅蔵方において、総本部派の全農埼聯再建大会が開催されることになった。この時に作成された「大会報告」から、総本部派指導部の情勢認識などを検討したい。

史料：一九三二年一二月二五日「全農埼聯再建大会報告並ニ決議案」　全農埼聯再建委員会
（大原社研資料、『県史資料編23』八九〇頁にも）

A、再建闘争報告

…一九三一～三二年には、全県下の大衆的信頼と支持とを獲得し全農はより大衆化の傾向にあった。だが、吾等はかゝる恵まれたる条件にあったにもかゝわらず不幸にしてその一部に小児病的ウルトラを包蔵したために遂に大衆的全農に挑戦する会議派の台頭をみた。彼等のその地主の犬の如き行動を例に述べるならば（一）全農の大衆的組織を否定し小数《ママ》の小児病的分子の集団化をとり（二）争議等に於ては、殊更に官憲に組合員を渡すが如き行動に出て（吉見、八幡《ママ》［八和田］、寄居等）（三）ために組織は破壊され一般未組織に対する全農の影響をいちぢるしく悪化せしめた。かくの如きは彼等が意識せると否とにかゝはらず所謂支配階級と協力せると同一の結果をもたらせるの愚を敢てして居る。

B、争議報告（略）　…議案［中略］

二、組織方針確立に関する件

…北葛の如き支部幹部の変質によって大衆に一種の疑惑を抱かしめ、他方会議派の小児病的行動は会議派と全農を区別する事の出来ない一般農民には、全農は暴力団の如き感じを与へしめた。…会議派と全農の組織上の区別を明確にしなかったため吾々の方針と行動がしばしば会議派のそれと混同されたことは吾々にとって不利であった。のみならず、物質的条件と伝統とは容易に階級的目的意識を把握し得ない農民のイデオロギーに追随する政治的日和見主義分子を生むに至り、この限りではイデオロギーの退廃を意味するものである。

…では如何にして吾々には右に述べた意欲を満たすべきであるか？

イ、吾々の影響を未組織大衆の上に強めるために、農閑期を利用して演説会若しくはプロレタリア演劇等を目標地区に開催し

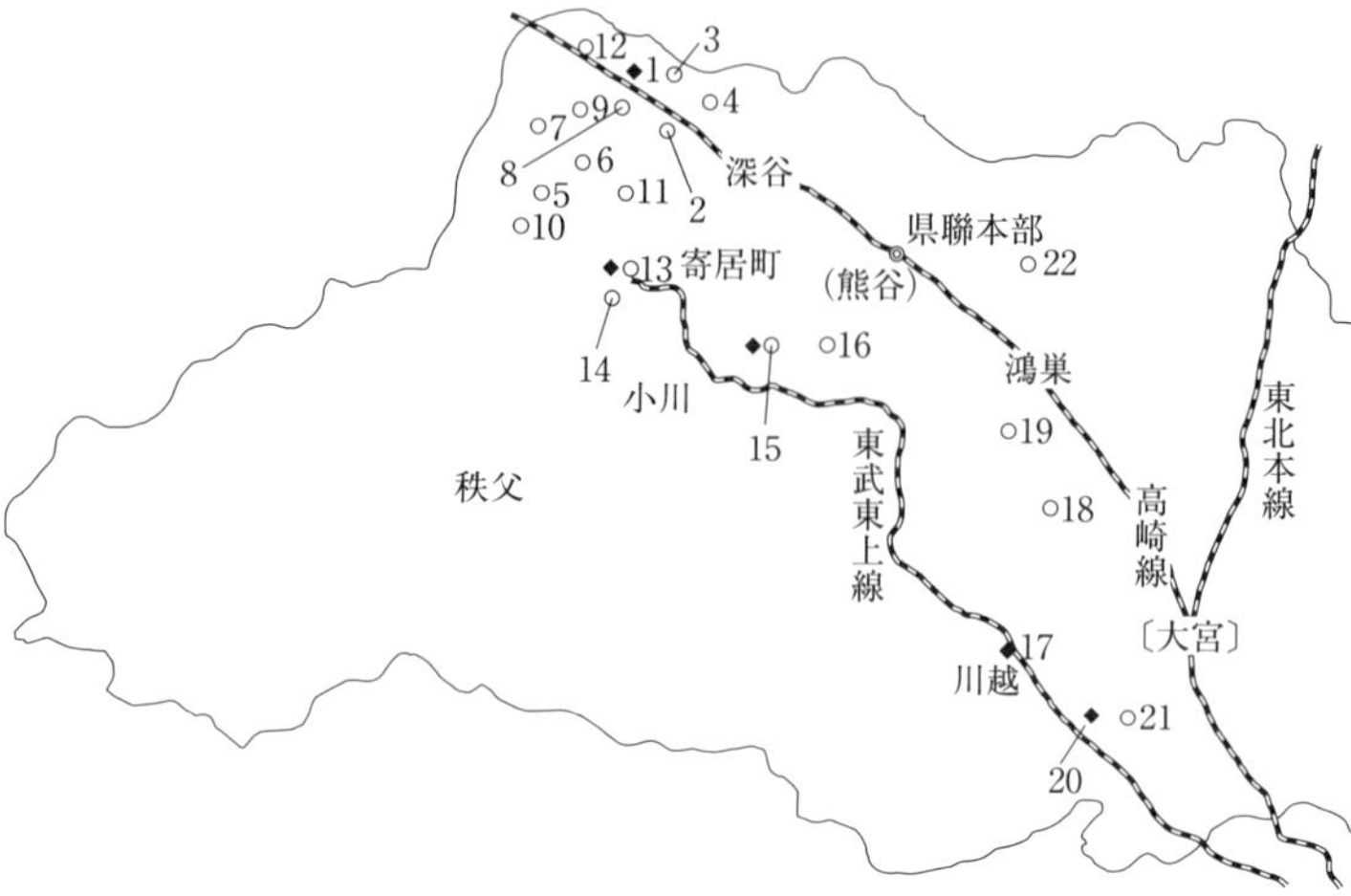

図２　全農埼聯全国会議派地区事務所・支部一覧

『新編埼玉県史資料編23』所収資料より坂本作成（1933年５月当時）

◆地区事務所　○支部・支部準備会　◎県聯本部（熊谷）
［　］内は現在の市町村

◆１	北部地区事務所	児玉郡本庄町［本庄市］
○２	岡部支部	大里郡岡部村［岡部町］
○３	八基支部	大里郡八基村［深谷市］
○４	大寄支部	大里郡大寄村［深谷市］
○５	児玉支部	児玉郡児玉町［児玉町］
○６	共和支部	児玉郡共和村［児玉町］
○７	丹庄支部	児玉郡丹庄村［神川町］
○８	本庄支部	児玉郡本庄町［本庄市］
○９	七本木支部	児玉郡七本木村［上里町］
○10	金屋支部	児玉郡金屋村［児玉町］
○11	東児玉支部準	児玉郡東児玉村［美里町］
○12	神保原支部準	児玉郡神保原村［上里町］
◆13	寄居地区事務所	大里郡寄居町［寄居町］
○13	寄居支部	同
○14	折原支部	大里郡折原村［寄居町］
◆15	菅谷地区事務所	比企郡八和田村［小川町］
○15	八和田支部準	同
○16	七郷支部準	比企郡七郷村［嵐山町］
◆17	南部地区事務所	川越市［川越市］
○18	大石支部	北足立郡大石村［上尾市］
○19	石戸支部	北足立郡石戸村［北本市］
◆20	志木地区事務所	入間郡志木町［志木市］
○21	宗岡支部	北足立郡宗岡村［志木市］
○22	下忍支部準	北埼玉郡下忍村・忍町［行田市］

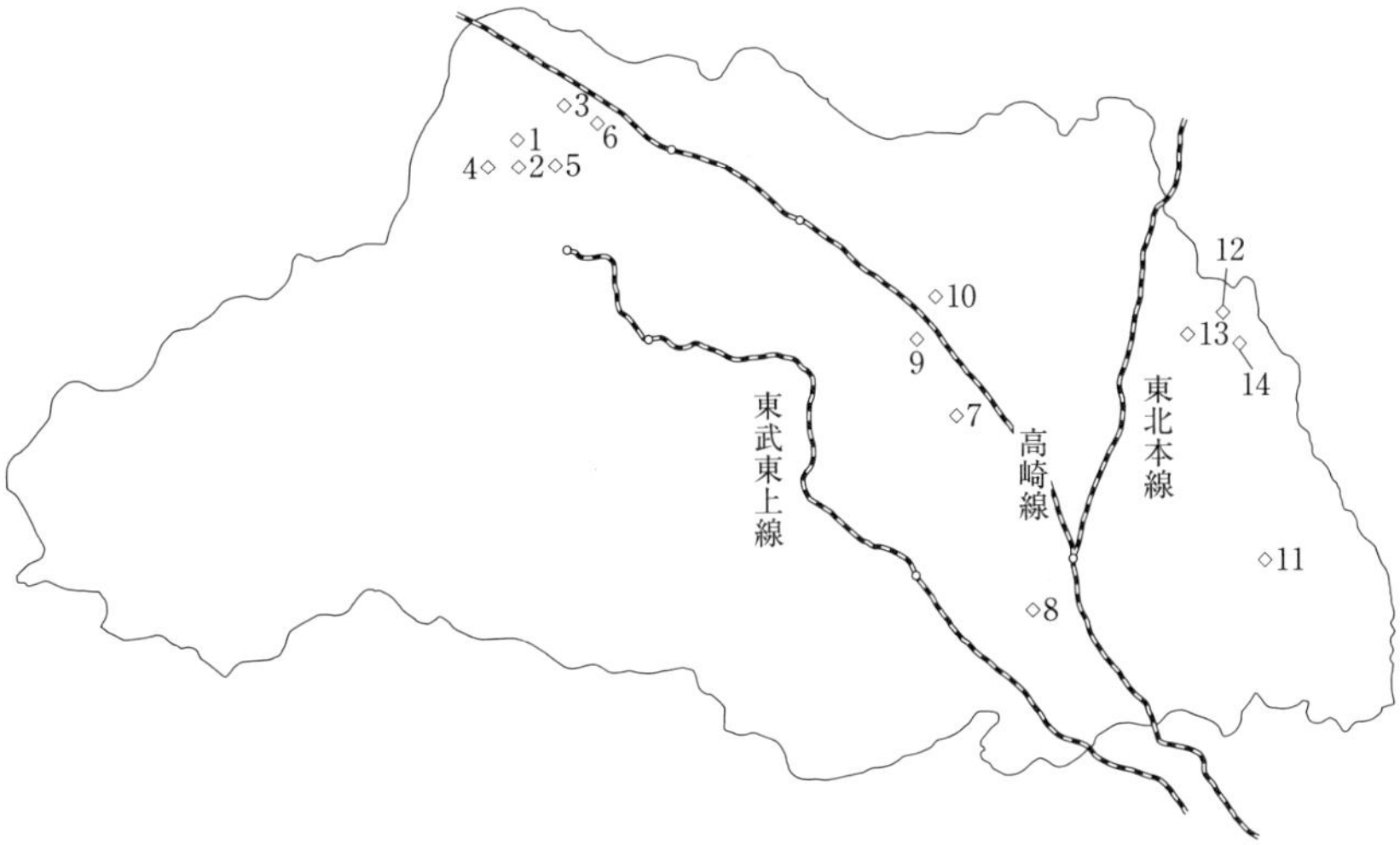

図3　全農埼聯総本部派支部一覧

1934年2月「県聯報告・埼聯所属支部報告」大原社研資料より坂本作成

［　］内は現在の市町村

◇1	児玉郡共和村吉田林	［児玉町］
◇2	〃　〃　蛭川	［児玉町］
◇3	〃　本庄町台町	［本庄市］
◇4	〃　児玉町長浜町	［児玉町］
◇5	〃東児玉村字関	［美里町］
◇6	大里郡岡部村岡新田	［岡部町］
◇7	北足立郡大石村字小数谷	［上尾市］
◇8	〃　大久保村下大久保	［さいたま市・旧浦和市］
◇9	〃　鴻巣町	［鴻巣市］
◇10	〃　箕田村字箕田	［鴻巣市］
◇11	南埼玉郡桜井村字山谷	［越谷市］
◇12	北葛飾郡吉田村字惣新田	［幸手市］
◇13	〃　八代村字八代	［幸千市］
◇14	〃　豊岡村字植地	［幸手市］

ロ、社会大衆党と協力して農民の政治的要求を請願並に陳情等の運動に於て精力的に闘ひ、これを通じて未組織農民に接近し組織を容易ならしむべきである。

ハ、斯くして接近の可能性を闘ひとったならば、次に吾々は、座談会懇談会研究会等の如き集会を催して全農を理解せしめ意識を高める方法をとるべきである。…

三、社会大衆党積極支持に干《（ママ）》する件

…理由

…吾々の党を支持するところの理由は、全農結束のために必要であると云ふ認識より出て居るのである。政治的中立政党支持の自由の如きは必ず全農を分裂に導くもので、支持政党の単一化が全農を混乱と分裂から救ひ上げるものであるからである。

この時期の総本部派指導部の情勢認識や運動論の特徴は、次のような点であろう。第一に、再建を困難にしてきた原因や、大衆に誤解を与えた原因を対立する全国会議派に一面的に押しつけていること（官憲の弾圧も彼らが招いたとする）。第二に、階級的自覚のない農民に追随したことが、退廃を生んだという認識がある。第三に、組織活動の指針としては、演説・プロレタリア演劇、座談会・懇談会・研究会などの開催や請願・陳情など以外は特にない。第四に、あくまで社会大衆党支持を堅持すること（組織としての支持・共闘政党と政党支持強制問題とを切り離して認識されていない段階）。

これらは、分裂以前の「右派」系全農運動の実態と基本的には変化はなく、換言すれば、再建のための新しい方針は確立し得なかったのである。

したがって、次に掲げる再建大会の約二カ月後の総本部宛埼聯総本部派の書簡でも、埼玉県内の力関係は基本的に変わっていない様子が窺える。

史料：一九三三年三月五日、書簡　児玉町全農埼聯から本部御中（大原社研資料）

…本県は中央に隣接して居て極めて枢要なる地理的関係に於かれて居るにもかゝはらず、一度会議［派］の台頭するや其組織の一部分は、彼等の為に蚕食されるの悲観すべき状態にありました。――一部といふのは北部方面の地区であります。――で県北部に散在する支部と称するものは多く右顧左眄会議派と本部派の中間にあって其去就いづれとも決せざる所謂日和見分子であります。

…本県殊に北部は其昔秩秩《ママ》［父］暴動のあった所であり、最近迄は水平運動ありて、農民は相当に実践的な訓練と歴史を経て居るにもかゝはらず、事実はこれに反し、最近の会議派に下された数度の弾圧に彼我相混同し運動そのものに怯へきって居るために組織に於て極めて困難なる情勢下にあります。

しかし聯合会は設立以来日尚浅さく事実上いまだ結束の途上にあります。

争議は、今迄に大《ママ》少多数至る所に繰り返されつゝありますが、統一されたる所謂本格的な争議は極めて少なく此点吾々の使命の重大なる然も前途甚だはるかなるものを憶へます。［以下略］

実際、北足立郡蕨町［現在蕨市］の争議以外に総本部派埼聯の指導のもとでの争議は、見るべきものがなかったのである。そして書簡は、「前記の事情によって吾々は、内にあっては組合員の統制を計り外に向っては組織の拡充等整理時代にあって、数字的に吾々の勢力を発表し得られざる事を遺憾に思ひます」と結んでいる。また、書簡では、秩父事件を決してマイナス・イメージでは評価しておらず、埼玉県北部が秩父事件発生の場所ではあっても、農民が全国会議派に怯えて組織が伸びないのだという認識をもっていたことがわかる。実は、別掲地図（五七頁図1、八四〜八五頁図2・図3）のとおり[3]、埼玉県北部は全国会議派系の牙城であったのである。停滞・伸び悩みの原因を対立する全国会議派に求めていただけで、活路は見い出せなかったのであり、翌三四年になると総本部派の活動は、さらに停滞していったのである（第三章第三節参照）。

（2）　農民委員会の思想と実践

一九三一年に、農民委員会方針を提唱して以来、全国会議派の解体まで、さらにはアジア太平洋戦争終結後の日本共産党系農民運動の時代にいたるまで、「左翼」農民運動は、ほぼ一貫して農民委員会方針を掲げ続けることになる。すでに、佐野学の上申書・般若豊の論文、そして特に高橋貞樹の公判記録などで詳しくみたように、農民委員会方針とは、小作農民による小作争議中心の農民運動から脱却して、貧農を中心としつつも村落の自作地主なども含めた農民全階層の要求に依拠した運動を展開するというものである。そのために必要なものが部落世話役活動や部落新聞であり、耕作農民全階層の日常的な要求を大衆的に取り上げるというものである（4）。

しかし、埼玉県内で実際に農民委員会活動が実践された地域は多くない。それはなぜであろうか。吉見事件以後の全農全国会議派、とりわけ埼玉の全国会議派の動向から検討してみたい。まず全国会議常任全国委員会指導部のもっていた政治意識を検証しておこう。

史料：一九三二年三月（渋谷文庫68）

全農全国会議常任全国委員会

第五回全国大会だ　全農の組合員諸君は聞いてくれ！

…四、従来の小作争議に於る吾等の欠陥

…我々の過去に於る戦術的組織的過失は次の如くである。

イ、広汎なる農民大衆の闘争要求を充分に組織化し得ないこと。……農民の不満を取り上げることを知らず機械的に高度の要求を押付たり又は独りよがりに陥いって居て大衆から独立してゐる為組織と無関係に争議が広汎に頻発してゐる。

ロ、争議の準備不足と自然発生性への信頼。……（中略）

ヘ、争議指導に於ける極左的傾向。　争議に於ける大衆行動は革命戦の予備的訓練であると云ふ点にのみ留意し、闘争の暴動化内乱への転化と云ふ素晴らしい計画を立て、現在大衆が何の為に起ちつゝあるか、大衆は何を欲してゐるかを忘れ、争議を有利に解決し得ず、結果に於て経済闘争を抛棄する極左的偏向は随所にみられる吾々の欠陥である。吾々独自の指導を以て経済闘争に勝つと云ふ事は大衆を獲得し革命化する為にぜひ必要である。

ト、大衆行動が計画的組織的ではなく充分発展し得なかったこと。　大衆行動を敢行すれば十中の八・九は犠牲者が出るのである。然るに大衆行動を起す際、大衆の気分、一地方全体の力関係、合法非合法関係、自衛団聯結、弾圧対策等に何等考慮を払はず、無計画に個人的英雄主義を発揮して些細な事件に全勢力を消耗し為に組織を壊滅せしめ、或ひは農民をして大衆行動に幻滅を感ぜしめたことが少なくないのである。斯る極左的日和見主義は階級闘争の発展を防げ（ママ）こそすれ何等の益もない。……

五、小作争議と吾が全農の任務

工業恐慌と結合した農業恐慌の拡大深化は最も遅れたる層をも含む広汎なる勤労農民を闘争へと駆り立てた。今や我々は農村に於て革命的昂揚の著しき成熟を認識せざるを得ない。此の重大なる情勢に直面して吾々の間に争議は土地闘争のみ、凡ゆる争議は暴動化へ、内乱へと主張する極左的偏向が表れた。斯る極左主義は社会民主主義及びブルジョアジーとの間に必死の闘争を展開してをる吾々に致命的打撃を与へ、吾々を大衆から孤立せしめる。是等の同志は全農の歴史的任務――（小作農を革命的プロレタリアートの指導の下にその同盟軍として準備する）――のみを強調し、その任務を果す為の経済闘争の大衆的組織であることを忘れ、革命的要求の押付けに躍起になって居る。彼等は全く階級闘争のイロハをも理解出来ない。吾々の当面の任ムは暴動内乱等の景気のいゝ無責任な空辞を以て当面を糊塗することでなく、歴史的任務を遂行する為に、現在小作農民の上にのしかゝって居る稲村、田所、渡辺、前川、杉山等を初め労大党社民系社会ファシスト共の悪党を追払い、組織小作農民の闘

> 争を真実に革命的な路、農業革命及び資本主義打倒の路へすゝめ、且つ広汎なる未組織大衆の革命的エネルギーを革命的全農の旗の下に結集せしむるにある。
> …吾々は地主への贈物廃止、小作料値上げ反対、込米・帽子米の廃止、補償米獲得等の些細な要求をもあます所なく取上げ、社会民主主義者に対して独自の指導を以て勇敢に戦ひ且つ執拗に広汎に階級闘争の基礎の上に、下からの統一戦線術を適用し、未組織大衆、右翼組合大衆及び現総本部派組合員を吾々の側に獲得する様に努めねばならぬ。以て小作争議に勝ち大衆の間に革命的全農の権威を高め、多数者を獲得せねばならぬ。［以下略］

以上に見られるとおり、全国会議派常任全国委員会の基本的な認識は、社会民主主義者（「社会ファシスト」）との闘争が基軸となっているが、吉見事件等を念頭においた極左的偏向や、高度の革命要求の押しつけについては、一応自己批判している。そして「地主への贈物廃止……」などに見られる多様な要求を取り上げることも課題として、下からの統一戦線を明確に志向するようになっている。しかし、（いきすぎを批判しつつであるが）全農の歴史的任務＝「小作農を革命的プロレタリアートの指導の下にその同盟軍として準備する」という公式主義的認識が根強く存在していた。

この公式主義的認識及び極左的偏向は、同一九三二年七月に刊行されたリーフレット（小冊子）でも確認できる。全国会議常任全国委員会組織部編『小作争議の法廷闘争を如何に闘ふか』(5)では、合法的法廷闘争や弁護士の指導さえ否定する方向が打ち出されている。埼聯の全国会議派も当然この影響を受けていたと想定できる。全国会議派埼聯指導部は、この後もスローガンとしては「農民委員会を結成せよ」を掲げるが、「全村的・農耕作者全体」という政治意識は、この時期には後景に退いていった。これらのことがらが運動のさらなる激化・孤立化の誘因となったのである。

それでは、全国会議派埼聯は、吉見事件後、実際にどのような提起をしたのであろうか。史料上で確認できる事件後最初の具体的な運動の提起は、次の史料である。吉見事件の三カ月後の指示である。

史料：一九三一年五月一七日「全農埼聯ニュース第18号」（渋谷文庫442）

穀物検査制度改悪実施に対し／農民委員会運動で闘へ！

地主資本家の番頭県のひま人役人連中が首と給料の手前、穀物問屋や地主の御機嫌とりにあみ出した穀物検査改正規則がこの十五日から実施されることになった。

［要点］一、交換貸借、弁済寄托小作料納入の場合強制的に受験させる。
二、品質・粒形・調整・容量に加えて色沢の検査追加。
三、甲乙から米は一～五等、麦は六等とし、奨励米をごまかす。
四、玄米は二重俵、縦縄をかける。
五、検査手数料として玄米三銭、小麦二銭など収入印紙で納めるなど。

…麦の検査が直ぐだ！秋の米検査にも備へなければならぬ。組合の名前をもちださなくもよい。隣近所の小作人《ママ》をみんな調印等とって、一切の負担を払って貰ふ様、検査に対しても大衆的に反対的態度をとる様、組合員が中心になって委員会活動をモリモリ起して小作人貧農の生活を断呼《ママ》として守らねばならぬ。［以下略］

穀物の商品価値の向上を企図した政府の穀物検査制度の強化策は、［要点］の一～五のような内容を有するもので、小作農民のみならず自作農民へも打撃となる制度改悪であった。

これに対する反対運動を農民委員会運動で闘おうという提起であった。同趣旨の提起は、同年一二月一三日付けのニュース「産米検査制度改悪反対の農民委員会活動をまき起こせ！」(6)にも見られる。しかしながら、この運動は、具体的行動提起に基づいた署名・請願、集会などの活動の広がりは確認できない。「スローガンで終わった」という状態に近いものだったと推察される。

それでも具体的に農民委員会活動が展開した事例は、いくつかの支部単位で確認できる。その代表的事例が次の史料にみる寄居地区の活動であろう。

史料：一九三二年九月二〇日「全農埼聯ニュース第22号」（渋谷文庫68）

勇敢に旗を進める
寄居支部の兄弟／先づ善導寺争議勝つ！
未組織を多数動員して、精力的に闘争を展開して来た善導寺小作争議は強硬なる最后的交渉により、本月十一日ゴーヨク坊主を降参させた。解決条項は畑五割八分引だ。寄居支部の兄弟にならって皆モリモリがんばらう。
◎対信用組合借金闘争
寄居では信用組合から肥料代金、生活費を借りてゐたのを、本年六月一斉に支払を請求された所、二十年間もの長い経済難で出来た借金を殺人的不景気の現在一ペンに払へるものかと、二十ケ年無利子年賦償還を未組織をも含めて要求し今尚交渉中。
◎消費組合運動
消費組合準備会を持って組合員が中心となり多い時には三十人位も参加させて共同購入をやってゐる。その為に味噌、砂糖、醤油、酒、水油、石鹸等が一割から二割安く買えるので皆とても大喜びである。又この事を通じて未組織は全農への信頼を高めてゐる。
……寄居地区委員会いよいよ確立す!!

寄居地区では、小作争議と借金闘争、消費組合運動などを有機的に結びつけた運動が展開されている。当時寄居地区には、末野の酒井清吉、折原の北条英《えい》（元教員、「赤化教員」として辞職後埼聯の運動に参加）らの指導者のほか、吉見事件による検束の後、釈放された渋谷定輔と黎子夫人が寄寓しており、世話役活動を実践していた（第四節参照）。一九三二年一〇月二日に本庄出張所で開催された全県支部代表者会議では、全国会議派埼聯としてはじめて「寄居署襲撃事件」・吉見事件・八和田争議などの「本音」の総括が、行われた。「機械的」「非常に浮調子だった」「調子に乗り過ぎて質実性を欠いた」「ヤッツケロ主義」だったなどの表現に「本音」が表れていると思われる。(7) 議案書では、農民委員会を「恒常的委員会の設置」まで進めることが提起された。(8) そして寄居地区の活動はこの支部代表者会議の席上でも報告された。

寄居地区の農民委員会活動は、先にみたように米・味噌・醤油などの共同購入を中心とした消費組合活動とともに発展し、次の史料にあるように県下でも本庄支部とともに特筆される評価を得るようになっていたのである。

史料：一九三三年一月一一日「全農埼聯ニュース第27号」（渋谷文庫442）

寄居地区・北部地区

年末共同購入に大成功／直ちに消費組合の結成へ！

★常に農民委員会活動を活発にすゝめてゐる寄居の兄弟は、米・味噌・醤油等の共同購入も活発にやつてゐる。年末には殊に申込み多く僅か二十×円の資金で百三十円の品をあつかった。すべて町の値段よりずーと安く、全字の兄弟が参加した。

北部地区本庄支部では「タクアン」の共同購入をした。評判よく直ぐひきつゞいて「モチ」の共同購入をした。それが非常に評判よく、米を配給した後、袋をとりに行くと近所の人が集って居て「俺にも売ってくれ」とケンカ面する程だった。

こうした農民委員会活動の一環として、寄居町では「救農土木工事問題」に取り組んでいった。国費六億、地方債二億、大蔵省預金部資金八億円の財源をもとに全国で実施された農村振興土木事業の一環として、寄居地区でも農村七か所が指定され、林道・農道などの工事が実施された。農民の一時的な現金収入源となったのであるが、寄居町では、資金不足の補填のために、日当八〇銭のうち六〇銭しか支給しないで二〇銭を寄付させようとしていたのである。(9)

日当削減反対は、農民全階層の要求であり、寄居町末野地域でこの問題を取り上げて反対運動を指導していたのが、酒井清吉ら全農全国会議派の寄居支部であった。

しかし、一九三三年二月、末野で開催された全農全国会議派関東地方青年部代表者会議への参加者全員を含め、組合員四〇数名が検挙された。救農土木工事問題反対運動を闘っていた末野の住民への弾圧でもあったのである。山本弥作ら検挙者は、この時も拷問を受けている。これを「寄居事件」という(10)。全国会議派埼聯は、情宣活動で対決した。

史料：一九三三年三月一五日「全農埼聯ニュース第28号」（渋谷文庫70）

白テロ反対！／寄居支部を始め俺達を暴圧した奴等の手先振りを見よ！［中略］

二月十三日寄居支部を中心とする今回の弾圧は県下にわたって四十有余の同志を検束し、あらゆるデマ（デタラメの中傷）を飛ばして自分等の不当を隠さうとしてゐるが、事実はこうだ。

最近寄居支部に於ける農民委員会活動の成功は、救農土木工事問題に於て、労銀をゴマカさうとした町会のバクロを通じて、二百有余の寄居農民を我々の指導下に正当な決定賃銀を支給しろと立あ《ママ》がらせ闘争中であった。然も此の間消防組の役員改選に際しては区民投票の結果、部長小頭二名を獲得した。これにオドロイた警察署は言を左右にして辞令を交附せぬので抗議中であり、又青年部に於ては青年団副団長迄獲得した。かやうに闘争は地につき、情勢は嘗てない好条件に突進してゐたのである。

この勢におそれた手先共は弾圧の機会《ヲリ》を目論んでゐた。二月十三日恰も紛争中の救農工事問題の為の町会が開かれるので、二百余の町民が大衆的傍聴に押しかけてやしないかと懸念し、無暴《ママ》にも従業中の農民をトラックで検束し、打つ蹴る等の暴虐の限りをつくした。この日丁度関東地方青年部代表者会議が寄居で開かれるわけだったので、山梨、東京、千葉、福島、茨城等の代表が集って来たが、いゝこと幸ひと之ら各県の同志をも検束して無茶苦茶なテロを加へたのである。［以下略］

史料にあるように、救農土木工事問題のみならず、消防団・青年団の人事にまで浸透した全農寄居支部の活動の広がりを注目したい。また、菅谷村（現在比企郡嵐山町）の全農組合員は、寄居地区の農民委員会活動の展開を総本部派（大衆党系）の運動に対する官憲の対応と比較しながら、次のように述べている。

史料：一九三三年三月一五日、前掲「全農埼聯ニュース第28号」（渋谷文庫70）

暴圧に反対だ!!／の叫び湧きあがる！　菅谷地区　山田（投）

寄居支部の最近の農民委員会活動はスバらしいものだった。資本家地主共はこれを大変恐れてゐる。そこでその手足共は、忠犬ぶりを発揮するのはこの時とばかり、出しゃばり居ったのだ。見ろ！　支配階級のやり口を。犠牲者といふのは俺達貧乏人のためにみんな身を以て働いた人達だ。大衆党の連中みたいに口先だけで実は争議を売渡すやうな奴等は保護して、手先をつとめさせるのだ。俺達は断固として我々の犠牲者を守らねばならぬ。

［以下略］

目に見えるかたちで展開した農民委員会活動は、全国会議派の組合員の政治意識に展望を与え、かつ弾圧に対する団結心を強化したのである。また、官憲への反感と、全国会議派の対極にある総本部派への反発心を掻き立てる結果にもなっていったといえよう。なお、救農土木工事は、町内の篤志家の寄付金によって、資金の不足分を補うことで着工されることになった。

こうして一部地域で活性化した農民委員会活動を梃子《てこ》にして、埼聯の全国会議派も地方議会議員の選挙活動に臨むようになる。前掲「ニュース第28号」には「農委活動を展開して／町村会選挙を闘へ！／戦闘的農民代表に投票を集中しろ！」の見出しが書かれているが、さらに当時の埼聯全国会議派委員長庄司銀助が、留置場（寄居事件で検挙）から本庄町（現在本庄市）の町議選に立候補することになった。

史料：一九三三年四月一日「全農埼聯ニュース第29号」（渋谷文庫70）

> 庄子《ママ》委員長留置場内から立候補／町議戦《ママ》で暴圧に逆襲す！
>
> 寄居支部に於ける救農土木工事並びに関地青代会議を切《ママ》っかけに下された県特高課を首班《ママ》とする支配階級の暴圧で我が全農埼聯執行委員長庄子銀助君は、三月一日より今日まで不衛生極まる留置場に検束のムシ返しをされて、寒さとテロに苦闘してゐたが、全農本庄支部、借家人組合準備会、自由労働組合三団体の地元の大衆は、委員長を断然守らねばならぬと差入や面会で庄子君を激励して来たが、四月一日挙行される本庄町会議員選挙には断呼《ママ》として庄子君を選出して我等の力を示せと、検束中の庄子君を候補者に押し立ててモリモリ運動を開始した。一千余の推選《ママ》状を個別に配布し、去る二十四日庄子君が帰ってきたので勇気百倍し、同夜開かれた常盤座に於ける立合演説には委員長は疲れた身を押し切って壇上に熱弁をふるひ、大谷君の応援もあって敢然人気をまき起こした。……

「戦後」講談師の真打ちまで昇進したほどの雄弁家大谷竹雄（前埼聯書記、アジア太平洋戦争終結直前には芸名「一龍斎竹山」。吉見事件の項参照）の応援を得て、本庄町議選挙を闘い、庄司は当選した。この時の地方議会選挙では、庄司以外に、田島賢吉（全国会議派児玉支部長）が児玉町議に当選し、丹庄《たんしょう》村（現在児玉郡神川町）では岸次郎、岡部村（現在大里郡岡部町）では岡正吉、折原村（現在同寄居町）では北条英、八和田村（現在比企郡小川町）では千野虎三、鴻巣町（現在鴻巣市）では山田賢治などが立候補している。この選挙で庄司と田島は、当選した。しかし、一方の社会大衆党系の全農埼聯総本部派からの立候補者は惨敗した[11]。

（3）　全農埼聯全国会議派の活動停滞と方針転換

全農埼聯全国会議派は、一部の支部で取り組まれた農民委員会方針に基づく地域での活動から、町村議会議員選挙に進出し始めた。しかし、この選挙が行われた一九三三年の春以後頃から、埼聯全国会議派独自の具体的な農民委員会活動の実践は見るべきものがなくなり、埼聯全国会議派全体が停滞する時期を迎える。原因は、次のような政治状況や政治意識状況にあったと思われる。

第一に、吉見事件・八和田争議・寄居事件などによる指導部の相次ぐ検挙・拘留の長期化と主要指導者の組織からの離脱が挙げられよう。

例えば、大谷竹雄は、八和田村（現在小川町）の争議による検束・釈放の直後、郷里の深谷町（現在深谷市）に戻り家業（新聞販売店）に就く（大谷は自らの戦線離脱を「政治的自殺」と言う）。また、青年部活動を指導した川越の牛窪宗吉は、「貧農中心の指導部・常任体制にせよ。」との上申書を指導部に提出して埼聯常任委員会を去る。(12)

理論家山本弥作（石川県の元小学校教員、後述）は、拷問のため体調を崩して一九三二年には一時帰郷していた。復帰後の三三年一月、山本弥作は、全農全国会議全国委員会に出席した時に検束され、十五日間拘留された。この拘留から釈放された直後の寄居事件では、八〇日間の拘留を余儀なくされ、三四年五月には再び石川県に帰った。

渋谷定輔は、寄居での静養後郷里の南畑村（現在富士見市）に戻り、第一線をから身をひいて、雑誌編集や養兎組合活動などを行っていた（第四節参照）。さらに、黎子夫人の病死（一九三四年九月）以後、渋谷定輔は、入獄・失意の日々を送り、のちに秋田での温泉療養のため埼玉を離れる。

折原村の北条英は、新聞記者に転身した。また、比較的弾圧の少なかった消費組合活動などに引きこもる者も多かった。全農埼聯の指導部は、田島貞衛・三友次郎・庄司銀助ら少数になり、しかも彼らも検束・拘留を受けながらの活動であった。当然のことながら、戦線を離脱した人々を何人たりといえども糾弾することはできまい。大谷竹雄の「自分の主義主張、目的のために命を捨てても良いという心境」とは、「今度検挙されたら殺されるだろう」ということと同義であろうから。

全農埼聯全国会議派が停滞した理由の第二は、検束者の増加に伴う財政的逼迫が推定される。組織としての全農埼聯の詳細な収支報告は未見であるが、裁判資金をはじめとする闘争資金は底をついていたと思われる。組合費の上納も不充分であった。すでに一九三二年一〇月の時点で、組合費を定期的に納入しているのは寄居支部のみであるという財政報告がなされているほどである[13]。

第三の理由は、第一・第二の原因と相俟って、全国会議派が大衆的基盤を失っていったことであり、ここに最大の原因があろう。あとで見るように、一般の農民大衆から全国会議派の指導部は「札付きの赤」とみなされがちであったがゆえ（指導層の多くがそのように自認していたわけだが）に、本来は大衆的かつ全農民階層的方針であるはずの農民委員会活動の提起が、大衆的に受け入れられる基盤を失ったのである。検束・弾圧が稀な段階で共同購入などが平穏に実践されている時期には、この農民委員会方針は有効であったろうが、相次ぐ弾圧のなかで、方針自体の効果的な浸透力は奪われていったのである。

端的にいえば、大衆的基盤を喪失していった段階にあって、大衆的路線を提起するという「大きなズレ」が生じていたのである。

一九三三年一〇月一七日に行われた支部代表者会議（本庄出張所）で、全国会議派埼聯は、この間の運動についての厳しい自己批判を重ねていく。

史料：一九三三年一〇月一七日「全国農民組合埼玉県聯合会支部代表者会議々案」（渋谷文庫76）

［前略］ 埼玉県聯過去の批判

…大衆団体としての全農の独自の意義と任務を閑却して、政治主義の偏重を犯し孤立し、寄居事件以後、之といった闘争を組織する事もせず、常任が没落過程を辿ったり消費組合行きをしたりしてしまって積極的に局面を展開して行く為の努力を怠ってゐた事は悲しむべき敗北主義だった。……

一、組織の批判

イ、指導部が部落大衆のガッチリした組織の上に立ってゐなかったゝめ、往々指導が機械的になり上部等の指導等に対する無批判的盲従となって孤立化する原因となったた。

ロ、従来の組織方針がセクト的（少人数だけがかたまった傾向）であった為、余計に孤立化の傾向を強めてゐた。

……

二、闘争に於いて

イ、力の評価なく、無暗と左翼バリを露骨にして階級兵法の運用を適用する事を忘れてゐた。［中略］

ニ、農委活動、部落世話役活動、部落新聞発行、農民幹部の養成等が実践的にやられなかった。［中略］

一般運動方針

一、日常闘争方針

イ、大たんに合法性を押出し、部落世話役活動を手始めに農委活動の展開を計る。

ロ、大衆団体であり、経済闘争場面での独自的任務を持つ全農の意義は小作料まけろ、土地・借金等の問題、その他農民の利害に関するあらゆる問題を闘ひ組織の拡大強化をもたらす所にあるのだから、之に最大の力を集中する事。［中略］

ニ、政党支持自由な立場から、社大党からファッショに至るまでの組織大衆との共同闘争をなし、単独組合共提携して行く。大々的に農民団体協議会なり、小作問題研究会なりをやるやうにしてアジプロする。

農民戦線統一に関する件

全農埼聯が率先して、分散せる単独組合、その他社会大衆党・ファッショ政党の影響下に分散してゐる農民グループ（団体）までおも（ママ）含めた農民戦線の統一をなし、政党支持自由の立場に立って農民の経済闘争を有利に戦かひ必勝を期す。［以下略］

全農埼聯としての指導体制の動揺、機械的命令実行主義への反省、左翼偏向への自己批判などとともに、農民委員会運動、部落世話役活動などが一部を除いて実践できなかったことを総括している。その上で注目すべきは、統一戦線に関するもので、「一般運動方針」にも「農民戦線統一に関する件」のなかでも、社会大衆党系（さらには既成保守政党系）をも含めて、提携を志向し始めたことである。全国会議派の埼聯としては、画期的な方針転換であると思われるが、それはなぜであろうか。どのような転機があったのだろうか。

それは、一つには、一九三三年八月に、全農総本部派系を中心に進められていた合法活動の広がりと、その合法運動への参加の意志表明であった。それは、次の史料にみるように、農業恐慌の激化にともなう「飯米差押禁止法獲得運動」であった。同年、自治農民協議会や全農総本部派新潟県聯、北日本農民組合などの呼びかけによって、始まった運動である。

史料：一九三三年八月一七日「全農埼聯ニュース第38号」（渋谷文庫442）

飯米差押禁止運動に参加！

…新潟の飯米一ケ年分差押禁止法カク得運動に参加することを表明しました。これは私たち埼玉の農民にとっても実に強い希望であるし、又、この運動こそ全日本の農民が打って一丸となって闘はねばならぬと考へたからです。

私たち農民は、この運動を成功させ、飯米の差押の心配をなくするために、全農、小作人組合、産業組合、農会、農家組合等の団体関係にこだわらず、働く農民は心を一にし、かたく腕をくんで戦はねばなりません。

同ニュースによれば、この要求運動の意味は、次のとおりである。民事訴訟法第五七〇条第四項の農民動産差押に関する規定によって、差押禁止のものとしては、種苗だけしか含まれていない。これは不当だから「飯米差押禁止法」の制定が必要である。つまり農民が食糧としての一年分の米を確保すること（借金未返済・小作料未納などの代償としての差押を禁止すること）は、正当なことである。なぜなら、三百円以下の俸給生活者は、給料は差押にならないのであって、貧農の飯米は、現金にして一家八人一年一石として二百円でしかないのだから、飯米差押禁止は当然だという論理である。そして、ニュースに述べられているように、勤労農民全階層の要求として「一丸となって」運動することを呼びかけている。法律制定を要求した、いわば統一戦線的合法運動である。

しかし、第三章でみるとおり、全農総本部が、この申し出をした埼聯が「左派」であることを理由に埼聯の運動参加を拒否したため、全国会議派埼聯の合法的大衆運動の実践にはいたらなかった。

全国会議派埼聯が、社会大衆系などとの提携を志向し始めるいま一つの契機は、全農全国会議派の内部から始まった「左翼偏向」への批判と組織拡大を求める運動であった。この時期にこうした動きを主唱したのは、全農全国会議派千葉県聯合会であり、青木恵一郎（別名恵一、一九五二年に刊行が始まる『日本農民運動史』の編者）や、石田樹心《いしだじゅしん》（全会派福佐聯合会）らであった。全農全国会議派埼聯も、東京・長野の全国会議派とともに会議（「千葉会議」）に参加して、次の史料のような声明に加わった。

史料：一九三三年一〇月五日（渋谷文庫72）

全農全会本部確立のための全国代表者懇談会提唱に関して

全農全会関東地方懇談会　千葉県聯合会　埼玉県聯合会
東京府聯合会　長野県聯合会

…今、静かに吾が全会の全国的組織を点検するならば、部分的に発展拡大の途を驀進してゐる少数の府県聯をのぞいては、他の殆ど全部が支配階級の全線的攻撃の前に萎縮、沈滞、潰滅の姿を暗夜の死屍の如くに横たへてゐることを見る。……

…では全会本部の指導方針の偏向と誤謬は何であったか。最も根本的な問題は×××と大衆闘争組織たる農民組合の拡大強化とを混用してゐた点にある。次に例挙するが如き逸脱は凡てその原因がこゝに胚胎してゐる。

▲本部員のロボット的移動、従って人事のセクト化
▲組織規約上存在しない書記局による常任委員会の権限の遂行による組織としての権威の失墜と責任の回避［中略］
▲農民戦線統一闘争への無関心［中略］
…吾全会本部の誤謬と偏向が、自ら好んで非公然的存在と化し、全組織を半身不随の中風症的疾患の床におしこめてゐたことを認め得るであらう。［以下略］

最も根本的な問題として「×××（共産党）と……農民組合の拡大強化」とを混同していたことを掲げている。その上で、大衆的路線への転換を呼びかけたのである。これに対して、全国会議常任全国委員会名ですぐに反撃のビラが出された。

史料：一九三三年一〇月一一日（渋谷文庫69）

全会の運動方針に関する千葉県聯の声明書について　全農全国会議常任全国委員会

一聯の敗北主ギの一部を代表するもの

…佐野、鍋山一派の裏切的敗北主義と相通ずるものであり、……これら一切の誤まれる理解の余す所なき克服は、けだし光輝ある吾全農全国会議が当面する歴史的任務であらう。……

政策、戦術の問題をちっとも取上げてゐない［略］

大衆団体に於ける経済闘争と政治闘争

…吾が全会は農委活動の提唱と共に曽つて闘ふたことのなかった飯米、救農工事等の闘争をとり上げ、又山の問題、部落費の問題等々にまで着目し、それ処か部落世話役を以て、嫁の世話から手紙の代筆までの一切の利益のために闘争すべきことを指示し且つ闘ってゐる。…大衆は日常利益をぬきにした単なる「争議遊び」や「革命訓

練」には絶対に耐え得ないからだ。〔以下略〕

全国会議中枢部（＝日本共産党）を批判するものは佐野学・鍋山貞親らの亜流とされ、全国会議派の農民委員会活動に誤謬はないと断じたのである。しかし、全国会議常任委員会は、すでにこの直前の九月に、常任委員山口勘一と書記の稲岡　暹《すすむ》の二人、すなわち全国会議派結成以来の中心的人物二人の「引退声明」を受けて、動揺・反発していた時期であった。(14) 稲岡暹は、渋谷定輔の後任の『農民闘争』の編集者であり、所謂「講座派」の『日本資本主義発達史講座』第二部「農民の状態及び農民運動小史」の執筆者であった。

常任委員会にとって、これらの動向は、相次ぐ組織的「裏切り」であり、黙視できない「転向」だったのである。全国的な「大量転向」の時代が到来していたのである。

運動が閉塞していく状況のなかで、全国会議常任を批判して大衆路線を提起した千葉県などの在地県聯と、農民委員会方針などで大衆的運動を日常的に実践しているのだという全国会議常任委員会との情勢認識・政治意識の「大きなズレ」は、もはや回復不能までの閉塞状況を生み出していったといえよう。両者は、要求・理念で一致していたはずであったが、「同質の他者」を見失っていたのである。

農民運動を含めた近代日本の社会運動にとって、統一戦線的組織とその運動をもっとも必要としたと思われる時代（全面戦争突入前夜・総力体制前夜）において、いわゆる本来的「左翼」内部のこの両者の間に、こうした政治意識の「大きなズレ」が存在したことが、歴史的には最大の隘路であった。

また、一九三三年一一月一五日全農全国会議常任全国委員会は、「全会の新運動方針」を発表した。副題は、「敗北主義的策動粉砕の唯一の途はこれだ！　特に組織戦術『部落よりの再編成について』」である。(15) 変形Ｂ５判約三〇頁に及ぶ大部の新方針書であり、その多くは農民委員会活動について述べられている。その要点は、「事務所中心から部落中心へ」「書記中心から世話役中心へ」ということであり、「……部落世話役、部落新聞を基ソに次から次への農委活動を展開すること、之が全会の新運動方針の基本であり、之は闘争の重点、組織の中心に部落世話役をおくことを強く指示するものである」と述べられている。

この「新運動方針」は、内容的には佐野学上申書などより幾分具体化されており、後述のとおり、山本弥作・鞠子稔らのようにこの方針書で「開眼」した活動家も多いが、しかし完全に時期を逸していた。

全国会議派埼聯は、常任全国委員会のこれらの刊行物に影響され動揺した。一一月二五日になって「千葉会議」への参加は、「石田（樹心）一派の陰謀」による召集状に幻惑されてしまったものであり、会議に参加したこと自体が誤謬であったという趣旨の自己批判書を出している。さらには、同年一二月の「全農埼聯ニュース第36号」[17]では、従前どおり、総本部派の指導による共和村の争議を厳しく批判している。総本部派による地主との「調停第一主義」について「調停は敵の落とし穴だ、全会は大衆的な力で解決する！」という従来の主張が繰り返されるのであった。こうして一九三三年は暮れていった。

しかしながら、全国会議派常任委員会への批判と前述の合法的法案要求運動への参加表明への経験は、農民委員会方針でさえ閉塞状況に陥っていた全国会議派埼聯が、本格的に総本部派との合同や統一戦線結成に動き出す大きな契機となったのである。だが、その本格的路線変更は、一九三五年を待たねばならなかった。埼聯の統一実現は、さらに遅れて三六年一〇月のことである。

すでに時代は、「ファシズム」の時代で、日中全面戦争の軍靴の響きが聞こえてきている（第三章・四章参照）。

第四節　部落世話役活動の思想

前節で述べたとおり、部落世話役活動は、農民委員会活動の一環であり、また農民委員会活動の重要な要素であった。ここでは、全農全国会議派（および日本共産党）の方針である農民委員会活動の一環・要素としての部落世話役活動のみならず、多少性格の異なる活動つまり広義の（部落世話役的と思われる）活動をも含めて、全農埼聯関係者が実践した活動とそのなかの政治意識などを検証してみたい。

（1）渋谷黎子・渋谷定輔の部落世話役活動

全農埼聯初代婦人部長となった渋谷黎子（池田ムメ）は、周知のとおり、一九〇九年福島県伊達郡の旧家に生まれ、渋谷定輔の詩集『野良に叫ぶ』に共鳴し、文通時代をへて二〇歳の時に家を出て上京し、一九三〇年に定輔と結婚する。定輔が地下活動に入った一九三一年秋から、寄居町に入って部落世話役活動を始める（渋谷定輔ものち合流）。

渋谷黎子（本名池田ムメ・1927年、18歳）　埼玉県富士見市立中央図書館「渋谷定輔文庫」所蔵。

寄居町では、手紙の代書をしたり、税金・借金・小作料問題などの相談にのったり、農村女性の身売り、結婚の強制、家庭内の封建的慣行による女性差別などにかかわる相談会として「夜なべ」の合間に座談会を開いたりしていた。これらの世話役活動のなかでも特筆すべきものは、裁縫所に通う女性たちの要求を組織した「裁縫所闘争」であった。要求は多岐にわたり、(一)、教師への贈り物廃止、(二)、火鉢・コテを増やす、(三)、雨、雪の時には傘を貸してくれること、(四)、誰にも差別無く教えてくれること、(五)、記念写真をやめることなどの五項目の要求書を作成して塾教師に迫り、要求を承認させることに成功した。これらは、農村女性の「下から」の素朴な要求であり、世話役活動として特筆されるべきものであろう。ただし活動の基礎に封建的家族制度の桎梏からの解放をおいた黎子の世話役活動を、安田常雄は「中央における農民委員会方針の提起とは、相対的に独立した自己の体験に裏うちされた深い現実的根拠をもっていたことが忘れられてはならない」[1]と評している。黎子の発想は、農民運動の昂揚を目指すこととともに、封建的呪縛のなかにある女性解放を意図したものだったのである。黎子の日記には、次のように記されている。

私は今日、農民の中における重大なことを新しく発見した。それは農民が、他人に対して言う意見と、家庭内での意見とは全く反対なことが多いということだ。これこそ私の今までの農民の観方・考え方を、根本的に覆し、新たな目を開かされた。私はここに、自分の今までの人の良さ、そして、理論的、実践的認識の不足が、腹立たしくさえ感じられた[2]。

本音を語らない、語ることができない農民、とりわけ農家女性の葛藤に寄り添うようにして活動したのである。だが、黎子の寄居での活動は、短期間で終わった。定輔とともに生活のために南畑村へ戻ったからである。しかしながら、一九三四年九月に逝去した黎子を回想する人のなかで（定輔への批判はかなり多いが）誰一人として、黎子を賞賛しない者はいないのである。

渋谷定輔は、どのような世話役活動を目指したのであろうか。第一章の農民自治会の項でみたように、渋谷定輔の思想は、農民自治会時代から「全耕作者のため」という意識に根ざしていた[3]。吉見事件などの検束・拷問ののち、寄居町での静養をへて、一九三四年春頃からは全国会議派埼聯の第一線を退く。

書記長・会長などの全農埼聯の要職を歴任した渋谷であるが、農耕のかたわら雑誌『実益農業』（実益農業社、東京）の編集や、実益農業社埼玉支社の職務を担っていた。また渋谷が取り組んだのは、養兎《ようと》組合であった。養兎組合、養狸《ようり》組合などは、養蚕を補填する新しい農家の副業を志す産業組合の一つである。また、農山村経済更生運動の「自力更生」の一環でもあったが、渋谷はこれを部落世話役活動の一つとして取り組もうとしていた。渋谷は、雑誌『実益農業』[4]（昭和九年六月号）に、次に示すように「野火止養兎組合の現況～養兎で更生を目指して結成～」を執筆している。

私は数年前から体を痛めて、ながい療養生活を続けていました。その間、ますます窮迫化する農村問題に対して、その実際的な、合理的な解決の道をいろいろと考へたり、調べたりしてきました。

…私は飽くまでも飼育者本位、実益本位の指導方針をとって養兎事業の健全な発達のために努力を続けてゐます。養兎熱が盛んになるにつれ、インチキ兎屋がぞくぞくと現はれてきてゐます。……真面目な人々から暴利をむさぼってゐるインチキ養兎業者は、憎みても尚余りある輩です。［以下略］

こうして「飼育者本位」をめざした優良種兎の共同購入、共同の種兎場の設置、兎肉・兎毛皮の共同販売などを主要業務とする養兎組合が結成されたのである。一九三四年五月八日の創立総会には、二一名が出席（組合員は三二名）し、渋谷定輔が議長、書記は農民自治会以来の渋谷の盟友宮原清重郎《せいじゅうろう》が務めた。「インチキ兎屋」「インチキ仲買人」を排して、「生産者から直接消費者へ」ということを「モットー」にした組合であった。渋谷自らの経済的理由もあったが、そこには、貧農の経済的自立を目指す意識があったのである。

しかし、渋谷の養兎組合の活動は全農埼聯の元同志たちからは批判されることになった。山本弥作は、帰郷した石川県から次のような書簡を送っている。

史料：一九三四年七月八日、渋谷定輔宛山本弥作書簡（渋谷文庫1836―3）

…（渋谷が）「いろいろな情勢（客・主）から、自己を進歩主義者と規定する」に到ったと書いているが、曖昧だ。養兎も革命的世話役として利用していくことが肝心だ。

…生産を高めること、消費を大衆的に高めること、これこそ資本家の衷心からの要求でなくして何だ。……現在の状態に於いて勤労大衆が消費を高めることは出来ない。かように基本的な問題を解決せずして部分的改善に問題を限定するのは社会民主主義者の特徴ではなかったか？　君を佐野・鍋山の亜流その類型として絶対に考へたくないが、「その範囲に自己の任務を果し且つ自己の健康を維持する経済力を考へて行くのだ」といふ君の言葉の何と弱々しき事よ。三十才的確信とはこんなことであったのか。

こうした産業組合は、資本主義的あるいは社会民主主義者の特徴と指弾され、「佐野・鍋山の亜流」すなわち「転向」に擬せられていったのである。

渋谷定輔は、この養兎組合活動とともに農民の再教育を構想していた。雑誌『実益農業』（昭和九年七月～九月号、渋谷文庫・雑シ―24）には、「横尾惣三郎氏の農民講道館を訪ふ」を三号にわたって連載している。横尾惣三郎《よこおそうざぶろう》は、群馬県富岡町（現在富岡市）の出身で、高等文官試験合格後、内務官僚となり、埼玉県内務部長などを歴任した。農民講道館は、この横尾惣三郎らによって、一九三四年四月に埼玉県与野町（現在さいたま市）に設立されたものである。修学は二年間、全寮制で、農業一般、農業実習のほか「皇国精神」を課程とする「修身」の授業に力点が行われた学校であり、農本主義的農民養成学校といってよいだろう[5]。

渋谷定輔は、次のように横尾惣三郎との出会いを『実益農業』の七月号（一九三四年、渋谷文庫・同前）に、記している。

…かつて、筆者は一農民としての立場から、埼玉を中心に、下中弥三郎（現平凡社々長）石川三四郎中西伊之助氏等と共に農民自治会を組織し、農民の自主、自治運動に奔走してをった。従って農民諸君と共にしばしば県当局者を訪問する必要があったのである。其当時役人諸氏の中で、特に異色ある役人として強く印象づけられてゐたのは、時の内務部長、横尾惣三郎氏その人であった。

氏は、当時から農民運動に、又産業組合運動に関しては、役人には見られない積極的な意気を示されてをったのである。［以下略］

渋谷定輔は、農民自治会の活動のなかで出会った旧知の仲で、農民運動にも理解のある横尾の農民講道館創立に感銘を受けたというのである。そしてさらに、従来の農業教育施設の欠陥（経費増大など）を指摘したうえで、「小作人や中流以下の農家の子弟でも入学出来る様にすることが、革新的教育機関の何よりの急務」であると述べている。連載の最終号では「私は、何よりも、現代農業の革新を叫んで出現した農民講道館を写実的に描き出し、読者諸君のそれぞれの立場、それぞれの角度からの参考に供したいことを意図した」と述べ、さらに横尾への謝辞で結ばれている。「小作人や中流以下の農家子弟」ためにという渋谷定輔の農民自治会以来の思想を見て取ることができよう。

しかし、この訪問記も全農埼聯の盟友からは批判された。田島貞衛は、次のような書簡を書いている。

史料：一九三四年八月二〇日、渋谷定輔宛田島貞衛書簡（渋谷文庫1836―10）

…実益農業に君の農民講道館訪問話が載ったが、いいとも思はないし成可くああいふことは控えて貰いたいとは心に思ってゐるが、そうした職業としての仕事に対して迄、我々が干渉してはゐけないと自分は考える《ママ》。『雑誌記者としての職業的領域に迄とやかくいって兎もかくも組織から離れその個人の立場や環境によって活動している人に階級的義務を機械的に強制することはいけないと思ふ』。

要はあらゆる手段を以てその人を再び戦線に奪還する為の努力とその人のあらゆる条件を充分理解してそれを最大限利用していくゆくといふ応揚《ママ》［鷹揚］さこそ必要と思ふ。

田島貞衛の批判はやや婉曲的であるが、のちに鞠子稔（埼聯の理論家、後出）は、渋谷定輔の農民学校構想に対して、次のような悪罵を浴びせている。

史料：一九三五年四月五日、山本弥作宛鞠子稔書簡（山本正躬氏所蔵史料）

…警察と協力と云へば、田島の話では渋谷も此の点では極めて危険なものがあるらしい。先日彼が、埼玉農民運動史を書く計画をしてゐるから協力をたのむと云って来たので「君は特高とうまく行ってゐるから特高に協力を求めろ」と皮肉ってやった。

山本君は、彼が最近いゝ傾向にあると云ふが、田島の話によると、彼も吉村も近頃驚くほどねぼけてゐるらしい。例へば「農民学校を作って、闘士を養成したら」（シブヤ）とか、「転向分子を集めて左翼指導部をこしらへたら」（吉村）等と、かつての彼等が夢にも排撃してゐたやうな事をまじめで語ってゐるらしい。日常闘争の前進について、まじめな注意を払ふことを怠ってゐる人々は、どんなにすぐれた理論家でも闘士でも、こうした自分で創作をデッチ上げるやうな観念論に迷ひ込むのだ。

田島が大衆のかき集めのみを考へるのも、シブヤが特高と近づくのも、結局彼等が食はねばならぬからである。そこには、何等階級的なものはなく、自己の生活のみがある。個人的に気の毒とは思ふが、許せることではない。

鞠子稔は、生活のために戦線から離脱していく渋谷定輔を吉村参弐らとともに批判している。このように批判された渋谷定輔は、黎子の死去後、失意の日々を送っていた。そこからの脱却のために一時農民文学作家を目指すが、発表の機会を得られず挫折している。秋田県日景温泉での療養のなかで渋谷は、労働者・農民のための温泉厚生運動を計画する（第四章第二節）。

しかしこのヒューマニズムに基づいた思想的な一貫性は、やがては「新体制運動」などの戦時総力戦体制に（自覚のないまま）加担させられていく要因となるのであった。

当時（一九三四～三五年）年の頃の山本弥作の渋谷定輔への批判も、鞠子稔とほぼ共通していたと考えられる。次に、山本弥作が石川県で実践した部落世話役活動についてみてみよう。

（2）山本弥作の部落世話役活動

山本弥作は、一九一二（明治四五）年、石川県鹿島郡越路村《こしじ》（現在鹿島町）に生まれた。修験道の修行場として知られる石動山《せきどうざん》に育ち、旧制七尾中学校を一九二九（昭和四）年に卒業している。(6) 石動山にあるセメント原石場で働いたのち、三〇年一月より越路小学校蟻ケ原分教場で代用教員（准訓導）となるが、『戦旗』『無産青年』などの雑誌を旧友田村清重らと購読していたことによって、家宅捜査と検束を受け、三一年五月に解職となる。

その後、上京して新興教育研究所で働くが、同年末には、埼聯書記として埼玉県に移る。前述の通り、吉見事件での検挙（三二年、この時も一時帰郷している）、全農全国会議全国委員会出席に際する検挙、寄居事件での検挙などのたびに拷問にあった。その後日本共産党「多数派」にも関与した（後述）が、肋膜炎・聴力障害などを引き起こして三四年五月頃には、石動山へ帰郷する。帰郷前の山本は、埼玉でも部落（地域）に入り活動していた。帰郷前の山本弥作の体験を、田島貞衛は次のように回想して評価している。

史料：一九三四年八月二〇日、渋谷定輔宛田島貞衛書簡（渋谷文庫1836―10）

…庄子君（ママ）にしろが、山本君にしろが、恐らく日本の階級戦士が未だ未だ部落職場中心の活動に暗いと断言し得る。闘士の部落での再教育は吉見事件当時からの僕の所論だった。山本君が半年だけだが村生活に居ついたせいか彼のあのトンガリは可成りにとれたが未だ足らぬ。

大衆性旺盛な田島貞衛からすれば不充分だったのだろうが、山本弥作の「トンガリ」がとれてきたというのである。

帰郷後の山本は、農耕のかたわら消費組合活動を部落世話役活動として実践した。山本弥作の部落世話役運動論を検証しておきたい。

史料：一九三五年一月二三日、山本弥作の書簡（カーボン複写）、埼玉の農民運動家宛（山本正躬氏所蔵史料）

…只、お求めのまゝ愚見を書き列ねます。

（一）常任闘士と部落定住の問題

全会の新運動方針に既に指摘してあることですが、常任が部落に定住し、そこに世話役活動を展開することは現在益々必要であります。今までは稍もすると、常任が指導者ぶって部落のオッサン達に世話役活動の手ホドキでもやる様な傾きがありましたが、之は運動が沈滞期に入ってゐる現在では、農民を動かし得ない様です（埼玉ではこの傾向が強かった様だ）。……「新運動方針」は当時の状勢の下に書かれたものとして合理性を持ってゐますが、あの中に常任書記が職業的オルグになることが相当重要視されてゐますが、あれは部落に於ける活動の基ソ的経験としての部世活動の実践を通じて始めて正しくなされるので、従来の常任には到底正しく遂行し得ない仕事と思ひます。

（二）部落に於ける活動の展開

従来常任闘士は所謂札付きの赤でありまして、未組織大衆は一般に敬遠し、吾々が部落に定住したからといって歓迎してくれはしません。逆に「奴は一体何をしでかすのだらうか」と警戒の目をはなさない。吾々の説得に対しては理クツの上では反駁し得ないし、賛成するのであるが、常に彼等はそこに「何か魂胆がないか」「引きずり込まれてはならない」といふ態度をとります。この点長らく部落に定住してゐた組合の闘士と吾々常任とは大変違ひます。……先づ絶対に焦ってはならない。

（三）「常任」の世話役活動［略］

（四）共同購入と世話役活動

共同購入活動は、意識や季節にわずらはされず、何時でも、どんな小規模でも始められる所に部落活動の初歩としてどんな所に於いても可能性があります。然し、組織のない所では最初吾々の世話役活動を通じて、吾々の個人的な信用を通じて始められます。……

（五）　部落新聞［以下略］

山本弥作は、既述のとおり、全農全国会議常任全国委員会が出した「全会の新運動方針」（一九三二年一一月一五日。本書、一〇二頁）に多くを学んでいる。「新運動方針」では「（……書記の活動を見直して）部落に定住して、なるべく一定の生業に従事し、先づ部落世話役として生活すべし。部落世話役は妙に髪を長く伸した変り者ではなく、怠け者、横車押しでなく、人一倍勤勉で実直な人物たれ！」、「…たとへば肥料の知識から養蚕の技術に至る迄、大衆より一歩先んじ、部落の親切なる相談相手とならねばならぬ」、「…又部落世話役を中心にして、部落新聞が出される。それは組合ニュースではない。それは正にその部落の空気をピッタリと表現し、部落大衆の不平不満を気楽にブチまけさせ、自ら闘争に立たざるを得ない様に、大衆を宣伝、煽動、組織する武器である」と世話役活動の指針が述べられていたのである。

これらを受けて山本弥作は、「札付きの赤」の活動家によって行われていた、「手ほどき」をしてやるかのような世話役活動を批判して、一般大衆から信頼を得る筋道を提案しているのである。農民が常任・書記など職業的活動家をどのように見ていたか（あるいはそれを山本らがどのように観察していたか）をも語る書簡である。

また、山本弥作は、上記書簡（四）にあるように、帰郷直後から消費組合活動を部落世話役活動として実践した。東京の城東区大島《おおじま》（現在江東区）に本部のあった関東消費組合聯盟[7]の傘下に入り、そこから、日常品を中心に共同・安価で仕入れて販売しており、村人にも好評であった。

さらに山本弥作は、書簡（五）にあるように、帰郷直後から『若い衆』（原題『村の若い衆』）という部落新聞を発行していた。同郷の東一六、山口政雄、田村清重らの協力を得て、一九三四年七月一日に第一号を発行し、以後月二回ガリ版刷りで発行を続けた[8]。

『若い衆』から山本弥作の投稿を再録してみよう。

史料：『若い衆』（山本正躬氏所蔵史料）

「雨乞いについて」（ペンネーム正坊）第一号（昭和九年七月一日）

[雨乞いなどするな]……池をひろげるとか、掘抜をするとか、用水をなほすとかして置けば、そんなにサワいだり、ニラミ合ったりすることはいらないですよ。本当にためになる所へ目をつけませう。

「第一号を読みて」（ペンネーム正坊）第二号（同年七月一五日）

「発刊に際して」会長「お暑いことで」と全くね。だが「日頃勇敢なる皆様のことなれば何の苦もなくお働きのこと、存じます」とおっしゃってもそれや無理だ。なぜか？　原石山に、県有林に、田畑に一日十何時間……休む日もない様に働いて、働いても働いても追ひつかぬ家の働き手として、或はケガをしたり、ムリ仕事で身体をいためたりしてゐる兄弟が幾人もあるのに……。

……[山口政雄の「忍耐力を養成せよ」を批判して]三井、三菱、安田等を見よ。どいつもどい《ママ》つも貧乏人をフミ台にしてモーケタのだ。……吾々は暗いから暗い《ママ》まで働いてまだまだ忍耐力がたりないのか、資産どころか、その日の生活をさゝへることさへ困難だ。だからこれ以上忍耐して夜も寝ずに働いたら、資産が出来る前に人間が死惨になってしまう。

山本弥作「極楽満洲国」[投稿]第三号（同年八月一日）

「満洲」「満洲」とまるで金の茶がまでもたくさんころがってゐるそうな満洲国の本当の状態はどうでしょうか。

日本からあり《ママ》だけの金を持って一もうけすべく勇んで出かけた移民も労働がヒドいのに《ママ》賃銀が安いのと、満洲の百姓とよく喧嘩になるのとで、三分の一以上はハダカ一貫になって日本に逃げ帰へって来ました。

然し！　これ以上可愛相なのは、満洲の百姓でして、豆粕を始め農産物はウント安価になったし、その上、土地を日本移民のために取上げられ、軍備のため税金はますますふえて行くといふ始末で、「張学良よりも今の政府はなほひどい」と悲しい叫びを上げて居る相です。税金がヒドくゝるためなかなか買へないと言ふ有様です。（次号につづく）まだまだ可愛相な話が日本人の百姓や労働者にも満洲の百姓や労働者にもありますが、長くなるので今回はこれで止めます。

弥作は、第一号では、雨乞いの迷信を排して農作業の基礎知識を伝えている（これも「全会の新運動方針」の指示するとおりである）。第二号は、働く者の立場に立って執筆している。また、第三号で「満州」問題を鋭く論じているが、ここでも農民の立場さらには「満州の百姓」の立場に同情し、共感と連帯のエールを送っているのである。なお、「満州国の本質」や「戦争の本質」を部落新聞で暴露していくという編集方針は、のちの日本共産党「多数派」の活動方針と合致している（本書一三〇頁参照）。マルクス主義思想と農民運動によって鍛えられた弥作の政治思想を窺い知ることができよう(9)。

新聞『若い衆』廃刊の理由は、発行者内の意見対立か、資金難か、廃刊処分なのか、詳細は不明であるが、この頃の弥作の心境だけは渋谷定輔宛書簡で知ることが出来る。

史料：一九三四年一〇月一四日、渋谷定輔宛山本弥作書簡（渋谷文庫2192）

…敗北主義が尚も時得顔にのさばってゐる。優れた同志も実践的日和見主義＝敗北主義に冒されている。これではならぬ。……レーニンは書いてゐる。「党の伝統を失はないため、党を強固にし第二回の運動には二・三百万のプロレタリアトではなくして、五倍十倍も多い数を指揮するために再度革命前に働いた様に、堅忍にかつ不抜

に働くことが出来る。」〔以下略〕

これは、埼玉県内の旧同志への「檄文」かもしれない。「実践的日和見主義」を敗北主義として批判する山本は、この後も炭焼作業などのかたわら、『若い衆』に続いて、同年一二月末から刊行される『村之新聞』の編集・執筆に参与する一方、越路村の経済更生運動に身を投じていく。この一連の行動は、「在野ヒューマニズム」に基づいた政治意識に発したものであったが、その道は、次第に（無自覚のままに）総力戦体制への加担する道へとつながっていたのであった（第四章第一節参照）。

まとめ――危機意識と政治的確信、「三つの大きなズレ」をめぐって――

のちの全国会議派は全農の分裂前から、大衆党系＝合法政党派・総本部派を厳しく批判した。それはいうまでもなく一貫して非合法下の日本共産党へのシンパシィがあったためであり、共産党系の「社会民主主義主要敵論」があったからである。また、在地活動家にとっては、小作料収支計算書などを理論的武器とした要求の正当性への確信があったからである。この全国会議派の昂揚と政治的確信は、政治状況に対する危機意識を稀薄なものとさせて、「寄居署襲撃」事件や吉見事件などを惹起していった。

一方、数のうえで劣勢であった埼玉県内の総本部派は、危機意識をもって打開の道を模索しつつも「トラ派」＝全国会議派への表面的な批判に終始していた。全国会議派への弾圧は、総本部派には本来は有利な情勢をもたらすはずであるが、この時期（一九三一～三四年）には、自らの低迷の理由を、対立する全国会議派の過激化にしか見い出せなかったがゆえに、統一戦線的方向を打ち出すには至らなかった。「土地を働く農民へ」などの基本的要求では一致していたはずの、「ほぼ同質の他者」をお互いに見失っていったのである。

合法政党（この時期は社会大衆党）支持問題という「左右両派」の一貫した「ズレ」以外に、この時期の全国会議派の農民運動には、「三つの大きなズレ」が生じていた。

それは、①「日本革命をめざす」という埼聯全国会議派指導部と、経済要求では立ち上がるが地主・官憲を畏怖する小作農民との意識のズレ、②全国会議派が大衆的基盤を失っていく段階で、本格的な大衆的方針＝農民委員会方針を出すというズレ、③全国会議派内部に生じた、農民委員会活動で大衆的方針を実践しているのだという常任全国委員会と、その閉塞状況に危機意識をもった「千葉会議」参加グループの間のズレ、以上の三点である。

第一章の「まとめ」で述べたように、①〜③は、次元の異なる領域の「ズレ」ではあるが、①は「政党内部の戦略的・方針的矛盾（大衆路線と極左的方針）」に起因した「ズレ」であり、③は「組織中央と在地」との「ズレ」に原因があった。また②はそれらが相俟って生じた「ズレ」なのである[10]。

危機意識の稀薄化と重層的な「ズレ」のなかで、全国会議派埼聯は弾圧や激しい拷問を受けても「嵐は強い木を作る」などという認識から、極左的偏向を清算できなかったために「勝利のなかの敗北」に至ったのであった。また政治意識が昂揚していたがゆえに「全耕作者のため」という認識を堅持しえなかったのである。

そして、大衆的・統一戦線的な農民委員会活動の提起とその浸透は、時期を逸してしまい、全国会議派は急激に大衆的基盤を失っていった。大衆的基盤を失ったなかでの「大衆的方針」は、それが如何に正しくても実践的には意味をもたなかったのである。こうしたなかで、埼聯全国会議派は、一九三三年秋以降飯米差押禁止法獲得運動や「千葉会議」への参加など、統一戦線的運動を模索し始めるのであった。

また、わずかに実践された良心的な農民委員会運動や部落世話役活動も、組織全体の力量を高めるまでには至らなかった。逆に、この時期の農民・労働者の利益をめざした部落（地域）に根ざした活動は、「自力更生」運動の一定の枠内にあり、支配層が地域を総力戦体制に向けた拠点として位置づけ、総力戦を下から支えるものとして重視してその再編成を企図していく過程で、（良心的な善意はあったが、活動家たちの善意に反して、あるいは無自覚のままに）総力戦体制に加担していく運動として萌芽していくのであった(11)。

社会経済史的には、経済更生運動は、農村社会のファシズム的再編の契機となった事例が多い。だが、農民のエネルギーを組織化した在地指導者の主体的な政治意識は、ファシズム化の契機だけでは説明しえないと思われる。この点は、第四章第一節で検討したい。

[第二章第一節　註]

（1）一九三〇年四月九日、全農・有志団のビラ（渋谷文庫58）。

史料：全農第三回大会に対するメッセージ

…弾圧に対する闘争は、破壊された組合の組織を見捨て別の組織たる合法政党に鞍替することではなく、ますます頑強に組合を守ることである。単なる名士の演説会や議会内の代議士の行動に頼ることではなく、組合自体の組織を守りたて、これを強くして、大衆の動員及び自衛の戦術を展開することである。

暴圧白色テロ反対！　裏切者の合法政党から脱退せよ！
議員病患者の政党合同運動反対！　地主の土地を働く農民へ！
全農の拡大強化万才！
全農・有志団

（2）渋谷定輔「全農主義とは何か」『プロレタリア科学』一九三一年一月号、および「『全農主義』再批判とその清算」同誌、一九三一年三月号などより（渋谷文庫雑フ—40）。

（3）渋谷定輔自身は、次の史料にみるように、この直後に観念的・公式主義的誤謬を自己批判している。

史料：一九三一年二月一八日、布施辰治宛渋谷定輔書簡（渋谷文庫232—13）

自分の思想及び運動に対してハッキリした自己批判と再出発の決意を固めさせられました。……全く今迄の左翼運動者の欠陥は、頭ばかり尖鋭化したピリピリした神経質的態度と、そこから生まれる焦燥であり、ドッしりした落着きさを欠いてゐたと思ふのです。……私は運動本位の生活に這入ってから、不知不識の間にさうした左翼の悪傾向の影響を受けてゐたやうに思はれます。先生が言はれた合法―非合法の問題も、今まで私は先生の意見に共鳴しながら、それが行動をもっての理解共鳴ではなく「頭」の中での共鳴であり理解であったやうに思はれます。……マルクス・レーニン主義を只頭で理解したのでは問題である如く、公然―非公然も、実践、しかも大衆闘争の実践を通じてのみはじめて理解されるものであることを、ハッキリ知り、自分の再出発もそこからなさるべきだと考へてゐます。右翼の奴等は全く図々しい程落着き払ってゐる。左翼は、それ以上にドッシリと腹を据ゑて正しき理論と実践を展開すべきだと信じます。

＊「実践・総括・自己批判・思想の再構築」という渋谷自身の政治意識や思想形成史として注目したい。ただし、この自己批判は具体的には実践化されない時期だったのである。

（4）　寄居地区での小作料収支決算書などの提唱は、次の史料で確認できる。

史料：一九三一年九月一〇日、研究誌『小作農民』（渋谷文庫74）

全国農民組合埼玉県聯合会寄居支部

…私は小作金の未納や利息や掛け買の督促を受けて陳弁大いにつとめました。……とに角ほっと一息つきました。こんなあいさつで恐縮しますが、前書まで。　酒井生。

小作料の問題

…必ず働けば食ひ儲け出来るか、その食へる程度、それでも損していやでも出来る借金、其れを計算してみました。皆様もやって見て下さい。

昭和六年　小作農業桑園一反経営場合

支出の部（但シ桑園ノミ）

一、小作料　　一五円、〇〇〇　　配合肥料冬夏共

二、肥料（金肥）　一〇、〇〇〇　一畝二円トシ五畝ノ代
三、自給肥料　五、〇〇〇　人糞尿塵芥蚕砂等ノ見積
四、耕作手間　七、五〇〇　一人五〇銭トシテ十五人
五、雑費　一、五〇〇　道具代其他
計　四九円、〇〇〇
収入ノ部（但シ売桑ノ場合）
一、春蚕桑　二四円、〇〇〇　一駄二円トシテ十二駄見積
二、初秋蚕桑　七、〇〇〇　五〇〆摘桑一円ニ付凡七〆
三、晩秋蚕桑　八、〇〇〇　五〇〆摘心一円ニ付凡八〆
計　三九、〇〇〇
▲収支差引一〇円ノ欠損
説明……耕作手間十五人ハ一年間ニ振当テルト余裕ハナイ。……収入金三九円は売レタル者ノ事、事実ハ売レナイ者ガ多イ。［以下略］
＊なお、小作料収支決算書（小作損益計算書）の争議における有効性については先行研究でも指摘されている。例えば、金原左門『大正デモクラシーの社会的形成』青木書店、一九六八年、一五八頁など。

［第二章第二節　註］
（1）寄居町『寄居町史』一九八五年、九九一頁による。
（2）寄居町教育委員会『寄居町の歴史』一九八八年、二八〇頁。
（3）前掲中村政則『労働者と農民』二四三頁。
（4）加藤千香子「埼玉県吉見村小作争議」『埼玉県労働運動史研究』一三号、一九八〇年など。

（5）なお、この吉見事件に際して、次の史料で明らかなように、松山（現在東松山市）警察署の一部の警察官に、部落差別意識が存在したことが確認できる。

史料：一九三二年二月、全国の労働者、農民に檄す！（渋谷文庫68）

…狂暴化した警察のテロの為に一組合員は自殺したのだ。見ろ！　奴等は、手を下さぬばかりにして殺人をしてゐるぞ！　又ある組合員は、松山署で「チョウリンボーの味方をしやがって…」と西吉見の組合員を罵倒侮辱しながら、散々なテロを加へられ［た］のだ。松山の官犬は「チョウリンボー」のくせに生意気だといふのだ。…

★暴圧絶対反対だ！　★激《ママ》、救援の雨を降らせ！

★大衆的抗議を速時《ママ》捲き起せ！　★差別的言辞を弄する松山署をキュウ弾しろ！

＊大谷竹雄は、官憲のみならず、総本部派・全国会議派とも全農両派の活動家のなかにも、差別意識の存在を否定し得ない状況があっただろうことを回顧している。大谷は、「頭の中ではわかっていても差別意識がなかったわけではないだろう」と述べている。

（6）「二月事件は何を教へたか」（一・二）『社会運動通信』804・805号、一九三二年七月五・六日付など。ただしこの記事は、戦術の拙劣さについての内部批判が中心である。

（7）一九九五年一二月三日、埼玉県近代史研究会主催で開催された大谷の回想講演「風雲吉見事件」より、坂本が再録。引用に際しては回想談の前後を入れ替えてある箇所もある。なお大谷竹雄は一九九七年逝去。

（8）この時の解体命令は次のとおりである。

史料：一九三二年三月七日、埼玉県聯解体命令（大原社研資料、『県史資料編23』七五二頁にも）

［通告］

一、埼玉県聯執行部は分裂攪乱派全国会議と策動し

二、我が全農の大衆性強保《ママ》の方針を蹂躙し

二、《ママ》我が全農と所属支部との闘争組織の連絡を切断し

四、埼玉県下に於ける我が全農の闘争的発展を妨害してゐる
五、依って我が常任委員会は、今日の如き窮迫せる農村情勢に対応して真に多数者獲得を遂行し得る聯合会の再建のために埼玉県聯合会を解体し、所属支部を再編成するものである。［以下略］

［第二章第三節　註］

（1）『新編埼玉県史通史編6』（一九八九年、七五五頁）によれば、再建委員会が、一九三二年三月一二日、同二八日、四月二一日、九月二五日、一一月一五日、一二月二四日の計六回開催されたと記述されているが、その間の実際の苦労や総本部派の低迷状況については触れられていない。

（2）一九三二年一〇月一〇日（渋谷文庫68）。なお、総本部派に大衆的基盤がないことは、三五年に再統一を論議する際にも、再度全国会議派から問題視される。第三章第三節参照。

（3）図1（五七頁）は、「左右」分裂以前の支部の分布図で、結論的に言えば、この時が最も支部数は多い。図2と図3（八四～八五頁）を比較してみると、埼玉県北部は、全国会議派の「牙城」であり、かつ総本部派支部は、点在するに過ぎないことが明白である。

（4）農民運動史研究会『日本農民運動史』は、「部落世話役活動・農民委員会活動の統一戦線戦術を適用して、農村の多数者獲得を実現しようとする全会の運動方針は、農民運動の客観的基礎に対する正確な認識に裏づけられていた」（三五七頁）と高く評価している。

（5）史料：全農全国会議常任全国委員会組織部編『小作争議の法廷闘争を如何に闘ふか』（渋谷文庫75）

　貧農に與へられた道が、小作関係を廃絶して『土地を勤労農民へ』『資本家地主の政府××』『労働者農民の政府××』以外にないのである以上、地主の裁判攻撃に対しても、徒らに、ブルジョア法律のインチキ解釈論などに迷って、法律戦術のみに頼る、従来の合法主義的官許法廷闘争を為すべきでない。

　また、法廷闘争は小作人、貧農大衆の革命的大衆行動であるから、その闘争は弁護士の指導に基くべきものでなく、飽

まで革命的組織の闘争機関によって組織的に行はるべきである。……従って、弁護士が先頭に立つ弁護士の闘争では断じてない。

（6）「全農埼聯ニュース第26号」、渋谷文庫442・68など。

（7）「全国農民組合埼玉県聯合会支部代表者会議々案」（渋谷文庫70）より。なおこの議案書では、大日本生産党、国粋会、国家社会党などの「ファシスト」と全農内の「社会ファシスト」（三宅正一、杉山元治郎ら総本部派）を名指しして、「か丶るファシスト社会ファシストを粉砕することなしには、終極目標に到達することが出来ない。」と述べている。

（8）なお、この会議には、全国会議常任全国委員会を代表して土門拳（のち写真家）が出席して挨拶している。「全農埼聯支部代表者会議議事録」（渋谷文庫68）より。

（9）一九三二年一二月一三日「全農埼聯ニュース第26号」、渋谷文庫442・68など。

（10）前掲『寄居町史』九九二頁。

（11）一九三三年四月八日「東京朝日新聞」、「全農埼聯ニュース第29号」、渋谷文庫70より。

（12）一九三三年一〇月七日付「上申書」、および渋谷文庫72より。また『東京朝日新聞』一九三三年一〇月一二日付記事参照。

（13）「全農埼聯支部代表者会議議事録」渋谷文庫68。

（14）一九三三年一〇月、全農全国会議常任全国委員会声明「一連の敗北主義に対する全会本部の態度を声明す／山口、稲岡二君の引退声明について」、渋谷文庫69。

（15）一九三三年一一月一五日付、全農全国会議常任全国委員会名。渋谷文庫75。

（16）「全農全国会議埼玉県評議会」名の声明書、渋谷文庫75。

（17）一九三三年一二月二五日「全農埼聯ニュース第36号」、渋谷文庫76。

［第二章第四節・まとめ　註］

「二つのズレ」と「三つの大きなズレ」

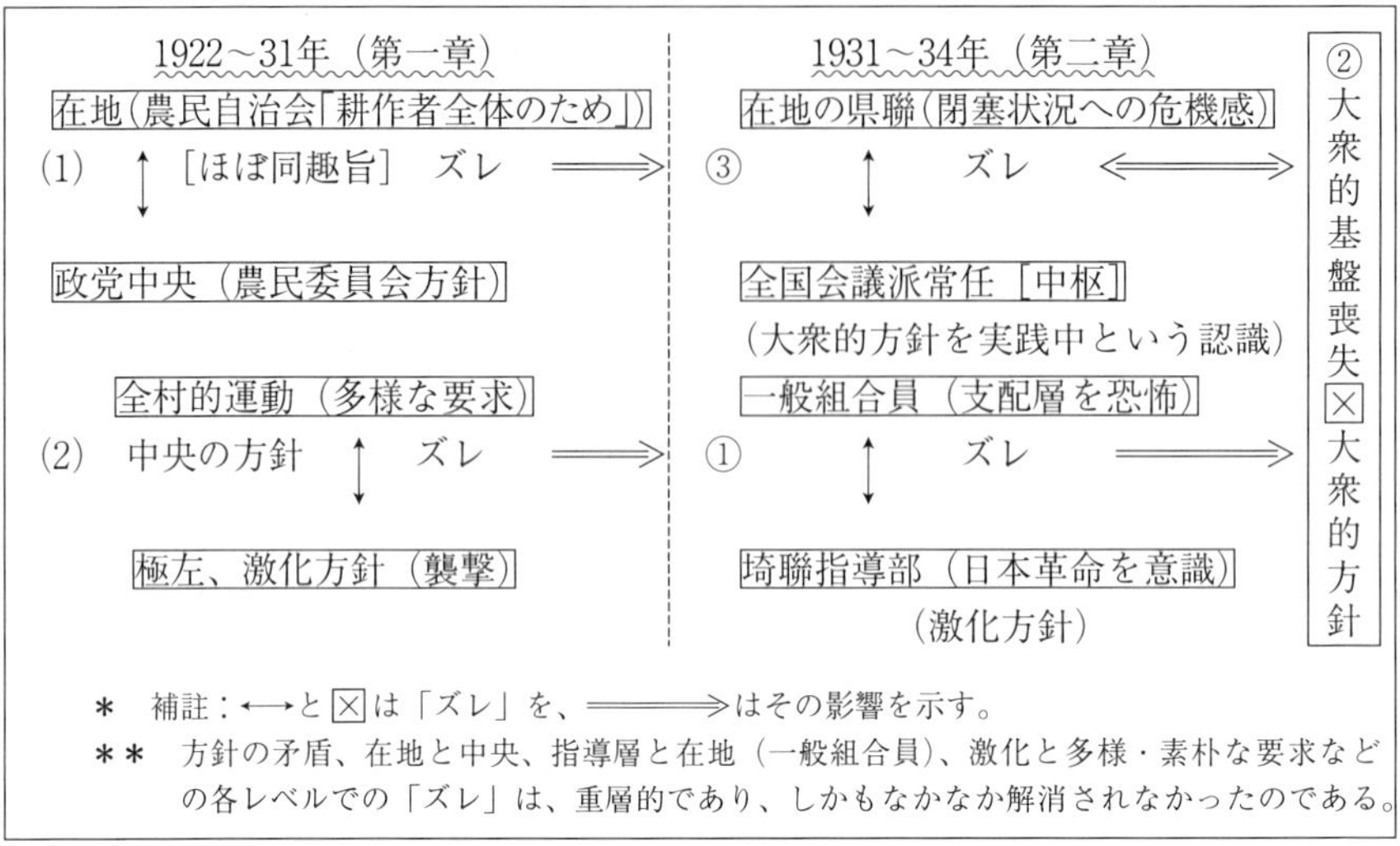

＊　補註：←→と☒は「ズレ」を、⟹はその影響を示す。
＊＊　方針の矛盾、在地と中央、指導層と在地（一般組合員）、激化と多様・素朴な要求などの各レベルでの「ズレ」は、重層的であり、しかもなかなか解消されなかったのである。

（1）安田常雄前掲著、三〇七頁。

（2）一九三二年六月七日、渋谷定輔『農民哀史から六十年』岩波書店、一九八六年、一八一頁より。

（3）大谷竹雄は、「埼聯本部事務所が熊谷へ移転（一九三〇年一〇月、『渋谷黎子雑誌』では一二月）して以降、渋谷定輔が組織した支部は一つもない」と語っている。

（4）雑誌『実益農業』、渋谷文庫・雑シ―24。以下『実益農業』は渋谷文庫の同番。

（5）「農民講道館館則」（渋谷文庫710）より。協調会編『農村に於ける塾風教育』（『農山漁村経済更生運動史資料集成』第2集第四巻、柏書房、一九八八年）などを参照した。また、野本京子も、農民修練道場や農民講道館に着目している（野本『戦前期ペザンティズムの系譜』日本経済評論社、一九九九年。一七五頁、一八六頁の註53など）。

（6）田中正太郎撰文による山本弥作の墓碑銘（『渋谷黎子雑誌』7号、一九七六年など）には、「昭和三年卒業」とあるが、これは誤りのようである。高野源治氏所蔵「越路小学校旧職員履歴書綴」（写）より。

（7）関東大震災直後に労働運動家たちが軍隊に虐殺された亀戸事件の犠牲者である平沢計七らが実践していた共働社の後身。当時はのちの「多数派」の山本秋や戸澤仁三郎らが運営していた。

(8)『若い衆』は第八号、一九三四年一〇月一五日付までの号が残っている。この『若い衆』が筆者の調査によって、実物が確認された(山本正躬氏所蔵資料)。

(9) 第六・七号には、軽い読み物風の小説「青春の唄」を書き出しているが、続かなかったようである。

(10)「ズレ」は、次元を異にしながらも、相互に関連し合っていた。第一章(「二つのズレ」)・第二章(「三つの大きなズレ」)の「ズレ」を整理すると、前頁のようになる。

(11) 丸山真男は、「日本型ファシズム」のイデオロギー的特徴として、第一に家族主義、第二に農本主義的思想の優位、第三に大アジア主義の基礎に立つアジア民族解放の主張を挙げている(丸山真男『現代政治の思想と行動』未来社、一九六四年、増補版四二頁ほか)。一九三二年に始まる農村経済更生運動が日本農村のファシズム的再編の梃子となったことは、歴史学界共通の理解となりつつあるとする中村政則は、このうち農本主義的思想の優位について次のように指摘している(中村前掲『近代日本地主制史研究』三八一頁)。

　再編成された共同体は、伝統的(封建的)契機[坂本註:地主制の肯定]と近代的契機[坂本註:小商品生産の論理の肯定]との二様の契機をふくむことによって、農民の更生エネルギーを結集し、組織化することに成功したのである。[以下略]

＊拙著では、こうした契機とともに担い手の主体的政治意識を検証したいのである。

第三章　全農運動の再構築と人民戦線運動の思想

全農全国会議派が提唱した農民委員会活動は、その本格的提起が時期を逸したために閉塞的状況に陥った。鞠子稔は、のちに次のように述懐している。

…左翼が大衆の支持を失ったから、転向と動揺が起きたと解するのが正しいのだ。そして、転向から更に大衆からの孤立を深めた。而て大衆の支持を失った根本原因は、我々が今日まで論究して来た通りの雑多な事情にある。その主なものは、農業革命に関するプチブル的誤謬であった。我々がもう数年早く農委戦術を大衆化することができてゐたら、今日の歴史が異なるものであったと考へられる。

…組織に於ては、埼聯の如く、大衆組織と前衛組織とを混同し、大衆組織の名に於て、大衆の加盟し得ざる如きプチブル的前衛組織たる実体にのみこだはってゐた。「貧農だけの運動ではなくそれを先頭とする広汎な農民の大衆的運動」、これが大切である。

史料：一九三五年四月五日、山本弥作宛鞠子稔書簡（山本正躬氏所蔵史料）

もう少し早く農民委員会戦術・大衆路線を採用していればよかったと後悔したのは、鞠子稔だけではあるまい。第二章第三節や「まとめ」でみたように統一戦線的運動への模索は、一九三三年秋頃から三四年にかけて始まり、三五年二月に方向転換が確定する。三六年一〇月には埼聯の組織的統一を実現し、人民戦線が志向されていく。本章では、この間の動向について運動論・政治意識を中心に検討する。併せてこの時期に全農全国会議派及び同埼聯にも影響を与えた共産党「多数派」事件や「転向」問題について検証することとする。

第一節　共産党「多数派」事件と統一戦線理論

周知のとおり、度重なる弾圧や特高警察と結んだスパイM（松村、本名飯塚盈延《いいづかみつのぶ》）らの策動により、日本共産党中央が一九三四年には袴田里見らごく少数の指導部に陥ると、日本共産党内部には、宮内勇《みやうちいさむ》・山本秋《やまもとおさむ》らを中心とする「多数派」（正式には、「日本共産党中央委員会奪還全国代表者会議準備委員会」）が台頭する。これまでは、「分派」として扱われてきた「多数派」も近年再評価が進められている（前掲『運動史研究』ほか）[1]。「多数派」の大衆的路線は全農運動にも影響を与え、さらに埼玉でも、「多数派」の種村本近《たねむらもとちか》（現在の長野県豊野町出身）がオルグに入り、庄司銀助・田島貞衛《さだえ》・田中正太郎・山本弥作らがその大衆路線・統一戦線理論などに共鳴していった。「治安維持法違反」として、埼玉では一九三四年一〇月から検挙が始まり、埼聯委員長庄司銀助・同政治部長田島貞衛が検挙された（田島のみ六〇日で釈放）。さらに、一九三五年夏から秋にかけて鞠子稔・北条英《えい》・田島貞衛・新井粂治《くめじ》・田中正太郎・塚越次郎・吉村参弐・埋橋千春《うめはしちはる》らが相次いで検挙されていった（渋谷は一二月六日に検挙。庄司・種村・埋橋が実刑、鞠子・田中は執行猶予、田島・山本ら多くは起訴猶予となった）[2]。

それではこの「多数派」は、どのような主張をしたのだろうか。ここでは、「多数派」の農村政策について、やや長文の引用になるが検討しておきたい。

史料：運動史研究会編『「多数派」史料』（一九七九年）より

パンフレット『農村に於る吾党当面の任務～農民運動と農民組合運動の組織について』

……二、フラク偏重の傾向と党の独自的指導について

……比較的最近における吾党の農民指導の組織的成果を一べツするならば……つねに党活動の農民組合活動への解消の傾向が伝統的に之を支配した、即ち農民組合中央フラクを通して、外部からの意見をもちこんでゐた、いわゆる「フラク偏重」の傾向である。

……折々フラクション偏重の悪結果は、従来如何なる点に最も鋭く現れて来たか？

一、大衆団体を党の独占物視する傾向、組合政策における甚だしい混乱

二、大衆の日常要求の取上げが比較的軽視され、組織や機関の問題が比較的重く取扱はれる傾向、乃至は「政治主義」の傾向

……細胞なしのフラクションだけ、乃至は細胞に所属せざる「街頭的フラクション」だけという奇形的形態を以て大衆団体の頭部に君臨し、団体の民主性を無視する誤りも決して皆無ではなかった。……一定の大衆団体が党を支持することは必ずしもその義務ではない、むしろ党こそ一切の大衆団体を支持してその中へ入って行かねばならぬ。…

四、農民運動の歴史的発展と農民組合運動の再検討

……時には、往々農民組合は党の仕事さへ代行するの危険を犯しつゞけて来た、このことは前述のフラク偏重の傾向と関聯して「農民共産党」などの奇怪なデマゴーグを生む根拠ともなった。……吾々をして云はしむれば従来の農民組合は、一種の農民党であった。本来の経済的大衆団体としての組合とは相当異なった政治的機能を営んで来た。

……吾々は、従来の農民組合運動が事務所を根拠にした職業的オルグ（書記）を中心に殆どその政治的、理論的立場によって全国的に結合されてゐた事実、即ち大衆を上から政治的にアジプロして結合させて来た事実を見ることが出来る……

五、農村細胞とその活動

そこでプロレタリアートによる農民運動の展開とは、具体的、戦術的にいへば、農村細胞による農民委員会運動の展開といふ事である。……

（イ）細胞建設の単位としての部落…［中略］

（ロ）部落世話役活動…［中略］

（ハ）部落綱領　部落綱領とは細胞がよって以て自己の闘争を実現して行くための闘争計画であり、之は即ちその部落に於ける全大衆の最も切実なる要求の綜合である。

（ニ）部落新聞……部落新聞は組合のニュースも《（ママ）》党の政治新聞でもなく、まづその部落の新聞である、細胞の機関紙だからといって直ちに高度の政治新聞を想像してはならぬ。……広汎に大衆の投書を募り印刷や発行名義人等も然るべき同志に任して、なるべく公然と出すがよい。……その部落から出征する兵士があって、之に関する投書があった時、之と関連して満洲国の本質や、戦争の本質を暴露してアジプロするとか……一定した編輯方針によって貫かれてゐなければならぬのである。［以下略］

概括的に見れば、「多数派」の農村政策は、農民委員会・部落世話役活動のさらなる具体化であり、大衆化方針を強調するものであった。（二）の部落新聞の方針などは、山本弥作の活動と一致する（本書、第二章第四節、一一三頁）。一方で、党の大衆団体に対するヘゲモニー主義を厳しく批判している点が大きな特徴である(3)。「中央奪還」を目指した「多数派」からのオルグ種村本近が指導に入って以降、全国会議派埼聯指導部への同調要請が続けられた。埼玉の「多数派」責任者には庄司銀助がなったほか、前述の通り、同調者も多かった。次の二つの史料は、「多数派」の中心的人物の一人宮内勇の回顧である。

史料：宮内勇『一九三〇年代日本共産党私史』三一書房、一九七六年、一二一二頁より。

…機関紙と併行してパンフレット第一輯『農村におけるわが党当面の組織的任務』というのを出した。これは部落世話役活動の提唱を中心とする新方針であった。……そしてこの部落世話役を中心に各種の農民委員会運動を展開することが党活動の基本的任務でなければならぬ。

…このパンフレットは全農全会の各地方組織の同志たちの喝采を博した。埼玉県連の同志庄子銀助、田島貞衛、山本弥作の諸君は、このパンフレットを複版してさらに全国に再配布する仕事を引き受けてくれた。

史料：『運動史研究１』三一書房、一九七八年、五三頁より。

宮内／…農村に於ける部落世話役活動に重点を移せ、というようなテーマなんだよ。僕は自分で起草して覚えている。それを袴田も批判しているし春日君も批判しているんだよ。日和見主義だとか、右翼的偏向だとかいって。そうじゃなくて、農村細胞の拠点は部落世話役だという展開をやったものなんだ。それがとても評判がよくて、地方の県連でもリプリントしてずっと広範にまいた位だ。埼玉の山本弥作、あれなんかプリントを自分で刷って、全国の県連へ送ってくれた。

しかしながら、埼玉で活動した山本弥作自身の「多数派」の受け止め方は、次の史料に見るとおり、宮内の評価とは、多少ニュアンスが異なる。「多数派」に全面的に依拠していこうとしていたというよりも、方針には一応は賛同したということなのであろう。

史料：一九三六年三月八日、渋谷定輔宛山本弥作書簡、（渋谷文庫2196）［治安維持法違反付箋（第七号）添付］

…吉村君のお便りによって「埼玉多数派」事件の概要を知りました。種村君、鞠子君、田中君、何もしない中に囚はれて残念でしたらう。よく言ふことですが、左翼は技術的拙劣さから、幾らも活動しない中につかまってブルジョワジャナリズム（ママ）にのみ芳名を挙げるのは、何とも遺憾です。一番大切なことは理論を以て武装すること。

次に、敵に容易に奪はれない組織を作り上げること。

山本弥作は、宮内勇が回想するような「喝采」というよりも、理論的問題として客観的に評価していたのである。のちには自らも「多数派」事件で検挙される鞠子稔も、埼玉県内の「多数派」の検挙について当初は比較的冷静に観察していたのである。

史料：一九三四年一一月三日、山本弥作宛鞠子稔書簡（山本正躬氏所蔵史料）

…大演習をひかへ庄司、田島も去る十月廿七日頃やられたらしい。新聞記事をみた。庄司と田島と田中政《ママ》［正］太郎とか云ふ者とは、多数派関係でやられたらしく書いてあった。之に関連して南埼の方で朝鮮人が三人やられたと書いてあった。東京では十月中旬宮内勇とか云ふ多数派の主領《ママ》がやられた。その記事は、それ以外にはかんたんであった。

鞠子稔や山本弥作のように、すでにこれまでに「多数派」的な農民委員会方針や大衆路線に一定の理論的確信をもっていた者は、劇的なまでに大きな影響を受けたわけではなかった。いわば静観しながら冷静に影響も受けた（あるいは理論的確信の更なる強化）ということのようである。

いずれにしても、「多数派」の影響を受けつつ、農民委員会・部落世話役活動と大衆的・合法的路線を、全農埼聯全国会議派が強く打ち出していく一つの契機となったといえよう。また、この事件による指導者層の「転向」もあった。「多数派」事件の検挙が一応終息したのち、新聞は「選ぶ道を誤ったと／鞠子、田島は転向／巨頭種村は転向を排撃」「田島貞衛（二七）・田中正太郎（二三）等は合法運動を唱へて総本部派への復帰を提唱…」[4]などと報じている。ただし総本部派との合同・統一戦線の構築への道は、「検挙から転向」ということに左右されただけではなかった。「転向」問題を視野に入れつつ（第三章第二節）、全国会議派内部で本格化しつつあったこの頃（一九三四～三五年）

の、全農埼聯の内なる胎動について検証しなければならない（第三章第三節参照）。

第二節　「転向」問題と鞠子稔の「転向」

一九三三年の佐野学・鍋山貞親の「獄中転向」を契機として、全国的には「大量転向」の時代を迎える。本節では、「転向：共産主義者、社会主義者などがその主義を放棄すること[1]」という一般的理解をこえて一九三〇年代史のなかで、さまざまな「転向」を検証してみたい。さらに、全農埼聯の中心的理論家の「転向」事例と、鞠子稔の「転向」について検討する。

(1)「転向」と「転向者」群像

「転向」とは何であろうか。前述（『広辞苑』）の定義は、換言すれば「左翼活動家・思想家などの階級的裏切り」ということであろう。確かに「左翼」のなかには、厳しい弾圧・拷問や、甘言・誘導・懐柔、自らの思想的な「弱さ」などによって、自己の思想や行動を全く変えてしまい、「裏切り者」とされてきた者たちがいた。そしてその対極にある「非転向」とりわけ「獄中非転向」が近代日本の社会運動史のなかでもった意義は、極めて大きいものであることは言うまでもない。しかし、こうした「非転向」の対極にある「転向」とは、別の意味を付与することがこれまでも試みられてきた。

藤田省三は、雑誌『思想の科学』における共同研究以来「転向」問題に言及してきた。藤田は、運動の法則は「客観世界」の法則と対応して弁証法の定式に適合していなければならないとして、「この努力を行うときに転向が生ずるのである」という。さらに「無法則の運動から法則的運動へと法則的に転化しようとする能動的な行動が『転向』なのである。……転向とは、主体的人間が、外に向かう行動を自分の力で法則的に転化させることと、内に向かう内省を、これまた法則的に一歩深めることを統一的に把えた概念なのであった[2]」と述べている。つまり観念的世界から現実的世界に法則的に自己を能動的に合理化していく過程であるといえようか。

また、全農埼聯などの運動家の「転向」を検証してきた安田常雄は、渋谷定輔にいわゆる「獄中非転向」とは異質な、「もうひとつの非転向類型」があるとしたうえで、『転向』とは、思想（マルクス主義）と生活（大衆）の二元性の矛盾を権力によって衝かれた時に起こる思考転換であったからである」[3]としている。

さらに多数の「転向者」を系統的に検証してきた伊藤晃は、次のように指摘する[4]。

> 転向ということを個々の人の思想においてとらえるのでなく、共産主義運動が全体として転化していく集団的イデオロギー過程として考えてきた。……転向を、天皇制側の時代に合わせた高度化の模索の一要因としてとらえることである。
>
> ……思想転向には、マルクス主義を天皇制の政治と社会に受け入れられそうな姿で再提出するための形式という一面があったのではあるまいか……（註4と同書、一二五頁）。

これらの先行研究に学びつつ、所謂「転向者＝階級的裏切り者」とは別の「もう一つの転向」者群像を分析する当面の作業仮説として、筆者は「もう一つの転向」を次のように考えたい。つまり「支配体制による弾圧や様々な誘導・懐柔、『左翼』運動の内部矛盾や問題点などに遭遇した者が、マルクス主義思想をも含めた自己の理想的思想を内的に留保しつつ、自己の思想の実現を意図して、その現実的な可能性を、前進的に見出していく思想的行動」というほどの内容である。これは、本書全体の構想過程における考察から想定した仮説であり、「戦前・戦後」の活動家たちの長い生涯にわたる思想的変遷を検証するための仮説なのである。

次に、全国会議派埼聯関係者の「転向者」群像を例に検討してみたい。

大谷竹雄は、第二章で言及したように、吉見争議・八和田争議での検束・釈放ののち第一線から身をひいて家業に戻る。大谷自身はそれを「政治的自殺」とはいうが、「当時の埼聯で転向しなかった者はいない」と述べたうえで、次のように語る。

史料：大谷竹雄の語る三友次郎の「転向」

……（三友は）人民戦線事件でやられて、殺人的拷問を受けて転向する。戦後、宝石商になる。戦後昔の仲間が集まった時、転向した奴もみんな「転向なんかしてません」という顔で集まったが、三友にも「出てこい」といったが三友は出てこなかった。それでも戦後左翼思想は捨てなかったし、三友は俺よりシャープだった。宮本（顕治）修正主義への批判も鋭かった。そういう左翼もいるの。自分の身は屈服しても頭の中でつかんだ左翼の理論から離れられない人が多いですよ。皆さん御存知の自民党の宇都宮徳馬もそうです。第一回普通選挙で共産党のダミー政党の旧労農党から立候補した山本宣治の応援に行って、当選したのでいい気持ちになって郷里には帰らず、丹波篠山で百姓の中で旗立てて「丹波ソヴィエト政府宣言」をした（笑い）。そんなばかなと思うでしょうが……（前掲大谷講演録「風雲吉見事件」より）。

農民運動・消費組合活動から「戦後」は宝石商に転じる三友次郎について、さらに大谷は「体は転向しても頭の中はマルキスト」であったというのである。また大谷は、「戦争に如何にしたら協力しなくてよいか」を考えていた「転向者」が多かったともいう。

また、北条英は、「赤化教員」として辞職させられたのち全農埼聯の活動家となったが、一九三三年二月の寄居事件（第二章第三節参照）で検挙された。寄居・川越・大宮・浦和・川口・鳩ヶ谷など埼玉県内の警察署をたらい回しにされて百余日の拘留・拷問を受けて釈放されている。それでも、退潮期の全農全国会議派にあって、最後の農民委員会活動に取り組んだ活動家の一人であった(5)。しかし、全農全国会議派への弾圧が相次ぎ、また北条家の家計は惨憺たる状態という状況下で、母親をはじめ世話になっている人々に「申し訳ない気持ちで一杯だった(6)」という。北条は、「岐路にたった思い」と、思想犯保護観察法の適用（一九三六年六月）のなかで活動から身をひいていった(7)。

　当時の北条は、日本共産党員ではなく「転向」声明を書いたわけではないが、平田勲東京保護観察所長の指導下に入り、明治神宮参拝、写経・座禅などを強要されていった。保護観察下、行動を制限されてた北条は、雑誌社・新聞社に職を求めたが、「だからといって、ファシズムの教育に抵抗し農民組織との関連の中での教育、全農全会派の急進的といわれた運動に参加した十年余り、これらの活動によって、蓄積された空想的社会主義の発展という夢は、今更放棄する場所は見当らないのである(8)」と述べている。

　大谷・三友・北条の例は、「戦後」の回顧に基づくものであるので、必ずしも同時代的な政治意識とはいえない。厳密な史料批判が必要な、自己の「合理化」があるかもしれないない。しかし、そもそも個々人の思想は、日常の政治意識の昂揚と鎮静、確信の深まりと自己批判などの繰り返しなどによる思想的体験の蓄積と変容によって、次第に形成されるものであるとすれば、「左翼思想」を内に秘めた「転向者」群像の政治意識として、これらの回顧を検証することは許容されるのではなかろうか。

　もちろん、表面的には文字どおりの「転向者」もいた。一九三四年一〇月の段階で渋谷定輔に書簡を送った宗岡村の元活動家（M・I）は、次のように述べている。

史料：一九三四年一〇月一二日、渋谷定輔宛M・Iの書簡（渋谷文庫1836—25）

…俺はふとした因縁で法華経に会ひ、その心理に帰依する身となり、真の仏教徒に転向した、否、俺の信仰から云へば没落したと云ふ方が適切だ。俺はブルどもに陥ったり、今をさかりの似而派（ママ）仏教に足並を揃えるやうなヂヤ（ママ）ナリストになったりしたのではない。俺は真理を追ふて今日までまったく生命がけで戦ってきたのだ。そして俺は今、最後のものにぶつかった。それは法華経の中の真理であった。

…君よ、今日の僧侶達の中に何人が釈迦の悟りを味得してゐるものがあらう。しかし真理は真理だ。マルクス主義も真理だ、しかしマルクス主義は仏教の真理に対比したならばその一部にすぎない。

…そして又、俺は今来る今秋の大演習中に又保護検束といふ厄介なことになるかも知れない。それを見越して十月十六日頃から、治病傍浦和の自彊会の事務所に約一ケ月程世話になってゐやうと思ふのです。そして、その機会に、獄中から書きかけの大論文「人生と法華経」を完成しやうと思ふ。

…誠に申し兼ねるお願ひだが、君が「実益農業」に横尾氏の「農民講道館」の参観記を書いてゐるそうであるが、その記事の載ってゐる「実益農業」を貸して呉れないでせうか。……俺は横尾氏よりももっと理論的に宗教的に完成した農法によって一大農民道場を建設しやうと計画してゐるのだ。俺の最後の理想実現の為に、大兄よ、光は必ず東方よりだ、お互いに元気でやらうではないか。……日蓮聖人入滅の日に。

表面的には文字どおりの「転向者」であったこのM・Iの場合でさえ、保護検束の圧力のなかでもマルクス主義の真理は承認したうえで、日蓮宗に入信したのであった。農民の解放の手段として「法華経」を選択し、また横尾惣三郎の農民講道館（第二章第四節参照）に関心を示していた。この書簡は、「転向声明」であるとともに、渋谷定輔が以前に寄稿した「農民講道館」についての雑誌原稿を読みたいという趣旨のものであり、彼は、転向後の活路として、農民講道館以上の「農民道場」づくりを展望していたのであった。

（2）鞠子稔の「転向」

本書ではすでに各所に登場しているが、あらためて鞠子稔の履歴について概観しておきたい。比企郡旧七郷村（現

鞠子稔一家　1941年1月頃、大連から七郷村（現在嵐山町）の知人宛に送られた写真（山本正躬氏所蔵）。

在嵐山町）の地主の家の入婿であった鞠子は、アメリカ留学の経験もあり、早くから共産主義思想に開眼していた。一九二九年には既成政党（政友会）の地域支配に抗して「無産運動研究会」を結成した(9)。翌年には、「七郷村改革新同盟」を組織して減税運動を開始し、教員の俸給からの自発的寄付分などを財源に地方税の減税を実現している。また同年には「農民組合規約案」を起草して組合結成の急務を説き(10)、さらに全国大衆党比企支部に千野虎三（後述）らと加わり、書記に就任している。翌年には、七郷村・八和田村などの単独小作人組合を糾合して全農埼聯比企支部を結成した。こうして鞠子は、七郷村を中心とした地域の理論的指導者となっていく。しかし三二年二月の吉見事件で、鞠子稔も多くの指導者とともに検挙され(11)、全農埼聯から脱退することを誓約させられた。しかしこの時の「誓約」は偽装であり、この後も理論的指導者として渋谷定輔・山本弥作・田島貞衛らを通じて全国会議派埼聯指導部と連絡をとり続けていたのだった。

鞠子稔は、「全会の新運動方針書」（三三年一一月。本書一〇三頁）を読んだ後の山本宛書簡で、農民委員会方針への確信を表明し始める。

史料：一九三四年一月頃か？　山本弥作宛鞠子稔書簡（山本正躬氏所蔵資料）

…庄司君と田島君としばらく振りで会って色々話が出た。相当時間もあったので、お互いに従来の闘争について哲底《ママ》的に自己批判した。そして委員会活動をハッキリつかんだつもりです。そのとき、庄司君から「全会の新運動方針」と云ふパンフをもらってきた。パンフはよく吟味して読んだ。君が僕と会って論じてゐた意見がもっと哲底《ママ》してはっきりつかめた。僕が考えてゐることゝそっくり同じ批判が従来の左翼について指摘されてゐた。そして組織の意見だけあってさすがにゆきとゞいたものだ。

…あの組織論は、当面の段階に於て、全て正しいと思ふ。部落世話役活動、委員会、細胞、党などハッキリのみこめる。あの組織論が農業革命論によって、裏づけられる必要がある。

＊〇月二〇日［原史料日付不詳］

…現在左翼が孤立したのは、単一な土地闘争にばかりしがみついて、比較的土地闘争に縁遠い大衆を、土地闘争のまはりに糾合し得なかったことにある。これこそ今日の重点である。だからこそ、また、土地闘争自身が行きづまったのである。農委活動が今日、特殊の重要性をもつのはかゝる意味からである。

この二通の書簡史料のほかに、筆者の調査によって、長文の「農民委員会理論とレーニン主義」とでも題すべき書簡群（山本弥作宛）を多数確認することができたが、それらは鞠子稔の理論的水準を物語るものである[12]。

鞠子稔に対しては、山本弥作も部落世話役活動の一環として刊行に協力していた『村之新聞』（第四章第一節参照）を送付して読んでもらうなどしていた。「転向」前の鞠子は、山本に次のような書簡を送っている。

史料：一九三五年五月一三日、山本弥作宛鞠子稔書簡（山本正躬氏所蔵資料）

四月十一日付の御書簡、村の新聞落掌。

…昨夜は、深更二時まで部落の会合で色んな事を学んで来た。今朝それを若干の覚書にまとめた。会合は、救援工事を地もと請負にするかしないかといふ字総会である。請負をもち出したのは村当局で、我々の腹はそれを拒絶し、当局不信任を大衆的に表現することによって、目下彼等が遂行してあるインチキ更生運動に打撃を与えやうと云ふのである。

一、完全な大衆的デモクラシー貫徹のため、出来るだけあらゆる問題を部落総会の討議に上せ、それによって地主的反動的支配層を大衆の意見に拘束すること。

二、現存諸キ構内に於ける貧農的ヘゲモニー確立。地主的ヘゲモニー排撃のために闘ふ。この二つの闘争こそ二重支配から階級独裁への途であること。［中略］

九、即ち、農委活動とは、土地闘争に部落政治キ構を動員するための活動である。

僕自身にとって、農委に関して、これ程明確な確心（ママ）ある認識をもったことはなかった。

……僕としては、農委に関して何うしても解けなかった長い宿題を遂に解決したやうな自信にみちた明るい気持がしてゐる。

史料：山本弥作宛鞠子稔書簡（山本正躬氏所蔵資料）

＊一九三五年八月一四日

鞠子稔の居住していた七郷村も、経済更生運動の指定を受けていたが、その更生運動をめぐる地域名望家層との対立のなかで、鞠子稔自身が農民委員会活動に関して理論のみならず実践的にも確信を深めていったというのである(13)。しかし、前述のとおり、鞠子が農民委員会方針に政治的確信を深めた時には、全農埼聯自体は大きく方向転換していたし、鞠子が農民運動家として再登場する舞台はなかったのである。また、鞠子は、検挙歴も多く要視察人の一人であり、陸軍大演習などのたびに検束されていた。弟を通じて入手したアメリカ共産党関係の文書の件により共産党「多数派」関係者として検挙され、拘留中の一九三五年八月に獄中で「転向声明」を書いて釈放される。

…検挙された日特高から、伊藤、福田が来て、午後から五時間ブッ続けに調べたが、……それで、二三日の後、転向の手記を書かせて、実際運動をやらぬと云ふ誓約をさせて釈放する事にして、漸く十三日頃出てきたのである。

…それにつけて、彼等が最も重視して追究《ママ》した点は、運動をやらず研究を続けると云ふ僕が、然らば理論と実践の統一に対し、如何なる理論的見解をもってゐるかと云ふことであった。之に就いて、僕は最も哲底《ママ》した複雑な理論を展開したところ、驚いて帰へって行った。……も一《ママ》つ、僕が財産を処分して相場をしてゐるので、党方面へ可成り大きなシンパをしてゐるだらうと云ふことも狙ってゐた……。

＊一九三五年八月三一日

…僕の根本的な態度は、現在の生活を続けて出来るだけ階級的奉仕を為すことにある。

今日の支配階級は、可なり厳密に我々の自由を奪ってゐる。が、まだまだ我々は、全く階級的奉仕の余地をもたないわけではない。所謂前衛とはなり得ないが、何かにはなりうる。私は、その手段、方法を発見してゆくつもりである。殊に、理論の領域には、まだまだその余地が可なりあると考へる。前衛になり得ないと考へることは、昔の考へ方からすれば、日和見主義であるが、実は決して日和見主義ではない。何故なら、僕の態度は、分相応なものであるし、それに態度そのもの、発展を意識的に抑へるものでないからだ。前衛になることは、好しいが、それが日和見とボリセヴィキの分れ目ではない。

最近、君からもらった三二年テーゼを読んでゐると、実にいゝ事が書いてある。……

鞠子稔は、偽装的に「転向」して株式相場などに手を出していたが、「左翼意識」を維持し続けていた。また、「階級的奉仕」を念頭において全農運動・「左翼」運動を支援し続けた。それは全農全国会議派埼聯からの「脱退」に際する「誓約」が、偽装であったこととも合致する。

鞠子稔は、この後も渋谷定輔らにマルクス主義に関する評論的書簡を送っている。管見では、鞠子稔の最後の書簡が次の史料である。

史料：一九三六年一二月二〇日、渋谷定輔宛鞠子稔書簡（渋谷文庫2033）

…転換期の経済現象を捉へて、マルクス的立場から分析と見透しを与へることが大切です。ファシズムと社会主義の紙一への転換時代経済が進行するか、ブハーリンがかつて取扱った「転換期の経済学」と云ふ様な仕事が私の今ねらってゐる理論的課題です。

戦争と革命の時期、ファシズムが刻々と強化されて行く時代、資本主義の断末魔に於ける狂的経済現象の中には、先輩達が発見した偉大な原理以外に何も新しい原理が存在してはゐない。従って新たな原理を発見することが我々の仕事ではない。……原理を見失はしめないことが我々の仕事である。然し、レーニンが特徴づけたまゝの帝国主義では勿論不十分なものが沢山今日では生まれてゐる。ファシズムは、その社会に残存する一切の反動勢力を動員してくるから、この時代の経済は著しく混乱した様相をもってくる。又その反面に転化の可能性を一層育て上げてゆく。そこでファシズム時代には矢張りその様な時代的特質があるわけです。それらの範囲で矢張り理論経済の課題が取上げられねばならぬと私は考へてゐる。そこで基準は常に資本論にある。［以下略］

鞠子稔は、「共産党多数派」事件の判決（執行猶予）までは、拘留中であり、当時は釈放直後であったが、マルクス・レーニン主義を政治意識の支柱としていたことがわかる。しかしながら、鞠子稔一家は一九三七年に中国大陸へ転居し、鞠子は、四七年引き揚げ中に大連で病死する。

以上検証してきたとおり、「転向」論の作業仮説として既に述べた「支配体制による弾圧や様々な誘導・懐柔、『左翼』運動の内部矛盾や問題点などに遭遇した者が、マルクス主義思想をも含めた自己の理想的思想を内的に留保しつつ、自己の思想の実現を意図して、その現実的な可能性を、前進的に見出していく思想的行動」というほどの定義は、鞠子稔ら全農埼聯関係者の多くの「もう一つの転向」（「表面的転向・実質的非転向」）に該当するのではなかろうか。[14]
近業の歴史科学協議会編『日本現代史』では、「転向と戦争協力」について以下のように整理している。[15]
…彼らの転身はみずからの運動の将来展望の喪失という挫折感に媒介されたものだが同時に戦争を通して有産者本位の秩序が「革新」され、社会の平準化が進むことを期待するがゆえのものであった。／これは一面では転向だが、なかには運動継続のために意識的に転向を偽装する例も見られた。しかし敗戦後の再出発にあたって、運動家が過去の戦争協力に自覚的に反省した例はまれであろう。戦争とファシズムは、運動経験の断絶とともに、転向と戦争協力の歪みという、重い負の遺産を戦後の運動勢力に残した。

本書では「挫折感」だけを媒介としない「転向・転身」も視野に入れているが、「戦後」の「負の遺産」も含め、本書とほぼ共通する見方であろうと思われる。

第三節　全農埼聯の再統一過程と政治意識

第二章でみたように、一九三三年秋には、全国会議派埼聯も地道な合法的活動と組織統一を志向し始める。全農新潟県聯（総本部派）などが提唱した「飯米差押禁止法獲得運動」などの議会請願運動・合法的活動にも取り組もうとした。しかしこの時点では、全国会議派埼聯の運動参加は、拒否されてしまった。一方、総本部派埼聯も次の史料にみるように、当時は組織的に混迷・低迷していたのである。[1]

史料：一九三四年二月二四日受付、書簡（大原社研資料）

全農関東出張所内大会準備委員会御中

全国農民組合埼玉聯合会

…具体的に報告したいのですが、再建運動当初の責任者が居らず、県聯一切の書類も粉失《（ママ）》なして居るので、意感《（ママ）》乍ら明確に申上げられないのです。組織拡充のため二月六日開催した拡大委員会に於て一応の整備が出来ました。此後は、統一の取れた《（ママ）》運動が遂行出来ると信じます。［以下略］

綿引《わたびき》伊好《いこう》・浅川三郎の両名が総本部派の再建委員のはずであったが、責任者は不明確で、書類さえ紛失していたのである（両名のこの時期の消息は不詳）。総本部派埼聯は、支部の状況すら把握できなくなっていったが、やっと半年後に各支部宛に、次のような指令を出している。

史料：一九三四年九月一〇日、指令（大原社研資料、『県史資料編23』八九六頁にも）

指令第一号

一九三四年九月十日

全農埼聯常任執行委員会印

各支部御中　支部長　殿

一、支部情勢報告に関する件

…此の秋の闘争と共に結びつけて農民一ケ年食糧差押禁止法獲得運動をカッパツに闘わなければならない。其の準備として別紙報告書に記入して左の報告をせられたし。

イ、支部役員の住所氏名の報告

ロ、組合員数の報告

ハ、其の地方の稲作其の他秋作の作柄報告

ニ、秋の闘争並に農民一ケ年食糧差押禁止法獲得運動等に対する支部の意見

二、全農全国会議派に関する件

…全農内の一部に全農全国会議と称する非合法一派があり、我埼玉にも全農埼聯と称し本庄町に聯合会事務所を

持つ非合法派である全会派が、今度全農新潟県聯合会が提唱したる農民一ケ年食糧差押禁止法獲得運動に参加申込みして、同協議会から拒絶され、我全農埼聯に合同と共同闘争の申込をして来た。其の為早速常任執行委員会を開いてアッサリ拒絶した。……左の点を注意せられたし。

イ、全会派を全農の本家らしく云っても聞かぬ事

ロ、我埼聯を（総本部派）ニセ者の全農かの如く云っても聞入れぬ事

ハ、総本部又埼聯（総本部派）の団体又は個人のワル口を云っても聞かぬ事

ニ、全会派にダマサレヌ様注意する事

全会派との合同絶対反対（付近の全会の支部又は個人で総本部派へ加入したいという申込者はみとめる事）　以上

「二」以降の後段は、ほぼ従来どおりの「非合法派」＝全国会議派のへ批判である。しかし、全国会議派の支部・個人であっても希望により加入を認めるようになっていった。閉塞的状況のなかで、総本部派埼聯も対応を変化させていったのである。

一方の全国会議派埼聯は、これと前後して「飯米差押禁止法獲得運動」に関しての共同闘争をへの参加を繰り返し申し出ている。次の史料からも、合法的運動への強い志向をみてとることができる。

史料：一九三四年八月八日（渋谷文庫71）

北日本農民組合全農新潟県聯合会御中

農民の飯米差押禁止法獲得運動参加申込表明

…今回北日本農民組合並に新潟県聯合会及び長野朗氏等々の共同の下に農民の飯米差押禁止法獲得のために日夜御奮闘下さる由ですが、重ねて感謝すると同時に吾が埼玉県聯合会は双手を上げて其の闘争を支持し飯米差押禁止法獲得のためには如何なる犠牲をもおしまず参加したいと思ひます。

…今千葉農民自治聯盟が主将《(ママ)》となり政府米を五ケ年据置き十年々賦無利子貸与の要求を県当局政府に向って起して居る様ですが、この問題は一人千葉県下の農民だけに必要でなく、全国的に必要だと思ひますから、農民の飯米差押禁止法獲得運動とあわせて政府米を年賦貸下要求も取り上げ下され度く希望しまして飯米差押禁止法獲得運動を支持し参加を表明する次第です。

昭和九年八月八日　全国農民組合埼玉県聯合会本部　印

史料：一九三四年八月二〇日（渋谷文庫71）

全農埼聯として、政府米の無利子・年賦貸与要求と合わせて、「飯米」運動は全国的な農民の問題であるとして、共同闘争を呼びかけているのである。しかし総本部派全農新潟県聯は、全国会議派埼聯の参加を拒否してきた。それでも埼聯は、続けて打診を行った。

全農新潟聯合会の再考を促す

全農埼玉県聯合会

一九三四年八月二十日

[全農埼聯は参加申込をしたが] 然るに思ひがけなく埼聯の参加を拒絶するといふ諸君の声明を之又正式ではなく社通等に依って知るに至った。之は我々に取って晴天の霹靂であった。……全農埼聯に対する指導関係にかゝわる諸君の疑問は尤もである。事実、我々が本年初頭、全農全会派との連絡、指導関係を離れる迄の我々の闘争は極左的傾向の最も甚しきものであったらう。吉見争議を切つかけの熊谷×襲撃事件、寄居×襲撃事件等々。

…だが然し、現在の埼聯はそんなウルトラなセクト化したものではない。当時最も極左の代表的であった若き青年闘士諸君は大部分転向、没落の道を走り、その他の中にも同様に、中には敵と気脈を通じて逃げ出して行ったものさへある。

…右の如き事情を理解して貰へれば決して我々が共産党や全農全国会議派の指導や手先になって何か一仕事しや

うといふやうの《（ママ）》陰険な者でないといふ事が御了解願へると思ふのである。
…過去に於ける誤謬は卒《（ママ）》直に認める。そして諸君の同志的導きに依って全日本の勤労農民大衆の生活権擁護の闘争への良き共同者とならう。我々は最近総本部派への復帰を関東出張所に願ひ出てゐる。［以下略］

「全農全会派との連絡、指導関係を離れる」とあるように、一九三四年初頭、「千葉会議」後の混乱のなかで、埼聯（全国会議派）内部に生じた「埼聯解体論」を抑えつつ、一時は「単独組合にしよう（全国会議派にも総本部派にも属さない）」という意見を、田島貞衛らの指導部は表明している。(2) いずれにしてもここでは、昔とは違う（「極左」ではなくなった）のだから、共同して運動しようというのであった。

さらに、埼聯全国会議派が統一に踏み切る契機となったのは、全国会議派兵庫県聯合会による総本部復帰を念頭においた「第一回全国農民団体懇談会」の提唱であった。兵庫県聯は、関東地方の千葉県聯と同様、早くから合法的活動と総本部との合同を、関西地方で主張していたのであった。兵庫県聯名で、一九三四年一一月に懇談会に向けた「提案書」が、各地の全農の「左右」両派・単独組合などに配布された。

変形Ｂ５版で二四頁に及ぶこの「提案書」(3) の「はしがき」は、「総本部は残骸に等しく、全会は壊滅に瀕し各地孤立分散状態にある」と述べている。そのうえで、「提案書」には、「総本部の現状と批判」と、「全会の現状とその批判」がほぼ同じ分量で述べられている。そして、全国会議と総本部の合同にとどまらず「ファッショでない」農民団体については、単独組合も含めて統一していくことを呼びかけたのである。

懇談会は、翌三五年一月二七日神戸キリスト教青年会館で開催された。全国会議派埼聯からは、田島貞衛が出席した。田島は、神戸から帰ると鞠子稔を訪ねてその報告をしている。

史料：一九三五年二月、山本弥作宛鞠子稔書簡（山本正躬氏所蔵資料）

…田島君は、……北部で常任会ギをひらき、其後神戸市で兵聯主催の全国懇談会のギ事録を中心に研究し、その報告がてらシンパ金をもらひに、数日前僕のところへ来た。
…全代に於ける一致した意見は、田島によると、合法的大衆組織なくしては、如何なる大衆闘争もはじまらない、故に全農を以てその合法的大衆組織たらしむべし、全農第一主義！　と云ふのである。これは幾多の重大な誤謬をふくむ、インチキ、三段論法である。田島はそれを無批判にうけいれてゐる。
…具体的には我々当面の動員即ち闘争戦術たる農委活動に適応するみのでなくてはならぬ。農委戦術が、現在の組織問題の基点になるべきである。僕は、この基点を前提して組織形態を考ふべきであると信ずる。従って、全代に於て、農委戦術を基点として組織問題が論究されなかった事に対して、全く不満を感ぜずにはゐられない。

理論家の鞠子稔からすれば、基本原則は農民委員会方針に適応することにあって、田島貞衛が無批判に合同の道を邁進することには反発があったのである。しかし、田島は、神戸での会議の成果を活かして[4]、総本部派との合同のための常任委員会を開催した。この会議では、政党支持問題についての自己批判と、画期的な方針提起が行われた。また、県内総本部派の評価と処遇をめぐって激論が交わされた。

史料：一九三五年二月五日「第五回常任委員会議事録」（渋谷文庫71）

総本部復帰に関する件［説明は田島：坂本註］

説明　……全国会議はその結成後各地に於て大衆の日常利害のために果敢なる闘争を展開し、……農民委員会活動、部落世話役活動などの方針は全会独自の分野を展開した。にもかゝわらず、総本部が社大党支持の恥知らずの決議をし、それを大衆に強制したと同様に全会自体、労農政党支持反対を叫んで暗に一政党支持に偏してしまひ、モットーにして来た政党支持自由の原則を犯してしまったのである。
その大衆的経済闘争団体と政党との組織混同といふ大いなる逸脱を多大に犯してゐた為に、当局の弾圧に持久的対抗力を失ひ執拗な暴反闘争、再建闘争にもかゝわらず昨年秋遂に非公然本部も壊滅さするに《ママ》到った。全国本部を失った我々は勿論、長い間の当局との戦いに疲れた全会大衆は、真剣に過去の実践を批判し痛切に政党支持自由の旗の下に全国農民戦線統一を願望するに到った。

…宜《ママ》ろしく大同団結の大度量を以てその実現を計りたい。各自の忌憚なき御討議を乞ふ。

討論の概要

（A）復帰には賛成なるも総本部直接《ママ》に連絡をとりたい。先方と一しょにやるとこっちの信用が落ちる。（B）○○君の如きは一人きりで、喚き立て丶ばかりゐて部落からは全然問題にされてない人だ。そういふ幹部とは合同せぬがよい。（C）埼玉では先《ママ》で分裂して行ったのだから問題にしない方がい丶。幹部だけしかゐない組織と合同する必要を認めない。（D）統一戦線といふことは仕事を一しょにすることなのだから其の時一しょに文句なしに共同してやりゃい丶ではないか。（E）大衆がない幹部と合同して何にならうか。（F）こっちの正しさを曲げて合同する必要はない。（G）先方は復帰の対照《ママ》とならぬ実体である。（H）だから埼玉組織としては問題には厳密に云えばならないが、唯全国的組織の関係で必要なのである。（I）どうして本部の人はあ丶いふ人たちと合同しなければならぬ必要があるのかしら。（J）合同した上は今後行動を改めて貰えばい丶。（K）埼玉は他県聯とは余程事情が異なってゐる。文句を云えば切りがないが、マアマア大義名分にこだわらずやってゆこうではないか。

決定　（A）総本部へ正式に復帰申請書を提出する
（B）総本部埼聯準備会宛に復帰実現速進《ママ》の依頼状を送ること［以下略］

この会議では、「労農政党支持反対」が実際は「一党（日本共産党）支持」になっていたことを誤りとして、総本部派の政党支持自由を主張する動きとの提携が提案されたのである（背後には、社会大衆党幹部への総本部派内部の反発もあった）[5]。

総本部復帰をめぐる討論では、史料中のB・C・E・F・G・Iなどのかなり強硬な反対意見が出た。いずれも、大衆的基盤を持たない県内総本部派と合同することへの反対意見であった。田島貞衛は、苦渋に満ちた決断を迫られたのであろう。のちに田島は個人的に、総本部派埼聯との合同を条件としない総本部復帰がありえるのかを全農総本部に打診している。

史料：一九三五年三月一五日、全農総本部宛田島貞衛書簡（大原社研資料）

［先日総本部復帰申請届を出しましたが］茲に御相談と申しますのは、吾が埼聯と山口政一《(ママ)》君一統の総本部埼聯準備会との関係なのです。実際私共は統一戦線の立場に立って是非共清濁合せて前進してゆきたいとは充分に思っております。然し、利用価値のない否却って将来全農の発展に取って妨害になる様なものであったら断固として排撃せねばならぬので、此の点総本部埼聯準備会についても吾々は遺憾乍ら妨害物だと断定される《(ママ)》のです。申請書にも書きましたが、とにもかくにも総本部埼聯準備委員会のメンバーは全く大衆から孤立してしまってゐる人たちばかりの幹部だけの《(ママ)》といってもよい位の組織なのです。

…組合員大衆は、山口、岩上弥、山田時、竹村勇君等（之が総本部埼聯組織の主体）を合同させるのでは、あの人たちのところへは組合ヒも何も納めない、したってしない《(ママ)》たってそれでは同じことになる。だから埼玉だけは全国の他県聯とは情勢が違ふのだから、此の点中央委員諸君に実状を話して、吾々の方を正式に復帰后の埼聯にして欲しいとこういってゐるのですから、どんなものでせう。

…総本部埼聯準と合同しなければ復帰を認められないでせうか。

…昨晩山口君と会っての話に、総本部埼聯は合同するといふなら復帰について尽力するから、両方から実行委員を挙げて相談しようじゃないかといってゐました。一ト月前には、復帰反対の大勢《(ママ)》（？）だったのですが、当方の活動が最近発展して来たので今のうちに何とか合同しておかぬと自分たちの方が上部からボイコットされてしまひさうだと感じたらしいのです。

…山口君の方に大衆組織があるならこんなことは問題にせず合同賛成なのですが、何せ以上の様の訳ですからネ。

前述の二月五日の常任委員会での、総本部派との合同反対論（総本部派には大衆が少ない）をもとにして、総本部に直接打診したのであろう。しかし、総本部派埼聯からの回答は、全国会議派埼聯にとっては厳しい内容であった。(6)「現全会派埼聯事務所並に其の他一切を総本部埼聯へ」移譲するかたちで復帰を認めるというものであった。

総本部派埼聯の厳しい回答に対して、しばらく田島貞衛の苦悩は続いたのであろう。実際、全国会議派埼聯も「現在、埼聯は実質上、本庄近在の単独組合のブロックにしか過ぎない。もっと具体的には、田島がそれら単独組合間に共通に首をつっ込んでゐるに過ぎない」(7)といわれるほど、組織的力量は低下傾向にあった。全国会議派埼聯も、当面は総本部派の回答に沿って合同の道を選択していったのである。また、第三章第一節で検討したように、共産党「多数派」の大衆的・合法主義路線の影響も想定できよう。

こうして、同年四月の全国農民組合第十四回大会で、旧全国会議派埼聯の本部復帰が正式に認められたのである。しかし、元埼聯活動家木村豊太郎《きむらとよたろう》は、渋谷定輔宛の書簡のなかで「…久し振りで田島、三友、新井の諸君と逢ひ、利根川で遊んで来ました。田島君も今度の「復帰」問題では大分悩んでゐるやうです」(8)と書き送っている。田島貞衛らの葛藤はしばらく続いたのであろう。

田島貞衛は、七月の全農第二回中央委員会で組織部員になり、この頃には埼聯も次第に安定するようになった。同年秋には、すでに述べた「多数派事件」の検挙が始まり、統一大会の日程はなかなか決定できなかった。しかし、この頃のちに述べるようにコミンテルン第七回大会での「反ファシズム人民戦線」の方針が伝えられ、統一大会準備と人民戦線方針実践に向けて埼聯は、田島貞衛を中心に歩み始めたのである（第三章第四節参照）。

一九三六年一月の県聯新年懇談会・支部代表者会議には、渋谷定輔も出席して、四月に全農埼聯の第一回大会を開催することなどを決定した。しかし、その直後二・二六事件が起きて、大会は十月に延期されることになったのである。

この頃、弁護士布施辰治は、渋谷定輔に宛てて「右も左も全会も本部も関り得るもののみの言ふことで、農民大衆はそのどちらでもない本体なのです。生活そのものは何ものにも味方せず敵対せず只だそれ自体の維持を突進して行くのです。すべての運動はそれに依るべきなのでせう」との書簡を送っている[9]。布施のこの書簡は、人民戦線方針に関する大きな展望を、渋谷定輔らに与えたことが想定される。

一九三六年五月一五日には、旧総本部派埼聯の岩上弥三郎宅で支部代表者会議が開催され、旧全国会議派も参加した。この会議には、渋谷定輔も出席し議長を務めている（体調不良のため、副議長に岩上を指名した）。旧全国会議派と旧総本部派を折衷したかたちの人事案を決定した[10]。その上で、懸案の支持政党問題については、次のように決定された。

史料：全農埼聯第四回支代会議（一九三六年五月一五日、渋谷文庫860―1）

議案

社大党支持に関する件

県聯として支持するも己《ママ》人的には自由とす、別に声明の必要を認めず

農民自治会時代からおよそ一〇年来の無産政党支持強制問題は、個人の政党支持自由（組織としては支持する）という原則的な結論を、この段階で獲得することができたのであった。長い道のりであった。

全農埼聯結成から七年目の秋を迎えようとしていた。

第四節　統一戦線の構築と埼玉人民戦線事件

ここでは、全農埼聯の統一大会前後の活動家たちの政治意識と、人民戦線運動及びそれへの弾圧の経過を中心に検証していく。

(1)　全農埼聯結成七周年第一回大会の開催

一九三五年コミンテルン第七回大会において、デミトロフの「反ファシズム人民戦線」方針が発表された。これまでの「社会民主主義主要敵論」を排し、世界的なファシズム化に対するコミンテルンの方針転換であった。日本共産党「多数派」の宮内勇・河合勇吉《かわいゆうきち》らは「その訳文を読んでびっくり感激した。僕らが言うたとおりじゃないか、まるで同じだ。コミンテルンも大転換をやったぞと……」、「あの時は感激したね。多数派と同じだ。字句まで同じだぞと……」と感激を述べている(1)。

埼玉へは、鞠子稔の弟を通じてアメリカから伝えられたが、全農埼聯の合同の道を進める田島貞衛らには大きな確信となったのである。埼玉県の農村社会運動としては、一九二〇年代から時・場所・組織・群像を越えて継承されてきた統一戦線的指向が、やっと結実しようとしていたのである。

こうしたなかで、三六年一〇月二五日、全農埼聯は結成七年目にして最初の統一大会を実現する。田島貞衛は、統一大会直前の書簡で次のように述べている。

史料：一九三六年九月二一日、渋谷定輔宛田島貞衛書簡（渋谷文庫1954）

…第二回準備委員会は本月三日やった。……三回は二十三日小生宅で又やる予定。…大会ポスターも奮発の予定。……岩上君は社大党の親分気取りで別にこちらの仕事には異見を挿入して来ないから案じは無い。準備委員会で山口君たちの旧組織報告は虚構だったことが暴露して彼等の迫力は影薄くなってきた。……社大入党も各支部幹事級十五・六名程入党手続きをなし成功の見込み、岩上君は親分になれたつもりで御気嫌（ママ）がよい。大会がうまく成功すれば町村議戦（ママ）はこっちのもので人民戦線のリードの見通しが立つわけ。岸君も最近実に積極的になった。人民戦線戦略が彼の立場に自信を与えた為であろうか。三友君の商人化は本庄支部員との対立を激化してゐるが小生が仲裁役になってゐる。三友君も本庄地方の人民戦線に躍る立役者だから大切な人間だ……

山口君もこちらと結合して漸やく政治的社会的に浮かばれたといふもの。

統一大会を前にして、「人民戦線戦略」が田島貞衛のみならず、岸次郎・三友次郎らにも確信を与えているというのである。そして大会は、ひとまず成功に終わった。しかしながら激しい議論もあった。旧総本部派の吉田友八郎が、原案の運動方針案に反対の意見を述べたのである[2]。吉田は、①社会大衆党支持に「積極」的という言葉を入れること、②青年部を常任執行委員会の指導統制の下に置くこと、③「ブルジョア政党支持の必要を生じたる時」という原案の文言について「いかなることがあってもブル政党支持は絶対反対」であることなどの三点を主張し、原案の修正を迫ったのである。旧総本部派の新井信作も「ブルジョア政党と云ふのを、政党員と員を入れてはいかゞか」などと修正意見を述べた。吉田が、さらに「いかなる場合でも共同闘争の必要はない」と強硬に主張したため、大会は紛糾したのである。

田島貞衛は、運動方針案の提案者として、吉田友八郎の意見を尊重しつつも、社大党問題は「積極」の意味合いがあることなどを答弁し、「ブルジョア政党」問題は「支持」ではなく「共闘の必要」の誤植であると述べた。さらに田島は、「共同闘争の形でその中の進歩的分子を獲得し、吾々の組織の拡大強化の足場とせねばならぬ」「形式にとらわれず混濁（ママ）合せて呑む襟度こそ全農の態度でなくてはならぬ」という統一戦線的立場を表明した。その後、議長の佐野良次が「満場一致可決」を呼びかけて、採択されるに至ったのである。

大会日程終了後引き続いて「時局批判演説会」が開催された。弁士は、代議士の杉山元治郎・三宅正一・黒田寿男《くろだひさお》・松本治一郎、新興仏教青年同盟委員長妹尾義郎《せのおぎろう》らであった(3)。

（2）再分裂の危機克服と人民戦線方針

運動方針案を決定した全農埼聯ではあったが、いま一つの紛糾・再分裂の危機の原因は、人事問題であった。大会中も人事で紛糾したが、田島貞衛が自らを書記長とする人事案を半ば強引に通してしまったのだった。田島は、そのことを渋谷定輔宛書簡に書いている。

史料：一九三六年一一月五日（渋谷文庫1995）［統一大会直後の書簡］

大会は成功。組合員百五六十名、傍聴者共三百数十名の現時機（ママ）としては大成功。

…未組織から小作組合幹部や負債組合幹部等が全農組合員の召請で一しょに参加したことは成功でした。

…役員改選問題に於て再び役員会を開いたが相変らず山口君等の態度は想像の如くで遂に岸君は大会へ新役員を発表してしまい、みんな異議無しといふことになりました。私が新役員を代表して挨拶を述べて最後に万才を唱へ閉会しました。……大会後、睦亭二階で埼玉無産団体懇親会をやり三十五人ほど集まりました。杉山妹尾氏を中心に意義のあった会でした。……。新役員は、委員長岸君、書記長が僕、統制委員長が岩上弥三郎君、執行委員はドサクサで遂に決まらなかったのです。支部代表者会議をやり決めることになりました。各団体の諸君は非常に感激されてかへりました。

田島貞衛にとってこの時期は、充実感の絶頂期であったろう。田島貞衛は、岩上・山口らの旧総本部派を力関係の上で凌駕し、また消費組合運動を展開していた三友次郎（元教員・全会派埼聯書記）や岸次郎らと協力しながら、人民戦線方針を実践していこうとしたことが窺える。また、大会同夜、杉山元治郎・妹尾義郎らも出席した埼玉無産団体懇談会に着目したい（のちの埼玉人民戦線事件検挙の際の容疑の一つとなる）[4]。

しかし、再統一直後に再び分裂の危機を迎える。再分裂を憂慮した宮原清重郎の書簡には、次のように述べられている。

史料：一九三六年一二月二四日、渋谷定輔宛宮原清重郎書簡（渋谷文庫2066—1）

…全農の内紛については可成の情報を手に入れられてゐることゝ思ひますが、内外の勢は急速に解決の必要をせまってゐます。吉村君も非常に憂慮して奔走してゐます。で吉村君の之に対する批判・解決方針の意見をお知らせしますから貴兄の意見を至急吉村君宛か僕の方へお送り下さい。

元来、山口・岩上君とはハッキリ感情的に融和してゐた訳ではないし、その間非常に技巧を要する所だったらしいし、田島君もその点貴兄等に云はれて承知してゐたらしいが、行動に於て踏み外した様です。先ず最初反感を持たしたのは、ビラ（大会ポスター）です。弁士の氏名を書くに、代議士等と並べて岸二郎（ママ）・田島貞衛を書き乍ら、総本部派を一人も書かなかった。之に不満を持って、山時・山口君等が田島君に質問したが、田島君は、岸君がやったと云ひ、岸君は印刷屋が勝手にやったんだろうと突ッパネた。第二に、大会で役員を選出するに、議事録の通りの顔ぶれで押し通した。執行委員も何も定めなかった。役員選衡（ママ）委員でも相当もめて、岸君の委員長は大した事はなく書記長でもめた。山口か田島かで、吉村君が庄子君と云ふ意見をもち出したが拾捨（ママ）できず、田島君が自薦でとうとう押し通した。之は文字通り押し通したので、彼等を憤慨させた。大会も「田島の為の大会の様だ」と云はれる程、田島君一人でシャベったそうです。

…感情的なわだかまりがある所へ持ってきて、町村議戦《ママ》を控へ山口君は肩書が欲しい。山時、新井信作等は立候補したいが、田島・岸君がつかえてゐる等、各自の野心を満すべくねらってゐる結果、以上の様な遣方だったのでコヂれて了ったのです。で山口一派は、岩上宅で統制委員会を開き、岸・田島を除名処分にし、更にそれを支部代会議に変更、新に役員を選出した。委員長新井信作、書記長山口正一等、各部長はこちらの人も幾らかゐる。顧問は佐野良作と貴兄もゐると思ふ。これは貴兄のところえも声明書やビラが行ったと思ふ。

…彼（吉村）の腹案では、委員長渋谷、書記長山口、中央委員書記田島、書記新井粂、常任執行委員山時、新信、統制委員岩上で如何かと云ふのです。（顧問岸）、委員長は長老格の者でなければ納《ママ》まらないと云ふのです。……以前一応合同の基礎を作ってあるし、政治的手腕や両方が納得し得ると云ふ点で貴兄に落付く訳です。

　この案で難色は田島君に書記長を止めさせることです。彼が一寸では背《ママ》［肯？］じまいと云ふのです。……吉村君が至急貴兄の意見を聞きたいと云って居りますから至急御返事下さい。［以下略］

吉村参弐や宮原清重郎らは、渋谷定輔を委員長にして田島を書記長からおろすことで、混乱を抑えようとしていたのだった。混乱は、統一大会の一環として労農派代議士を迎えて開催した演説会のポスター・大会ポスターに旧総本部派の名を書かなかったことや、人事をめぐる田島貞衛の独走が原因であった。そのために旧総本部派は激しく反発した[5]。

旧総本部派の新井信作を丹庄支部が除名したのに対して、総本部派の岩上弥三郎・吉田友八郎らは、旧全国会議派の岸次郎と田島貞衛を除名する統制委員会を開催し、除名を発表するといういわば泥仕合的な除名合戦となり、埼聯は、統一直後に再分裂の危機に直面したのである。田島貞衛自身が人民戦線方針に確信を深め、政治意識が昂揚していたがゆえに、ほぼ「同質の他者」であったはずの旧総本部派への配慮が欠落しつつあった時期であったともいえよう。

しかし、大衆的な人民戦線方針に確信をもった田島貞衛らは、埼玉県内の友誼団体の支持を得ながら、統一維持に奔走する。

史料：一九三七年一月一二日、渋谷定輔宛田島貞衛書簡（渋谷文庫2126―5）

……共済会問題で去月一八一九二〇と五百余名の大衆動員で大成功八ヶ年来の事件も約五割とることで解決。分裂云々の件はナンセンスとして黙殺、総本部との諒解も順長《（ママ）》にて我々の予定の方針で全農埼聯は漸く同盟の仕事と相俟って県下にグッと権威を昂揚しつゝあります。……岸・田島両名の除名声明（山口君らの出した）で組合員は憤慨し彼等全部の除名を叫んでゐますが、新井信作君一人を丹庄支部で除名した切り後は黙認して行くつもりです。

史料：一九三七年一月二六日、渋谷定輔宛田島貞衛書簡（渋谷文庫2134―1）

……今回の分裂内紛のことについてもこうした考慮と見通しをもってゐたのでした。

……農民運動の展換《（ママ）》時代に入ってやはり一般大衆への与論展換《（ママ）》の材料として、正村、井田五郎、山口、吉田等は犠牲に供さねばならぬでせう。そうして新しい全農への認識を昂めること人民戦線運動の舞台展開の道を開かねばならぬでせう。貴兄としたって、大会に於て清算す可きは清算するといふ考へをあの当時もってゐたのではなかったでせうか。私はだからそうした力押しをするといふ予定の行動をとるつもりだったから奪回同盟との提携（大会議案採択）を策し岸君をも埼聯の前面に押し出したのでした。そしてその行動者として任ずる自分の埼聯の地位は一番実権を行使できる書記長といふ役をもつことがい、と信じて各支部長をして、自分を書記長に推薦させたわけでした。……山口に対する岡部の支持など、《（ママ）》いふものは問題ではなく近所の人たちまでがこちらのものです。大きな人間の身体の一部に小さなフキ出物ができた。フキ出物には油気がいけないといふとこの寒い時全然油気をとらず身体全体の営養を失したらどういふことになるか、その場合フキ出物の中へ丹毒でも入ってはいけないから唯その予防の考慮をもってドシドシ人体に必要な営養をと、《（ママ）》大極的《（ママ）》に生活を押し進めることが唯一の道だと考へる。小さなフキ出物にたまげてしまって油気もとらずふとんの中へそれがなほる迄引込んでゐたとしたらどういふことにならう。

…自信のある医者は患者がいくら泣いたってメスをあて、既定の手術をしてしまふだらう。キズや患者の泣き声にたまげるな。患者に清新な人民戦線といふ空気を吸はせよ。日本の農民運動といはず階級運動は埼玉のやうな我々の組織（現在までの）殊に山口等のセクト化した組織（?）《ママ》などにこだわってゐる時代ではない。農民運動をもっと農民全階級運動に発展せしめねばならぬと思ふ。［以下略］

「人民戦線といふ空気を吸はせよ」、「農民運動を……農民全階級運動に」という政治的確信のもとで、再分裂の危機を脱した田島貞衛らは、雑誌『あしあと』の刊行、全国水平社埼玉県支部との提携などを押し進めつつ、市町村議会選挙闘争の準備を展開する。無産者懇談会も本格的に始動していた（これらがのちの埼玉人民戦線事件の主要容疑となる）。

田島貞衛自身も本庄町議選に立ち、繰り上げ当選する。また、田島貞衛は、一九三七年三月の日本無産党の結成時に、加入の勧誘があったが拒絶している。埼玉県内に「社会大衆党系・日本無産党系という二派の分裂が再び生まれ、その分裂によって大衆運動に害こそ与え、何等好結果をもたらさない、という状況判断が働いたから」であるといわれている。[6]

こうして埼玉県の農村社会運動において、統一戦線的な運動が大きく広がる可能性を示してきたのであった。

（3）　埼玉人民戦線事件

これまで本書で検証してきたような全農埼聯の統一や、人民戦線運動の結果として、弾圧により、逮捕者を出したのが埼玉人民戦線事件（一九三七年一〇月から順次検挙。全農旧全国会議派埼聯は壊滅する）である。それは、旧来いわれてきたような単なる「デッチ上げ事件」ではないと考えたい。[7]

まず、渋谷定輔に関する「事件」の概要を、渋谷に対する判決書から確認してみよう。[8] 渋谷定輔個人の容疑は、次の一〇点である。

①　一九三〇年以後の『農民闘争』における記事で、日本共産党の拡大強化に努めたこと、

②　全農有志団（のち全国会議派）などの共同闘争、

③　全農全国会議派による共産党支持のための活動、

④　一九三五年七月以降埼聯拡充対策委員会を開いて議長となって組織拡大を企図したこと、

⑤　一九三五年一二月～三六年、田島・三友らと総本部派との内訌をおさめるために支部代表者会議を開催し議長として人民戦線運動方針徹底を図ったこと、

⑥　埼聯統一大会に向けて組織拡充に努めたこと、

⑦　田島貞衛方・山口常子方などで共産党員山口武秀に反ファッショ人民戦線戦術を指導したこと、

⑧　一九三六年二月に長壁民之助、佐野英造らと日本共産党の組織再建を協議したこと、

⑨　日本共産党員松原宏遠から週刊『時局新聞』の読者拡大を依頼され協力したこと、

⑩　一九三六年六月に『労働雑誌』座談会に出席して、人民戦線運動統一を強調し日本共産党の目的遂行のためにする行為を行ったこと。

⑦の容疑については、渋谷本人と山口武秀の供述や予審調書以外に証拠らしいものはなく、これは誤認である可能性が高い。また管見では、渋谷定輔と山口常子（「恒子」）との交友関係は書簡類で確認できるが、容疑のような事実をしめす史料は未見である。

その他の容疑については、司法当局と本人とでは事実に対する評価は、大きく異なったのであろうが、「全くの事実無根」という意味での「デッチ上げ」ではないといえよう。むしろ、治安維持法違反には直接該当しない諸行動も合わせて、目的遂行罪の容疑事実として認定したことの問題性が問われてしかるべきなのである(9)。

また、埼玉人民戦線事件の「デッチ上げ」の典型とされた渋谷定輔らの「共産党再建に関する協議（前記⑧）」なども実は事実であり、「協議」が行われていたことが実証できると考えている。次の史料は、渋谷の回顧録の一部である。

史料：一九四七年一一月、渋谷定輔「十年間の自己批判と新しい目標」（渋谷文庫495）

…私は、昭和十二年に検挙されるまで一体何をしたか。彼等が、私を治安維持法違反にするために列挙した十数件の一つ一つは、何と言っても、無産階級的立場に立ち、共産主義の方向の正しさと信じて実践したものである。殊に最後の昭和十一年に、東京で、同志たちと共産党再建のための会合に参加していたことは、たとえ私に、その時党籍がなかったにせよ、明らかに共産主義者であったと言いる《ママ》と思う。まして、私がそれまで常に接して来た指導的人物は、殆んど党員として、しかも党内の幹部的立場の人々が多かったのである。当時私がその中にあって、なぜ入党しなかったかということを、考えてみると、当時は党が完全な非合法組織であり、私は常に合法的大衆団体の指導的立場に置かれて、目立っているために、入党せずにいて、党の政策を合法的に大衆団体の中に持ち込む方が、むしろ効果的であると思って、自ら進んで入党しなかったことと、党の方でも又、私に対してそのような立場として取扱っていたのだと思う……(10)。

日中全面戦争遂行のため、そして統一戦線運動を根絶するため、統一を成し遂げて議会にまで進出し始めた運動（田島貞衛ら町議立候補、当選）は、支配層にとっては大きな恐怖であった。埼玉人民戦線事件の検挙は、全国に及んだ「人民戦線事件」としての弾圧の前哨戦であったのではないか。

周知のとおり、一九三七年七月に日中戦争が開始されると、政府・軍部は、その直後から人民戦線運動を警戒していた。次の史料は、事変勃発直後の三七年七月一七日の内務省文書である[11]。

史料：「治安維持に関する件」　内務省警保局保安課長

一、不穏行動視察取締［略］

二、反戦反軍言動取締［中略］

三、今次の事変をファッショの結果なりとする反ファッショ人民戦線的言辞に対しては厳重なる取締を加ふること

四、共産主義団体並同分子の主催する時局に関する集会は可成論旨中止せしむること。

こうした官憲による人民戦線運動への取締りは、埼玉人民戦線事件やのちの「第一次・第二次人民戦線事件」以後も継続されていくのである[12]。埼玉人民戦線事件によって、旧全国会議派はほぼ壊滅し、ほとんどの旧全国会議派の活動家は「転向」する。図式的には、「左翼」が切られたのち、埼玉県内でも旧総本部派を中心に大日本農民組合が結成されるのである。埼玉県農村社会運動の統一戦線の「三度目の挫折」であった。

戦時総力戦体制の成立に向けて、農民運動内部では以上のように推移したのである。

まとめ――「ズレ」の克服と大衆的統一戦線の成立・弾圧――

全農埼聯の運動再構築、すなわち埼聯の再統一の直前に発生した共産党「多数派」は、現在でも「分派」としての評価が一般化しているが、鞠子稔らのように農民委員会活動の前進として受けとめていた者も多く、全国会議派埼聯

へも影響力をもったのである。実刑判決を受ける田中正太郎は、鞠子の主張と袴田里見の「多数派」への悪罵とを比較して、「そのいずれかが正しいかは大方の判断にまかせ」るとしつつも正統性・正当性への確信を表明した(13)。共産党「多数派」事件は、埼聯中枢部への検束と、鞠子のような「転向」を生み出す結果にもつながったが、この「多数派」事件は、合法的・統一戦線運動への一つの契機となったといってよいであろう。

さらにコミンテルンの「反ファシズム統一戦線」の方針が伝わると、田島貞衛らの政治的確信は強まり、大会前、大会中、大会後の各段階で生じた再々分裂の危機は、この統一戦線理論の実践で乗り越えたといえよう。統一戦線理論に裏づけられた全農埼聯の新しい飛躍の道が展望できる状態に至ったのである。第一章、第二章でみてきた「ズレ」のいくつかはすでに克服され、また克服されつつあったのである。

そして、文化活動、労働運動・農民運動・部落解放運動などの諸活動は、それぞれの困難を抱えつつも、提携と統一のための実践が本格的に模索されたのであり、さらには合法的な議会闘争の場へと進出していったのである。その中心的存在であった田島貞衛にとっては（理論的「水準」は別問題にしても）、まさに「人民のために」という思想の実践の場であったのである。

一九三七年七月中国大陸では、全面戦争が開始された。大半の共産主義者・社会主義者指導層はすでに獄中にあるなかで、全面戦争遂行のために残存している「妨害者・敵」として、「反ファシズム人民戦線」の勢力への弾圧を、支配層は敢行した。確かに埼玉人民戦線事件は、一部への「デッチ上げ」事件も内包していた（河井勇や杵渕茂らの検挙）(14)。

しかしながら、埼玉人民戦線事件の本質は、「デッチ上げ」も含みつつ断行された総力戦体制確立に向けた大弾圧の前哨戦であったといえよう。

［第三章第一節　註］

（1）例えば伊藤晃「日本共産党分派『多数派』について」（『運動史研究1』三一書房、一九七八年）は、次のように「多数派」を評価している。

大衆運動に歴史的視野をもって批判的に接近したことは、多数派の功績である。ことに農民運動においていちじるしい。これは、左翼農民運動に数年来苦しい内面的批判が進んでおり、その苦悩が多数派に流れこんできたもの、というべきであろう。共産党は思想的に涸渇してしまっていたから、多数派が実際運動における自己批判の受けとめ手にならねばならなかったのである（同書、一七頁）。

（2）田中正太郎「埼玉県の多数派と農民運動」『運動史研究3』三一書房、一九七九年より。

（3）「多数派」については、現在まで次のような評価が通説的な扱いを受けてきた。

史料：日本共産党中央委員会『日本共産党の七十年』新日本出版社、一九九四年、一一二〜一一三頁。

…党中央委員・政治局員の宮本顕治逮捕後、党は、ひきつづく弾圧と、全国農民組合全国会議派中央グループおよび日本消費組合連盟中央グループの一部に発生した宮内勇、山本秋らの「多数派」分派の分裂活動によって、さらに打撃をうけた。かれらは困難な条件のなかで敵のスパイ政策とたたかいつつある党中央を「挑発者」と独断的に思いこみ、「中央を奪還する」と称して分派活動をおこない、党をいっそう困難におとしいれた。……コミンテルンは、一九三五年に国外から「多数派」を批判する無著名論文「日本共産党の統一のために」（『コミュニスト・インタナショナル』誌一九三五年第十三号）を発表して党を援助し、同年九月、「多数派」は解体した。［以下略］

＊「中央奪還」という闘争は、特高警察による弾圧激化という情勢のなかでの運動論としては批判されるべきであろうが、主張内容としての「多数派」の大衆路線は、再評価される必要があろう。

（4）『報知新聞』一九三五年一二月一日付。

［第三章第二節　註］

（1）『広辞苑』（第二版、岩波書店）より。
（2）藤田省三前掲『転向の思想史的研究』三頁。
（3）安田常雄前掲『出会いの思想史』三四九頁。ただし、渋谷定輔を「非転向」としてよいか否かについては、筆者には若干異論があり、第四章第二節で検討する。
（4）伊藤晃『転向と天皇制』勁草書房、一九九五年、三一四頁。
（5）北条英の農民委員会活動を示す渋谷定輔宛書簡には、次のようなものがある。
史料：一九三三年一〇月末頃？（渋谷文庫1847―4）
…折原に借金問題が二口、北条が主にやっている。酒井氏の指導を仰ぎ乍。……問題難物。布施氏の署名は折原で三十名ばかし。農委運動は具体的にこれを進展してゐません。こんどの借金問題などで積極的にやってくれればい、のですが、動きが悪くて困りました。
史料：一九三三年、寄居地区報告（渋谷文庫1847―5）
寄居地区青年部　青年部支部代表者会議の準備闘争中です。革命記念日には各班毎に座談会を持ちました。大体の議案は、記念日のイギとニンム、農青委運の基礎としての青年世話役運動、並に支部代表者会議の準備闘争の展開、その位です。部員の活動状態は、前の報告と相異ありません。
寄居地方として考へて見るに、全農の孤立化の問題です（勿論これは農民運動全体的に犯してきた組合主義の欠陥とは思ふが）。〔以下略〕
（6）北条英『折原の村に生きて』一九八四年、七四頁。
（7）大谷竹雄は活動家は「出家」しないと仕事ができなかったという。家族の問題は「転向」の際にも大きな意味を持った。伊藤晃の研究でも「戦前、活動家にとって家族とは抜け出さねばならぬしがらみのようなものだった。……かつて転向を作り出すために家族を思想的に差し向けた当局は、こんどは転向を確保する貴重な道具として家族を使った」と述べられている（伊藤前掲書、一六二頁）。

(8)　北条英前掲書、八六頁。
(9)　加藤千香子「普選実施後の農民運動」『歴史学研究』五五四、一九八六年。
(10)　「農民組合規約案」（起草者鞠子稔）、渋谷文庫75。
(11)　加藤千香子前掲論文。
(12)　当時の全農埼聯の活動家の天皇制認識を具体的に物語る史料は多くないが、次の鞠子の書簡は、その一面を示すものである。天皇制の脆弱性への言及である。

史料：一九三四年一一月二四日、山本弥作宛鞠子稔書簡（山本正躬氏所蔵史料）

「日本の国も全く危くなった。オヤジが来ると云ふので、数万の官憲が一ケ月も不眠不休で厳戒をしなければならぬ有様では、国礎安泰とは云はれない。真《ママ》んとうならば、こんな時、青年団、分会あたりのほんの形ばかりの警戒で間に合ふ位君民の和が存在して然るべきである」と。何《ママ》うだ、この同じ巡公［鞠子が拘留中に会った巡査：坂本註］による……会話は、如何にも興味深いではないか。

　オヤジの警衛は、年々厳重さを加へてゐる。今から廿二年前埼玉で大演習が行はれた時の警衛をかへりみて、その頃若い巡査であった今日の老パイ公は、時代の変遷に目を今更の如くみはってゐた。

…皇室中心主義イデオロギーの確実性も、動揺してゆくことをハッキリ見た。現在の僕の見解によれば、日本人の至宝たるこのイデオロギーも、紙幣の信用以上のものではなく、一度悪性インフレに陥れば、紙幣が紙に下落すると同様、ツアーもたゞの地主に下落するものである。それは、卵のカラと同様である。全体が完全なるときには、しっかりしてゐるが、一角が破ればたちまちぐずぐずだ！。この一角を破ることが、問題たるのみである。［以下略］

(13)　なお、共産党「多数派」事件で検挙された田中正太郎は、この書簡のなかの鞠子の理論と共産党本部にいた袴田里見らの理論水準を比較して、「多数派」の正当性を主張している（田中「埼玉県の多数派と農民運動」前掲『運動史研究』三より）。
(14)　藤田省三は、前掲書の補註のなかで、古在由重が「転向調書」を書いて出獄したのちに「本式の非転向」の活動をしたことを紹介し、次のように述べている。「転向・非転向・偽装転向・表面的転向・実質的非転向などの諸範疇は、外から見ればこのように重なりあい、一面的な外からの勝手な判断を許さない。一面的な判断は、ここでは、無責任と無理解を意味する。」と（三四五頁）。筆者は、藤田のこうした指摘に首肯するものであるが、「転向のなかの非転向」ともいうべき姿を、全農埼聯全国会議派の「転向者」群像に見い出したように思うのである。

（15）三輪泰史「戦前期の民衆運動」歴史科学協議会編『日本現代史』青木書店、二〇〇〇年、二二七頁より。

［第三章第三節　註］

（1）長原豊は、一九三四年八月二五日に総本部派埼聯の山口正一書記長・山田時次郎政治部長と全国会議派埼聯の庄司委員長・田島政治部長の会合で「先づ戦線統一は仕事からである」という全国会議派の提案を総本部派側も了承した経緯を紹介している。ただし長原は、これを「運動に行き詰まっていた全会派埼聯が、運動的に折れて出たと理解してよい。」と評価しているが、総本部派の混迷を視野に入れないやや一面的な評価であろう（長原『天皇制国家と農民』日本経済評論社、一九八九年、一〇五頁）。なお、「多数派」に関与していた庄司・田島が最も早くこの運動への参加を決定したことに関して長原は、「〈多数派〉の農民運動指導方針を勘案すれば、非常に興味深い」と述べている（長原前掲著、一三八頁）。「多数派」の合法的大衆性に着目している筆者も、この点は同感である。

（2）渋谷定輔は「埼聯解体」を主張していたといわれている（一九三五年二月山本弥作宛鞠子稔書簡。山本正躬氏所蔵資料）。

（3）全国農民組合兵庫県聯合会『全国農民団体懇談会！　提案書』（一九三四年一一月）、および『第一回全国農民団体懇談会議事録』（一九三五年一月）。ともに山本正躬氏所蔵資料。

（4）田島は、一九三五年二月五日の常任委員会の席上で「兵庫県聯提唱の全国農民団体懇談会が……開催されて」と述べた上で、そこで戦線統一と総本部への復帰の「正しさ」が認められたと発言している。

（5）「第五回常任常任委員会議事録」には「…総本部の内部にも、社会大衆党支持反対、政党支持自由の旗の下に戦線統一を要望する勢力が有力に台頭してきた」と述べられている（渋谷文庫71）。
（6）史料：一九三五年三月二〇（大原社研資料、『埼玉県史資料編23』八九六頁にも）
総本部復帰に関する回答書
一九三五年、三、二〇
全農埼聯常任委員会 印
全会派埼聯御中
…去る三月二十日児玉郡共和村吉田林岩上弥三郎方に於て開催した昭和十年度第二回常任委員会に於て全会派復帰問題に関する件を提出、協議の結果左の如く決定す。
一、埼玉県下農民戦線統一の為名実共に総本部復帰を希望します。
二、現全会派埼聯事務所並に其の他一切を総本部埼聯へ
三、新事務所並に其の他抄細《ママ》に関しては復帰実行委員を選出、同委員会に於て決定す。
（7）一九三五年三月一九日、山本弥作宛鞠子稔書簡、山本正躬氏所蔵資料より。
（8）一九三五年六月二日、渋谷定輔宛木村豊太郎書簡、渋谷文庫1875。
（9）一九三六年三月四日（渋谷文庫1802）。布施辰治の書簡は「埼聯の声明書を早速拝見した。」と書かれている。全農埼聯の統一に向けて、渋谷は布施の意見を求めたのかも知れない。
（10）委員長は旧全国会議派の岸次郎、書記長は旧総本部派の山口正一。田島貞衛は書記長ではなく青年部長。このことがのちの統一大会の紛糾の一因となる（第三章第四節参照）。

［第三章第四節・まとめ　註］
（1）運動史研究会『運動史研究1』（三一書房、一九七八年）の「座談会・多数派の運動とその時代」（五五頁、小見出しは「デミトロフ報告の衝撃」）より。
雑誌『労働雑誌』一九三五年一一月号（渋谷文庫・雑ロ―7）なども「第七回コミンテルン大会とその動き～デミトロ

フの活躍」として伏せ字は多いが、反ファシズム人民戦線方針を伝えている。渋谷定輔もこれを購読していたことがわかる。

(2)「全農埼聯第一回大会議事録」、山本正躬氏所蔵資料より。本文の以下十数行の記述も同資料による。

(3) 予定していた弁護士石井繁丸は、裁判の都合で遅れて来埼したが、同夜の無産団体懇談会にも間に合わなかったようであり演説会も欠席した模様である。註(2)、の山本正躬氏所蔵資料より。

(4) 一九三六年一二月の渋谷定輔宛宮原清重郎書簡(渋谷文庫2066)には、「十七日に全水埼聯大会がありまして、こちらからも吉村・田島・新井・山時等が出席しましたが、その席上、埼玉無産関係懇談会が提唱され、近日中に松永義雄と小林駒蔵氏が会見することになりました。これらは相当実現性を持ってゐるものです。両氏の名で召集することになってゐます。(この件は貴兄が未だ承知してゐなければ委しく調査してもいゝ)」と書かれ、大会以後も無産者懇談会が断続的に開催されていたことがわかる。

(5) 大会の表舞台から対立派を排除したり、役職自薦による人事問題の独走などは、本来は一部セクトによる組織の私物化の過程に見られるいわば歴史的な常套手段ではある。田島の場合も、こうした私物化に陥りつつあったが、吉村・宮原・渋谷らの同志や全国水平社埼玉県支部などの仲介もあってこの危機を克服していった。

(6) 田中正太郎談話、渡辺悦次「埼玉人民戦線事件」『埼玉県労働運動史研究12号』一九八〇年より。

(7) この事件の全体像については、渡辺悦次の前掲論文参照。渡辺は、田島らの人民戦線運動の萌芽的活動を高く評価しつつも、渋谷らの共産党再建運動については事実を否定しているなど、全体としては「デッチ上げ論」に近い。なお事件の新聞記事解禁は、一九三八年五月三〇日である。当初の検挙者は一八名、一〇名が送検されたが、それは渋谷定輔・田島貞衛・岸次郎・佐野英造・三友次郎・新井粂治・河井勇・杵淵茂・小倉正夫・田中正太郎である。後述するとおり河井・杵淵・小倉は、河井を通じて渋谷との交流があっただけで埼玉の運動には加わっていない。佐野は、マルクス、エンゲルス、レーニン、山田盛太郎らの著書を教示するなどして、渋谷に思想的に大きな影響は与えていたが(一九三五年一月・渋谷文庫2487―1、一九三五年八月・渋谷文庫2487―11など)、一九三七年当時は大阪で塗装業を営んでいた(渋谷文庫2002

など)。

(8) 渋谷の容疑は、治安維持法違反。判決は一九四〇年四月二一日。渋谷は懲役二年、執行猶予五年となる(渋谷文庫862—3より)。

(9) 例えば、⑩の容疑である座談会での渋谷定輔(「鎌田健輔」)の発言について、安田常雄は、次のように指摘している(渋谷の発言例は「進歩的な層を広汎に集めるには日本では少し広く魅力あるスローガンはないものですかね。」など)。「…コミンテルンによる人民戦線戦術への批判的ニュアンスの発言である。正確には、コミンテルン方針の日本での現実的適応性如何に対する疑念であった。」(安田前掲書、三三三頁)。渋谷自身がコミンテルンに「盲従」していたのではなく、独自に「日本的人民戦線」のあり方を模索していたことを示す重要な指摘であると思われる。

(10) 渋谷定輔のこの回想は、事件から一〇年後のものであり、回顧録としては史料批判も必要であろう。渋谷がこの回顧録を執筆した動機は、回顧録執筆直前の渋谷の日記に次のように記されている。

史料:一九四七年一〇月一七日~三一日、渋谷の日記より(渋谷文庫494)

　十月二十三日(木)雨時々晴

…「俳句人」に掲載されている栗林農夫といふ人の『私は何をしたか』を読み最近にない深い感銘をうける。私もこのような自己批判を書きたいと思う。

　今度の断食の結論として、このような自己批判を書き、再出発が必要だと思った。日景へ行った二日間ばかりで執筆したいと思うが、この農園でも二日あれば書けると思う。……どうしてもこのような自己批判運動が必要だと思う。[以下略]

*俳人栗林農夫《たみお》に刺激されての回顧録(自己批判書)の執筆と考えてよく、自己の合理化は多少はあるにしても、メモ風にノートした日記であり、本来公開を意図して書いたものではなく、史実としては信憑性が高いと考えてよいだろう。

(11)『資料日本現代史10・日中戦争期の国民動員①』大月書店、一九八四年より。

(12) 前掲『資料日本現代史』参照。

（13）田中正太郎「埼玉県の多数派と農民運動」『運動史研究3』三一書房、一九七九年。本書第三章第二節註13参照。

（14）杵渕茂は、河井と懇意だっただけで全く人民戦線に関係していなかった（「杵渕茂氏に聞く」『埼玉県史研究第六号』一九八〇年、渋谷文庫・雑サ―6」）。また、河井勇の渋谷宛書簡は、「いつぞや佐野氏から統一戦線問題に就いての勘十批判を聞きましたけれども、一度聞いただけでまだよく理解されないので、またいつか機会を見て貴兄からよく聞き、全評や労農協議会の本質をはっきり把んでをきたいと思います。

…チェーキンの「労働組合教程」を読んでいます。また、ある友人と「資本論」をやることにしました。その友人はいきなり「資本論」をやらうといってゐるのですが、私はそれは大変いゝが、全部やるためには、非常に長い期間を要するし、我々の間にどういふ境遇の変化があって中絶せざるを得ぬやも知れないから、先づ川上氏の『資本論読本』からはじめては如何といってゐるのです。／貴兄もすでに「資本論」を読みはじめてをられ、私達のために協力して下さることをお願ひしますが、私のこの意見について、貴兄の御意見を聞かして下《ママ》さい。」などという程度のものが多い（一九三七年一月一七日、渋谷文庫1965など）。確かに『資本論』学習や統一戦線についての意見交換は行っていただろうが、この程度では「デッチ上げ」といってよいであろう。

第四章　戦時期の社会運動から「戦後」民主主義運動へ

本章では、一九三七年に日中全面戦争に突入し、アジア太平洋戦争を迎える総力戦体制下で、全農埼聯元全国会議派の活動家が参与した多様な社会運動、政治的行動を中心に、その政治意識の変容や継承性について検討する。あわせて、「戦後」の民主主義運動の時期への連続・断絶（非連続）などの問題を検証する。

第一節　「銃後」体制下の運動論と山本弥作

第二章第四節で検討したとおり、一九三三年に入ると、農民委員会方針としての部落定住・部落世話役活動が全農埼聯指導部内に浸透していくようになった。山本弥作は、渋谷定輔や鞠子稔との膨大な往復書簡などにより、部落世話役活動への政治的確信を深め、小作争議だけを中心とした運動ではなく全村的な運動を郷里の石川県（旧越路村・現在鹿島郡鹿島町）で開始する。

帰郷直後の頃、山本弥作は、渋谷自身の部落世話役活動（養兎組合など）や岸次郎・千野虎三らの旧埼聯指導部の部落定住を「脱落」と批判し、「兄の部落に定住する諸君に対する見方が非常に甘い様に感じた」[1]と評して、「農細（農村細胞＝農村の「左翼」）」は「革命的部落世話役」でなければならないと位置づけていた。しかし、一方で「大衆

山本弥作　1942年11月1日、「満州」（新京）出発に際して家族で撮影したという（部分。山本正躬氏所蔵）。

は、義理にも弾圧を絶えず受け相な全国的全県的組織を欲してはいない」と述べた上で「如何に×（党＝共産党：坂本註）の組織テーゼを振り廻しても、全会の新方針を実践化しやうとしても、かゝる情勢を正しく認識した上での適用でなければならない(2)」とも述べて、大衆的・現実的路線を絶えず模索していたのである。そして山本は、共産党「多数派」事件の検挙・起訴猶予（一九三五年）以後、保護観察下で「転向」する。

部落世話役活動の実践から経済更生運動に身を投じた山本は、体制擁護的な地方紙『村之新聞《むらのしんぶん》』への賛意を表して、自らもその編集・執筆にも参画した。この『村之新聞』は、創刊号（一九三四年一二月）の第一面には、「日の丸」を掲げて「陛下の多幸なる新年を賀し奉る」と記したり、四月には「天長節」を奉祝するなど一見右翼的・体制崇拝的な色彩もあるが、実は村民の立場からの記事も掲載していた。山本弥作も次のような記事を、ペンネーム「村尾彌二郎」の名で投稿している。

史料：村尾弥二郎「迷子の『自力更正（ママ）』」『村之新聞』第六号、一九三五年三月一六日発行（渋谷文庫：新聞922―3）

餓死《うえじに》の一歩手前まで押しつめられてきた農民に政府《おかみ》が自力更生のお題目を下さってからもう三年になる。おらが村も名誉ある自力更生村だ［中略］。……何故実行されないのかを考へてみることにしやう。……第一に考へられるのは村当局者と村民の階級的相異（ママ）だ。即ち裕福な人たちを（ママ）貧農大衆との利害の対立が指摘されねばならないのだ。村の自力更生と言ふことは煎じつめれば村民の大多数を占める中農以下の更生＝借金モラトリアム、小作料の減免租税の軽減等々が裕福な人々の賛成を得ないであらうことは余りにも明らかな事である。だが又これら農民の全生活を虐ひ（ママ）［たげ］ぬいてゐる所の諸問題の徹底的解決なくしては、中農以下の更生は絶対にあり得ないこともあきらかである。

昭和十年二月十六日發行　村の新聞　（第四號）

館内務省神社局長題

村之新聞

每月二回[illegible]發行
定價一部五錢年額壹圓
廣告料普通一行金拾錢
發行所
石川縣鹿島郡越路村字二宮甲部二百七番地
村の新聞發行所
發行人　川向一太郎
編輯兼印刷人　河上喜一

紀元の佳節に表彰された
村の女子青年團
現はれたる事績の數かず

縣《けん》では十一日午前十時から其《そ》の正廳で恒例に依り縣内各種該當者及團體の表彰式を擧げたが本村でも亦其の一に加へられたもので女子青年團があり當日栽井村長及三輪團長は出縣の上之を拜受した

表彰狀

鹿島郡越路村女子青年團
團員相睦シ克ク修養ニ努メ施設亦宜シキニ適ヒ共ノ成績見ルベキモノアリ仍テ金一封ヲ授與シ玆ニ之ヲ表彰ス
昭和十年二月十一日
石川縣知事從四位勳三等　生駒高常

事績の概要

一、沿革の大變
從來小學校卒業後の女子が同窓會員として斷片的に修養に努めつゝありしが時勢の進運に鑑み繼續的修養機關を必要とし學校當事者の唱導に基き大正八年四月越路村處女會を組織し漸次其の向上に努め昭和二年四月女子青年團と改稱し各種修養施設の充實向上を圖り以て現在に至る

二、施設經營の實際
女子青年團の本質に則り各種修養施設を營み其の成績見るべきものあるも就中、左記は特記すべき事項なり

1團員の素質
極めて質素にして勤勉勞働を厭はず創意工夫心に富み協同心旺盛なり

2智育德育方面
團員の大部分は補習學校に就學修養に努むると共に團として月例會、手藝、裁縫料理、作法、衛生等各種講習講話會、敬老會、藝術、慰安大會の開催、團報發行圖書雜誌閲覽等に依り智德の向上に資せり

3體育衛生方面
身體檢査、健康診斷、社會體育會、排球、庭球、卓球等に依り保健の向上に努むると共に例會、講習會等には校醫若くは他より講師を聘し家庭衛生救急法等日常心得べき衛生につき講習し之が思想普及に努む

4義務貯金
大正十四年四月より團員を十一組に分ち當番により毎月十錢宛集金して團に無利息にて預入るものにして團は之を信用組合に預入れ共の利息を團費に充て元金は退團の際本人に交附す
昭和九年十二月末日現在貯金高六九〇圓

5基本財產の造成
入退團の際に於ける團員寄附金、會計剩餘金、共同作業より得たる利益金を積立て現在高一六二〇圓に達し共の利子を得て團費に充當す

6皇孫殿下御誕生記念貯金
大正十五年六月　照宮殿下御降誕記念として團員より金五錢宛出金し計十二圓を百年間の据置貯金として郵便局に預入れ百年後は其の利子を團費に充つるものとす

7社會奉仕
御大禮記念植樹、出征軍人歡送迎、軍人遺家族慰問、上海事變戰捷祝賀會、乳兒審査會、國防費獻金、滿洲派遣軍慰問寄附金、水害義捐金寄附金等各種の社會奉仕に努むる等、克く團體の計畫を具體的ならしむると共に豫定の行事に依り不斷の修養を怠らず又集會の出席は佳良にして團結の成績見るべきものあるのみならず現下の農村更正計畫に對しても相當の活動を爲しつゝあり

右《みぎ》が推奬に足ると認められたる事績の概要である

新舊知事挨拶

拜啓益々御清祥の段奉慶賀候陳者小生今般石川縣知事を拜命致候處早速御鄭重なる御祝詞を忝ふし御芳情の程奉深謝候尚將來不相渝御厚誼仰度希上候
右不取敢御挨拶如斯御座候　敬具
金澤市上柿木畠官舍（電一）
生駒高常

拜啓愈々御清穆の段奉慶賀候陳者今般内務省神社局長に轉任致し候處早速御祝詞を賜り誠に難有奉存候尚將來公私共宜敷御願申上候
右不取敢御禮申上度如斯御座候　敬具
東京市赤坂區青山南町五丁目四五
館哲二

村の柔道講習會

縣体育協會、郡教育研究會聯合青年團合同主催の柔道講習會は二月二日、三日兩日に互り越路小學校道場にて開催、講師は桂川六段、[illegible]五段の兩氏、補助として船塚、敬田各二段、奥、三野、小林各初段の下に講習は進められ精神講話を始め國民体育運動、投業、固業の基本動作、亂取と各種に五つて懇切なる指導あり受講者は越路、鳥屋、瀧尾の學童、青年を中心に其他合せて六十數名に上り斯くして三日午後五時盛會裡に意義ある講習會の幕を閉ぢた

在郷軍人分會總會に於ける
海軍省囑託二釣谷次三郎中佐の講演

二宮區壯年團

去る三日午後一時より其の事務所たる壯年會館に恒例の定期總會（初會）が開かれ橋本（清一）團長の挨拶に次で前年度の事業及會計報告新年度豫算案審議共の他諸件の議事を了し役員選擧を行ひたるに左記諸氏の當選となつた

團長　松岡平一
副團長　南十一
評議員　中村源九郎
同　林幸太郎
同　岡田平松
同　角良雄
同　南孝一
旗手　栃野秀男

尚退團者は橋本清一、橋本清、橋本芳契、山本三松の四氏で橋本清一、橋本清の兩氏は模範團員として表彰された、次で松岡新團長は入退團者に對し一場の挨拶を行ひ退團者を代表して橋本清氏の謝辭あり最後に餘興の福引があつて同八時盛況裡に散會した

◇

同團にては團役として來る二十四日午前八時より團員全部集合の上、同團に於て一ケ年間使用する繩掬ひの行事がある

武部消防總會

武部區消防組では二月一日午前八時より卜部頂信氏宅にて定期總會を開催し出席者全員二十七名、年度事業會計の報告をなし新年度に於ける事業を企畫し種々懇談和氣靄々たる裡に律然として昭和十年度に於ける内聲消防團の活躍を誓約し役員の改選を行ひ新任の役員左の通りである、因に同消防組は[illegible]定例に依り出初式を決行する筈であるが飛龍冲天の壯擧が偲はれる

村副分會長組頭　延命喜作
戰友班長小頭　浦正雄
村評議員小頭　齋藤源次郎

而して武部消防組は戰友班を以て擔任するものである

產業組合總會

二月十日午後三時より小學校講堂に開催せられたる村產業組合總會の議案及結果は左の通りである

議案第一號　昭和九年度財產目錄、貸借對照表、事業報告及損益計算、剩餘金處分案承認の件（原案承認）
議案第二號　昭和九年度農業倉庫事業報告の件（同上）
議案第三號　昭和十年度に於て借入金最高限度の件　前年度通り金五萬圓也（可決）
議案第四號　昭和十年度に於て一組合員に貸付し得べき最高限度の件（可決）前年度通り金二千圓也　但し抵當權設定擔保貸付は金二千圓以內貸付することを得
議案第五號　餘裕金の預入先及借入金の借入先の件（原案の通り）中央金庫、日本勸業銀行、縣信用組合聯合會、能登部銀行越路支店、越路郵便局
議案第六號　組合長及專務理事給料額を定むるの件（役員會一任）
議案第七號　信用評定委員（全員）改選の件（別報）
議案第八號　定款改正の件（可決）
定款第十二條の出資額「一口金拾圓」とあるを「一口金參拾圓」とす
定款第三條の保證金額「一口金拾圓」とあるを「一口金參拾圓」とす
議案第九號　販賣物品の步合金を定むるの件（可決）
米一石に付金五錢　繭一貫匁に付金四錢　莚俵一束に付金一錢　建莚一束に付金二錢　木炭一俵に付金二錢　繩十貫匁に付金三錢
議案第十號　特別積立金及特別配當金の標準に付販賣代價の率を定むるの件（可決）
一　玄米に付ては價格の十分の一
繭十貫に付ては價格の十分の一
議案第十一號　籾貯藏倉庫を農業倉庫とするの件（可決）

久乃木青年團

恒例に依れば二日に行はれるのが差支のため六日午前九時から高柳團長宅に定期總會並初會式に併せ入退團式を開き

一、開會の挨拶
二、前年度收支決算報告
三、同事業報告（以上團長）
四、入退團者挨拶
（退團者）代表　道宮才太郎　高柳茜太郎　清水吉松
（入團者）代表　今井良吉　堂本榮作　奥井憲一　高柳憲三
五、役員選擧
ありて之を了へ次で
團長（留任）　高柳高嶋
副團長（新）　奥藤一
評議員（留任）　高柳榮松
（新任）　堂本清
（同　）　高柳助太郎
六、新年度收支豫算案
七、團員意見發表
あり[illegible]來賓も臨席し團長[illegible]移り招待の來賓も臨席し[illegible]の挨拶後懇談會に入り福引等の餘興もあつて盛況を呈し退散に先ち團長の發聲にて兩陛下並皇太子殿下の來賓高柳政一の發聲にて區青年團の各萬歳を三唱したが意義深き會合として多大の印象を與へた

駄言冗辯

昔《むかし》から、世の中の矛盾を嘲けるために發見せられたかの如き比喩に「醫者の不養生」と「桶屋の桶は水が漏る」といふのがある如く、前を見ても、後を見ても矛盾でないことが、寧ろ不思議な位の矛盾だらけである

×

それでも、其の人限りの矛盾たらば、必然起るべき悲劇も累を他には及ぼさないが、之に反し、それが爲政者であり、教育家であり、資本家であり、技術者であつて、徒らに、自己が名利賣名のために眩惑し、又は錯覺して矛盾を冒したとすれば由々敷大事である

×

例令、それが善意であつたにせよ、惡意に出でたにしろ、其の爲政上、敎化上、社會上、農業經營上、樣々の悲劇を招集して、怖るべき禍害と迷惑と損失とを村と人とに與ふる、與々も心すべきところである

×

貧すると雖も求むる勿れ浮雲の富、窮すると雖も屈する勿れ丈夫の志、貧窮は士の常也、矯々として龍の如く、耿々として虎の如く、德を修め、名を隱し、當に一陽來復の時を待つべし、若し時に遇はざれば、即ち獨りたるも其の身を善くし、以て天命を樂しむべし」とは、大和の葛城寺に於ける、大楠公が帶籤を錄したものである流石は楠氏の言である、生きて碌々無爲、徒らに社會の風敎を毒する者、省みて冷汗三斗將に愧死するの發意なき？大衆の希求する幸福の日の訪づるゝ、それ何れの日ぞ春尚淺しの嘆、深き哉

『村之新聞』　第4号（1935年2月16日発行）。欄外に山本弥作の筆跡で「各種団体、各字記事」などの書き込みがある。紙面の改善を渋谷定輔に提案したものであろう（p. 219註4）。埼玉県富士見市立中央図書館「渋谷定輔文庫」所蔵。

讀者欄

◇文藝◇

迷子の『自力更正』

村尾彌二郎

餓死《うえじに》の一歩手前まで押しつめられてきた農《のう》民に政府《おかみ》が自力更生のお題目《だいもく》を下さつてからもう三年になる

おらが村も名譽《めいよ》ある自力更生指定村だ、村の多ぜいのお偉い方《がた》々が御協議《ごけうぎ》の上作られたのがあの物すごい經濟更生計畫案だ、中味《なかみ》の詮議は兎《と》に角《かく》（しろと仰言《おつしや》るならいつでもしますが）、さて一體あの仕事はどうなつてゐるのだらうはじめの意氣込《いきごみ》では二ヶ年近くもたつた今日《けふ》この頃では着々と成績《せいせき》を擧《あ》げてゐなければならないのだが？耳が遠いせいか近頃とんと音沙汰《おとさた》もきかない、はて、おかしやなとばかり、伺《うか》がつて見れば何の事そつくりそのまゝだとの事で只々そのねばり強さに寒心する次第《しだい》でした、大山鳴動《たいざんめいどう》ねず

者と村民の階級的相異《かいきゆうてきさうい》だ。即《すなは》ち裕福《ゆうふく》な人たちを貧農大衆との利害の對立が指摘《してき》されねばならないのだ、村の自力更生と言ふことは煎じつめれば村民の大多數を占《し》める中農《のう》以下の更生といふことになる、之等の人々の更生＝借金《しやくきん》モラトリアム、小作料の減免《げんめん》租税の輕減《けいげん》等々が裕福《ゆうふく》な人々の贊成《さんせい》を得ないであらうことは餘りにも明かな事である。だが又これら農《のう》民の全生活を虐《しいた》ひぬいてゐる所の諸問題《しよもんだい》の徹底的《てつていてき》解決《かいけつ》なくしては中農以下の更生は絶對《たい》にあり得《う》ないことも明らかである

第二に裕福な人《ひと》々の一群によつて作られた計畫案そのものも、その體裁《ていさい》如何《いかん》にかゝはらず、非《ひ》實際《さい》的なものであるこ

『村之新聞』　第6号（1935年3月16日発行）。山本弥作の投稿（ペンネーム「村尾彌二郎」（部分））。
埼玉県富士見市立中央図書館「渋谷定輔文庫」所蔵。

…第二に裕福な人々の一群によって作られた計画案そのものも、その体裁如何にかゝはらず非実際的なものであることは勿論である。［中略］

かくて自力更生は山に乗り上げたのである。…今こそ自力更生を真に自分自身のものとして取上げねばならないことの認識を、結局信頼し、力となり合えるものは自己と同じ階級の人達ばかりであることの自覚を、私は村内貧中農諸君が我が、「村の新聞」を通じて、活発な意見と批判を寄せられんことを切望……する。

山本弥作は、「自力更生運動」が貧農をはじめ農民の全生活の改善に至っていないことに対して、苦言を呈しているのである。山本は、支配体制側とある程度妥協しながらも、村落上層部中心の「自力更生運動」(3)を、このように批判したのである。そして部落世話役活動の一環として、この『村之新聞』の編集にも参画し、積極的に発言している。なお、山本弥作の同紙刊行への賛意や投稿・編集協力については、発行者河上喜一宛山本書簡で確認できる(4)。山本は、これ以前には満蒙問題などをも論じた『若い衆』（第二章第四節参照）を刊行していたし、のちには保護観察の特高に称賛されることになる『銃後通信』など

を刊行するようになる（筆者の調査で、これらの三新聞の所在と関係が明らかになった(5)）。鞠子稔と並ぶ理論家の山本弥作は、既述のとおり渋谷定輔の養兎組合活動・部落世話役活動などを、書簡等で当初は批判していた。しかし山本は、日本共産党「多数派」や農民委員会方針などを学びつつ、情勢の推移の中で次第に合法的な運動を提唱するようになるのである。

次の史料は、河上喜一らへの山本弥作の評価が書かれており大変興味深い書簡であるが、非合法活動への自己批判も記されている。

史料：一九三五年八月二八日、渋谷定輔宛山本弥作書簡（渋谷文庫1878）

…村の新聞は前農会長の河上氏の経営・執筆に干《ママ》るもので、氏は若干ファッショ的傾向を帯びた、それで非妥協型の人物です。彼の意見では法律にふれない程度のものなら左翼右翼を問はないで載せるといふので私なぞへも時々依頼の手紙が来ます。二三回つまらぬものを書きましたが、彼は時々トンでもない加筆をやるので私は面白くないのです。近頃は財政的に立ち行かないらしい。即ち村支配機構の内面暴露をやれば村の有志からシンパして貰へないし、それかといって紙代によって行く程には大衆化し得ないといふ彼の型から出発した矛盾に悩まされてゐるらしいです。

…どうにも今になってよく考へて見るに吾々の非合法活動なるものは、実に非科学的アリ合せ的なものだったと思ひます。敵に対して殆ど武装せず只階級的良心の赴くままにズルズル活動を継続して行ったといふ傾向が強いと思ひます。従って適当な部署といふことなども極めて慎重に考へられず、内心各々若干の官僚主義さへ育て、居た様に思ひます。

…勉強は苦手だが、当面三二テーゼを中心に農業問題を研究したいと思ひます。兄が大ものに取りかゝられることに敬意を表します。……行動はすべて単に目先の必要性にのみ追はれることなく悠々たる日本革命の戦略的見地に立って展開されんことを希望します。［以下略］

この書簡のなかに見られる山本弥作の政治意識のなかに、旧来の非合法活動を批判するという思想的「転成」と、「三二テーゼ」「日本革命の戦略的見地」を維持するという思想的「継承」性、すなわち「転成と継承」（あるいは「曲折と一貫性」）を読みとることができるであろう。

さらに、山本弥作は、コミンテルン第七回大会での「反ファッショ人民戦線」戦術の提唱以後、ヨーロッパの人民戦線やさらには二・二六事件、西安事件などにも鋭い分析を加えつつ、理論武装していった。全農埼聯の再統一に際する大会声明書に関しても「単なる紙上の決定や提議や共同戦線ならファシズムを畏怖せしめるに足らないのだ」と述べた上で、「フランス、スペイン、ドイツの人民戦線より正しく教訓を学び取らねばならぬ」と提起している[6]。

その後山本弥作は、郷里の旧越路村が経済更生の指定村に指定されると（一九三七年度）[7]、地区の協議委員にも選出されている[8]。

この時期の山本弥作は、反ファシズム人民戦線方針を意識しながらも、次第に村会議員の推薦候補にも第一位で選ばれたり（結果は被選挙権の年齢に達していないため選考のやり直し）、また地区協議会選挙でも第一位で選出されたりするなどして、村民の信頼を深めていった時期なのである。

また、その取り組みの姿勢・政治意識は、「今年度も富農連との急激な摩擦を避けつゝ、部落全体的利益といふ立前から立案する吾々との政策によって区の活動は運用されるでせう。私の態度は、根本的には妥協せず技術的な枝葉の問題については反対者をも受け入れるといふ態度です。」という、いわば農民委員会方針に近い部落世話役的な認識を基盤としたものであったと考えられる。

また一方で、山本弥作は、渋谷定輔に宛てて「エンゲルスの『空想的社会主義から科学的社会主義へ』を読んでゐます[9]」と述べたり、総選挙で社会大衆党が躍進すると「社大四十名当選についても、…その大衆への影響力、かもし出す進歩的雰囲気等については正当に評価してゐる心算です。社大候補は、質的に如何ですか？　どうしてもブローカーめいた奴も大分立候補してゐるのではありませんか？　この問題はもっと慎重に考へてから、意見を書きませう。簡単に速断出来ないことだと思ひます」(10)などと書き送っている。山本弥作の幅広い政治関心を窺い知ることができる。ただし、この時期は、農村社会が全体として経済更生運動に邁進し始める時期であり、山本弥作の思想・行動は、次第に所謂「右旋回」し始める。山本弥作は、経済更生運動の経験から次のように述べた。

史料：一九三七年三月一九日、渋谷定輔宛山本弥作書簡（渋谷文庫2020）

…この会合［能登三郡経済更生指定村篤農青壮年懇談会：坂本註］を通じて、実に感じたことは、支配階級も部落に非常に重きを置いて来たことです。司会の辞にも、農村更生協会（農林省の別動団体）主事の所感の中にも強調されました。これは非常に重要なことです。全農なんかも一日も早く部落に基礎を置く様にしなければ立遅れを食ってしまひ相です。そして、農民の少しでも利益になることは、ブルジョワ《ママ》農業政策であらうと何であらうと（勿論無批判的にやってよいと言ふのではない）、どしどし先頭に立って闘ひ取り、部落民の少くとも七八割を影響下に置く様にならねば駄目だと思ひます。個々の闘争を斯る戦略に適応させて展開することが大切です。小作争議になってしまったのでは、全農村を動かすやうな農民運動は、絶対に起きません。……私の「ブルジョワ的部落活動」もその吸収のされ様によっては万更《ママ》無駄でもないと思ひます。

山本弥作は、この経済更生運動のなかで村民の七～八割に影響力をもつ全村的運動や、「部落に基礎を置く」農民の利益となる運動を、在地から構想していたのであろう。そこから、全農の立ち遅れを批判し、「ブルジョワ的部落活動」の意味を見い出していったのであった。山本弥作は、部落世話役などの農民委員会方針を意識しながら、経済更生運動へと転身し、それを推進するようになったのである。

こうして、農村諸階層の要求実現運動を展望して郷里で活動したのち「満州」へと赴く山本弥作は、そこに「転向の自己証明」というよりも、自己の理想により近い運動を実際化するための活路を求めていたことが推定できる。

郷里を出てから「満州」に渡航するまでの山本弥作の足跡はこれまで不明な点が多かったが、筆者の調査の結果、次のような史実が判明した。まず、一時は満蒙開拓団や青少年義勇軍の指導者を志したが、自己の理念との矛盾を感じて断念していったのである(11)。

その後、山本弥作は、日本国体研究所・日本建設協会など、既成政党政治の打破・新体制運動を志向した所謂「革新」団体に参与した。これらは、尾崎陞《すすむ》（元裁判官、「赤色判事」「司法部赤化事件」と喧伝された元日本共産党員。「戦後」は総評弁護団・自由法曹団などの一員となる）や、川崎堅雄（労働運動から日本共産党に入党。佐野学らの「転向」に一時は抗弁したが、一九三三年に「転向」）らにより結成された所謂「革新」団体である。

山本弥作のもとには、尾崎陞・川崎堅雄以外にも、赤津益造・山本鶴男・野崎清二など前記二団体の関係者からの多数の書簡や、日本国体研究所への入会勧誘の書簡が寄せられている。また、山本正躬氏の所蔵資料や渋谷文庫には、日本国体研究所の『国民建設新聞』・雑誌『国民建設』や、日本建設協会の雑誌『日本建設』などが保存されている。山本・渋谷らの旧左翼活動家が、関与したり読者であったりした団体であったといってよい(12)。ただし、山本弥作が、どのように思想的に共鳴してこうした「革新」団体に参与したのかは（残念ながら）史料上は確認できない。

日本建設協会の「㊙・組織活動要綱」（一九四〇年夏頃）には、その重点として「責任的道友は、協会の組織員として部落、工場における組織活動の推進的役割を果すために全国的に縦横の組織を持たねばならない」、「翼賛体制の建設を推進すべき協会は工場、部落に於てはその建設的役割を果させるために、その第一線に立たねばならない」、「国内に於ける建設活動と並んで亜細亜協同体のために満州、中国その他に於ける運動との連携が特別に考慮せられねばならない」と述べられている。これらから、日本建設協会などは「東亜新秩序」と「新体制」に向けて部落・工場から大陸までを一体的にとらえる「革新」団体であったといえよう（山本正躬氏所蔵資料より）。

山本弥作は、日本建設協会の組織活動要綱にいう部落を基礎にした「現状改革運動」としての「新体制」に期待を込めていたのではなかろうか(13)。なお、山本弥作は、「国内革新」を目指して全国水平社から分かれた部落厚生皇民運動全国協議会（日本建設協会も関与していた）にも、一時勤務している(14)。周知のとおり、大政翼賛会は一九四〇年一〇月に結成され、四一年には事務総長有馬頼寧以下の「革新派」の辞表提出によって、大政翼賛会は「革新性」から変貌していくことになる。こうしたなかで日本建設協会は、同年四月に解散する。

その直後の四一年七月に、山本弥作は、中国大陸・「満州」との交易を業とする商社昭和通商に入社した。そして四二年一一月、単身で「満州」（「新京」）へ渡航するのである(15)。山本弥作は、任地「新京」で召集され、敗戦後ソ連に抑留されて四六年八月に戦病死する。「満州」渡航による「自己脱皮」ともいうべき行動は、山本弥作だけでなく鞠子稔や牛窪宗吉・石川道彦ら元全農全国会議派埼聯の活動家（「転向者」）など多数の体験記録等でも明らかになっている（第四章第三節）。山本弥作も、合法的活動の場として「満州」に渡航し、自己の理想を実現しようとした旧「左翼」群像の一翼に位置づけられるのではなかろうか。

部落世話役・農民委員会など全村的活動への賛意は、渋谷定輔にとっても南畑小作争議や農民自治会以来のものであり、「転向」後もほぼ一貫して懐いていたと思われる(16)（第一章の渋谷『自治農民』論文、及び戦時体制下の書簡等参照）が、次節では、総力戦体制下の渋谷定輔の活動を検討したい。

第二節　渋谷定輔の「転向」と温泉厚生運動

第二章第四節で検討した、吉見事件後の渋谷定輔の動向について、もう一度確認しておこう。繰り返された検挙と拷問により健康を害した渋谷は、一九三四年頃には全農埼聯書記長・会長などの要職を降りて、第一線を離れた。渋谷は、貧農の自立をめざし、また自らの経済事情もあって、養兎組合活動を始める。また、雑誌『実益農業』に、右翼農本主義的な農民講道館への訪問記を三号にわたって寄稿し賛意を述べている。こうした渋谷の動静について、「転向」として内部批判が生じる。田島貞衛は渋谷宛書簡で「訪問記」は好ましくないと書いている[1]。また山本弥作は、渋谷宛書簡のなかで「君を佐野・鍋山の亜流その類型とは絶対に考えたくない[2]」と注意を促しつつ、養兎組合なども「革命的世話役」としてやらなければならないとたびたび批判していた[3]。

一方の渋谷は、一九三四年八月一四日の日記には、「……同じ死ぬにせよ、無意味なプチブル的犬死はしたくない。何とか階級的に意義ある死を撰んで行きたい。死をおそれる者は、生（ママ）のオク病者だ。死を前提として積極的に生きて行くところに、人生は生きがいがあるのだ。……私はキット健康になる。元気になる。……私は農民運動の闘士として生まれて来てゐるのだ。……個人主義、英雄主義を一切清算しなければならぬ。私の運動の過去には幾度の欠陥があった。その中でもこの二つは最大の欠陥として清算しなければならぬだらう」と記していた[4]。「個人主義・英雄主義」を自己批判しながら、農民運動の闘士として再出発するための「決死」の覚悟を読み取ることができる。

しかし、この約一月後夫人黎子が死去し、渋谷にとっては失意の日々が始まる。農民運動への情熱は次第に冷めてしまい、農民文学作家を志向しはじめるのである[5]。

失意と作家志望、そして後ろ髪をひかれるような農民運動への拘泥、この葛藤のなかで渋谷は苦悩する。長文の引用ではあるが、渋谷の思想的「転成と継承」を象徴すると思われるこの時期の渋谷定輔の日記をみておこう。以下の日記は、紙質・筆跡などから、当時の渋谷自身の日記と考えて間違いない。

史料：渋谷定輔の日記（筆者抄録。渋谷文庫492）

＊一九三四年の日記

一〇月七日　梅子［黎子のこと：坂本註］の早逝を無意義に終わらせぬために僕は立派な仕事をやって行きます。…自分は革命家、政治家にしてはあまりに感情的で、だから自分は芸術家に、革命的農民芸術家になるんだ。…自分は芸術家なのだ。それを科学者であり政治家である如く装ふところに今までの無理があったのではないだらうか?。自然にかへれ!、ゴールキィ《ママ》を見よ。僕は日本のゴールキィになるんだ!。「野良に叫ぶ」を書いた自分の芸術的天分を確信せよ。そして勉強と努力だ。

一〇月二四日　…僕は日本の代表的農民作家を目指して進まふ。［一九三五年＝三一歳への展望］。農民運動が一生の仕事である如く、農民作家の仕事もまた一生でよいのだ。日本に一人位、本当に農民を知る農民作家がゐてもよい筈だ。プロレタリアートの立場から本当に農民を描く仕事は重大な仕事だ。

一二月二〇日　［五十日ぶりの日記。実農社以外に就職したい］。

学歴もなく年齢もふけて、何等の技術もない。又、それ以上に農民運動者としての過去の経歴は、就職条件としての最大の不利な条件である。［…平凡社もダメ］。

…農民運動は?　私はいまそれへの熱情を失ってゐる。病気・病気そしていまなほ健康体ではない自分。遂に妻は死し、孤独の悲哀の中に私は何に生きんとする熱情を見出すべきか?

一二月二四日　自分は最近実際運動に対する熱情を失ってゐる。なんだか落付《ママ》いて勉強したいものだ。…健康になってやるだけのことをして、死ねばそれでいいんぢゃないか。ゴールキーのやうな仕事をやりたいものだ。日本のゴールキィ!

＊一九三五年の日記

一月一日　自然発生的型態《ママ》の闘争の激発、これに基準と方向を正しく与へること、この仕事を通じて大衆にガッチリ根を下すこと、そして一日も早く反動の暗雲を追払って決戦の準備を強化すること、かくして新しい一九三五年を全日本の一の歴史から見て決定的な意義たからしめやう!…三十五歳を目指す出世作。そして歴史的な農民小説『米』…

一月三日　…プロレタリヤ《ママ》は無力か?　勿論資本主義社会制度の下に於ける個々のプロレタリアは、資本主義的には全く無力である。農民だってさうだ。而し、これが階級として見る時、プロレタリアートと農民の搾取の上にブルジョアヂーとその御用人は立つてゐるのだ。だからプロレタリアートと農民も団結したらば、一番強い力になる。ここに階級闘争の必要があるのだ。ここにプロレタリアート（ママ）農民の歴史を変革する偉力がある。資本主義的生産は、必然的に発達して、生産関係の行詰を来す。又、プロレタリアートと農民の搾取の上立つ（ママ）資本主義制度は、必然的にボー大な都市失業者、産業予備軍をつくり、農民をますます窮乏化せしめ、半プロレタリアートに追込むのである。そこには当然他の後進資本主義国乃至は植民地に対して搾取の手をのばし、それは他の資本主義国との戦争となるのである。

　ここに、プロレタリアと農民の団結する必然的条件を彼等はつくりつゝある。しかし、その時に、労働者農民を指導する強固な指導力がなければならぬ。それが~~共産党~~［本文抹消線：坂本註］である。吾々は資本主義社会では、物質的には全く弱い。弱いのが当然である。しかし、社会主義革命によって吾々は自らの能力に応じた物質が保証され自由に活動することが出来るのだ。……

二月一二日　宮原君のところへ坂本君が来てゐた…。主として農民運動の最近の動向について語る。ぼくは農民組合が農民委員会活動を通じて、広汎な転換をすることにより、農民協会に改称する必要があるだらうと言った。党の手が大衆団体に伸びて来るに従って、何時も弾圧されて了ふと言ふことに就いていろいろ討論して、一つの展望を得た。それは、党があまり急性に組織の手を伸ばしすぎるからではないかといふことであった。［以下略］

　渋谷定輔は、第一線を離れ失意のなかにあっても、また作家を志しても「左翼」思想を捨てず、プロレタリアートのための革命を理想として、旧友とは農民委員会活動を語りあっていたのである。また、農民運動と「農民作家」志望とそして自ら実際の生活の間で揺れ動いていた。そして、抹消してあるが労働者農民の指導力は「共産党」であるという政治意識（一月三日付）と、一方で党が大衆団体に関与しすぎるとの情勢判断（二月一二日付）をもっていたことがわかる。

この時期、田島貞衛・山本弥作・宮原清重郎・田中正太郎らから渋谷定輔への信望は大きく、渋谷は、全農埼聯の相談役的存在になっていた。全農埼聯の統一に際しては、渋谷への期待も大きかった（宮原清重郎の前掲書簡、本書一五六頁）。また、渋谷は、全農埼聯の統一大会に向けた声明書の推敲を、田島から依頼されたりしていた(6)。

しかし、渋谷自身は、一九三五年より温泉療養に入り、秋田県日景温泉に赴くことになる。全農の旧同志や、布施辰治、守屋典郎、河井勇、佐野英造ら大勢の旧友からの資金援助を受けつつ秋田に隠棲する。埼玉人民戦線事件で検挙される以前の渋谷は、守屋典郎・河井勇・川上貫一らから丁寧な指導を受けながらマルクス主義経済学を学んでいた。日景温泉の渋谷宛の書簡には、守屋らからの「資本論ノート」的書簡が多数ある(7)（なお、河井勇が埼玉人民戦線事件で検挙されたのは、渋谷とのこうした交友及び資金援助関係が特高の目にとまったからであった）。守屋典郎たちとの文通やマルクス主義研究は、渋谷定輔にどのような思想的影響を与えたのかは具体的には不明であるが、実際の運動と理論構築との反芻の生活であったと思われる。

こうした秋田での療養生活と、埼玉人民戦線事件による検挙及び出獄の前後に、渋谷が専心したのは、温泉厚生運動であった。

史料：酒井谷平宛渋谷の手紙草稿、一九三七年日付不詳（渋谷文庫298―2）〔埼玉人民戦線事件での検挙前〕

…先生の御高著をはじめ『温泉』その他に御発表の御高説には、ずっと以前から種々御指導を頂いてをりました。中でも『温泉』誌上に毎号御発表されてをられます先生の御高説は、直接、私達の血肉となるものばかりですので…。先生の御高説は、当温泉経営の最高の指針とさせて頂いてゐるやうな次第でございます。殊に『温泉』第七巻第五号に御発表下されました「硫化水素浴」に関する御説は、当温泉の最も力強いことであります。……さて、今春はからずも布施先生を通じて、当温泉の分析を依頼しましたことにより、額田先生の御紹介を経て布施先生が酒井先生にお逢ひ下され、先生の御厚意により、最も権威ある東京衛生試験所に於て一定期日よりも早く分析をして頂くことが出来ましたことは、まことに先生の御尽力の賜と厚く感謝致します。

［右分析報告書は目下印刷中］……先生の御高説の一つの実践といたしまして、秋田青森両県下の各医家へ挨拶依頼状と共に送付いたし温泉療養と医家との結びつきを具体化してみたい考へでございます。［以下略］

渋谷定輔は、全農時代からの旧知の無産派弁護士布施辰治の斡旋で、日本温泉協会会長で温泉医療学の権威酒井谷平に泉質調査を依頼し、酒井の学説に学んで、硫化水素泉の日景温泉の厚生利用を計画していたのであり、日景温泉旅館の経営にも参画していたのである[8]。

一九三七年八月、日景温泉に湯治に来た岡本実（樺太旧豊原町で薬局を経営）の援助も受けて、渋谷定輔は、樺太を旅行する。渋谷から岡本には、日景の温泉がモスクワのワレデンスキー教授が推奨する硫化水素泉であることを伝えたり、樺太行きの交通費・衣類などについて相談する書簡が送られている[9]。

安田常雄は、渋谷のこの樺太行きを「渋谷は国境に立って、戦争と官憲の弾圧によって追いつめられていく農民運動の行くえに絶望を感じていた」と表現する[10]。確かに、農民運動には展望を感じてはいなかったのかもしれない。しかし、渋谷自身は、すでに温泉厚生運動に主体的に着手していたのである。また、逮捕直前の一九三七年一〇月一六日には、秋田雨雀に宛てた書簡のなかで、新聞『東奥日報』学芸欄に執筆させてもらうために、その斡旋を依頼したりもしているのである[11]。

埼玉人民戦線事件の容疑により日景温泉で検挙された渋谷定輔は、秋田から大宮への護送列車の中から温泉厚生事業から離脱する無念さを、日景温泉旅館の社主（日景虎彦）に宛てて葉書で書き送っている。

史料：一九三七年一〇月三一日　埼玉人民戦線事件で逮捕直後の書簡（秋田県の日景家所蔵）［以下三枚葉書文面の抜粋：坂本註］

どうも色々おさわがせしたり御心配をかけたりして、何とも申訳ない次第ですが、これも社会進歩の途上における歴史的一現象と御了承下さればうれしく存じます。三十一日午前六時信越廻り上野行急行で大館を発ち、いま十時二十分、山形の本楯酒田通過中です。

…日景温泉のボーリングが十分の成果を納めるやうにと祈ってをる私です。私は必ず成功すると確信してゐるのですが、作業中、日景にをられぬのが残念でたまりません。着手したら、大橋博士の積極的御指導を求めて、断じて成功させて下さい。大橋氏と中島氏を結びつけ、あれだけ徹底的調査質問をする機会を作った上、あなたがゐられるのだから、私がゐなくとも必ず成功します。どうか彦ちゃんと御協力して、積極的にやって下さい。これが、何よりの私の日景へのお願ひです。

…私が、日景で計画した仕事が未完成のまゝであるのが残念ですが、これは、はじめに書いた通りですから、どうか悪からず。［以下略］

埼玉人民戦線事件による拘留中の渋谷定輔は、山本弥作（茨城県鯉渕村の満蒙開拓団幹部訓練所宛）に、「毎日日記を書いてくれませんか、……今度兄をモデルにして農民小説を書こうといふ野心を立ててゐるので……。」「〔弥作の開拓団幹部訓練所勤務について〕それこそが日本道義、日本精神の本質顕現であると私は信じてゐます。」などと記した葉書を送付していた[12]。渋谷が「日本精神の本質顕現」などの言辞は用いたのは、拘留中であったという理由だけでは説明できないように思われる。

一年半の拘留・釈放後の渋谷は、埼玉県志木町（現在志木市）村山弥七方に一時身を寄せていた。村山宅から「東亜新秩序の建設を目指す聖業を輔翼し、国体の精華を発揚するため……」と印刷した所謂「転向声明書」のような葉書を、各所に送付したのは、釈放直後の一九三九年七月一五日前後のことであった[13]。

安田常雄によれば、渋谷定輔は「非転向」であるという。安田は「渋谷定輔は、転向声明書を書くこともなく、獄中を非転向ですごした。彼にとっては。思想的転向も、また非転向も遠いことでしかなかったのかも知れない。」と述べて、生きるために実践活動に入り、人間として運動を続けてきた渋谷にとって、それ以外の道はありえなかったとして、第三章第二節で既述したように、いわゆる「獄中非転向」とは異質な非転向類型があると述べている。さらに安田は、獄中の渋谷定輔の短歌などを分析し「戦前期の転向者の眼とは異質であった」という[14]。

獄中での渋谷定輔の「転向声明執筆」の真偽は、十分には実証できない。しかし、次のような『中外新聞』の記事（一九三八年一一月三〇日、渋谷文庫1293―2）がある。見出しは「人戦派の闘将渋谷君／清心一路／更生を誓ふ／大澤警部の真心に感激」などであり、渋谷定輔が特高課警部大澤兵吉に宛てた手紙まで掲載されている[15]。これは「偽装転向」かも知れないし、「偽りの転向声明」の可能性もある。さらにはこの記事全体が「捏造」である可能性も否定できない。ただし、渋谷定輔自身が、「戦後」に回顧録のような手記を残しており、その中で、「転向声明」的な文章を書いたことを「自己批判」している[16]。いずれにしても、獄中の葉書・出獄後の声明書的挨拶葉書などを含めて、所謂「転向」（偽装だとしても、表面的転向・非転向としての「もう一つの転向」）として位置づけてよいのではないかと思われる（第三章第二節参照）。

また渋谷定輔は、美濃部達吉の「天皇機関説」に対立していた政治学者の佐治謙譲（一九〇〇年生まれ、京都帝国大学出身。主著は『国家法人説の崩壊』『日本学としての日本国家学』など。九州帝国大学・陸軍大学校などの教官を歴任した）との往復書簡で、佐治謙譲の「日本国家学」に傾倒していったのである。佐治から獄中の渋谷定輔宛書簡は、三通残存しているが、次の史料はその一例である。

史料：一九三九年五月三日、渋谷定輔宛佐治謙譲書簡（渋谷文庫2234）

…私の未熟なるこの書に対して斯くまでも感激を賜はりしことは、汗顔の至りであります。…貴下は左翼運動を果敢に展開せられし闘士なることを、その明かされし御履歴に依りて知りました。マルキシズムの革命原理が日本の革新原理なりと考へられたのは、一面無理からぬことであります。世の中にそれ以外の革新原理が存在しなかったのです。むしろ理論若くは指導者の責任に帰せなければなりませぬ。近い内に出所せられるでありませう。そうしたら、日本精神に基く国民再組織、国民精神総動員運動に精進して下さい。［以下略］

別の佐治謙譲の書簡によれば、「獄中の佐野学氏が拙著を読んでそれを差入れた人に感激の書面を送った」[17]という佐治の著書（おそらく『日本学としての日本国家学』第一書房、一九三八年）を読んで、渋谷自身も感銘を受けたようで、また渋谷定輔の立場に立った佐治からの書簡は、渋谷を励ましたことだろうと推定できる。

出獄に際する挨拶葉書を発送した直後から、渋谷定輔は秋田に赴き、日景温泉の経営にも再度参与する。そして温泉厚生運動を推進するために渋谷は、こののち中央蚕糸会、大政翼賛会や産業報国会の一翼に入っていくが、それはなぜだろうか？。

史料：一九三九年一〇月六日消印、山本弥作宛渋谷定輔書簡（山本正躬氏所蔵史料）

…小生、新体制下に即応すべき温泉経営の刷新計画を樹て、それを先づ当温泉で実施してゐます。ここの経験を基礎に全国の温泉をして、真に国民の療病・療養・保健を使命とする本来の温泉の任務を達成せしめ、全国の温泉場より一切の奢侈・享楽を駆滅せしむべく、一つの成案を得たいと努力してゐます。

この書簡に明らかなように、渋谷にとっての温泉厚生運動の意味は、「国民のため」の「革新」運動であったといえよう。渋谷定輔は、消費組合、協同購買組合などをまわり、賛同者を増やして準備に入った。そして一九四一年三月日本温泉利用厚生協会（日泉）の第一回設立委員会が開催された。

史料：一九四一年三月二七日「日泉設立委員会第一回会議々事録」（渋谷文庫737）

日時　昭和十六年三月二十七日　午後六時～十時迄　場所　中央蚕糸会館に於て

出席者　奥堂定蔵、倉橋弥三郎、木立義道、黒川泰一、渋谷定輔

渋谷氏の挨拶

一、奥堂氏の挨拶［略］。

…私は、過去二十年近い年月を組合運動に微力を捧げて来た者であるが、組合運動の生活の無理から健康を害し昭和六年頃からしばしば湯治療養をする機会を得たのである。……私は、従前の温泉場が恰も歓楽享楽の代名詞の如く使はれてゐたのを改革し、働く国民の保健、療養、厚生場にすることを考へるに至った。このやうな考へを持ち又々昨年七月から今年の二月まで秋田県日景温泉で療養すること、なり、今度は日景温泉の顧問として新体制下に於ける温泉経営の実際的指導にあたった。それにより温泉経営を新しき企画と組織の下に再編成することによって従来よりも、合理的経営が　成り立つといふことを実験したのである。……必ず全国の温泉を働く国民の保健、療養、厚生場となし得ることの確信を得、温泉利用厚生組織を立案したのである。

この会議の出席者は、北豊島協同購買組合長の奥堂、中央蚕糸会の倉橋、江東消費組合の木立、全国協同組合保健協会の黒川と渋谷定輔であった。渋谷は、「働く国民の保健、療養」をこの会議でも主張している。会議は、出席者をもって設立委員会を構成することや名称を決定したほか、事務所を当面は産業組合中央会館内に置くこと、労働医学界を代表して暉峻《てるおか》義等《ぎとう》に設立委員になって貰うように交渉すること（暉峻は承諾する）、設立委員会の常任委員は渋谷定輔とし、三月から月給一二〇円を支給することなどを決定した。

第二回委員会は同年四月七日に開催され、奥堂、木立、倉島、渋谷が出席し定款などについての討議を行っている。会の性格を単なる事業団ではなく厚生運動の一翼としていくことを決定した第三回委員会は、四月一六日に開催された。この頃には、設立趣意書も作成されたが、「働く国民のため」という渋谷個人の当初の目的が、次第に「高度国防国家体制確立のため」という国家目的に一体化しつつ、変容し「転成」し始めるのである[18]。

準備会は、この後設立委員の人選・勧誘に奔走したようである。「設立委員氏名」の史料は、同年五月・六月・七月のものがあるが、少しずつメンバーの増減があり、追加やおそらく辞退されたために減員などがあった[19]。

以上の準備をへて、日本温泉利用厚生協会設立協議会は、一九四一年六月二七日、中央蚕糸会館で開催されることになった。設立協議会では、協会を大日本産業報国会・産業組合中央会・大政翼賛会の三団体を中心に構成することや、設立委員などが協議されている[20]。

渋谷定輔は、この後も温泉利用厚生協会の実践化に向けて大政翼賛会・厚生省などに日参している。しかし、渋谷の一九四一年の日記によれば、日本温泉利用厚生協会は、九月以後は本来予定されていた機能は停止状態に追い込まれていった。この日記は、渋谷定輔の温泉厚生運動への情熱と、その蹉跌の記録である[21]。

渋谷の日記によれば、温泉厚生運動は、七月の末頃までは順調に推移していたようであり、羽仁説子らに激励されながら、渋谷自身が広範な国民運動にするために希望・展望をもって取り組んでいたことがわかる。また、大政翼賛会側は小田倉一（組織局）が渋谷と共に行動していた。しかしながら、既存の業界団体である日本温泉協会との折衝が次第に難航していった。

八月以降も折衝が続けられたが、難航した理由の一つに元「左翼」の渋谷定輔の存在があったことが推察される（八月二八日付。暉峻義等が調停に入り、渋谷はそれを感激している、八月三〇日付）。九月からは、日本温泉協会の改組の方向も検討されたが、暗礁に乗り上げてしまった。渋谷自身は保護観察下にもかかわらず、黎子の八周忌を迎えた日に温泉厚生運動への意欲を記している。ただし、温泉厚生協会は任意団体として活動することになり、日本温泉協会との合同をめざす当初の計画は挫折し、九月末は、渋谷は大政翼賛会傘下に入ったことを後悔し、失意のなかに陥る。それでも、一〇月に入ると伊東温泉に調査に出かけている。しかし、渋谷定輔個人への「赤攻撃」（一〇月一三日付）などもあり、結局は「日本温泉厚生協会」（日景温泉中心の小規模任意団体と推察される）と称して活動せざるを得なくなっていった。アジア太平洋戦争勃発直前のことであった[22]。

渋谷定輔は、労働科学研究所長の暉峻義等に支援され、また暉峻の社会衛生学などから示唆を受けていたが、日本温泉利用厚生協会の運動は頓挫した。しかし渋谷自身は、このの ちも労働者・農民、農家女性などの立場に立って、温泉療養・温泉栄養食などを考案していった。渋谷は、雑誌『温泉』一九四二年二月号の「座談会・産業戦士の温泉利用を語る」に名を連ねている。出席者は渋谷のほかに、労働科学研究所長暉峻義等、産組中央会常任理事熊野英、実業界から河合良成、日本温泉厚生協会から三浦謙吉、マツダランプ健保組合の中岡庄三郎らであり、主催の日本温泉協会側は酒井谷平（既述）らが出席した。この座談会で渋谷は、日景温泉での体験をもとにして、次のような発言をしている(23)。

史料：渋谷／……都会の労務者が利用する温泉と、比較的農民が多く利用する温泉では設備もそれぞれの特殊事情に応じたものでなければならぬぢゃないか、かういふ風に考へます。……温泉場に療養相談のお医者さんなり、或は温泉保健婦、さういふものを配置するといふことを、具体的に進めることが第一ぢゃないか、これは単に農村関係だけでなく、都会の労務者が温泉を利用する場合にも考へられてよいぢゃないかと、思ひます。第二には、食事の問題ですが、農漁山村の湯治客の自炊制度を通して、栄養指導の機会を與へて栄養料理の指導をしたらどうか……。

都会労務者と農民の温泉利用の改善や、温泉保健婦設置、栄養食などの具体的な提案である。渋谷定輔の大政翼賛会への関与は、この頃も継続され、大政翼賛会実践局厚生部長の桐原葆見に面会し、協力を要請している。次の史料は、渋谷の筆跡による桐原葆見から大政翼賛会秋田県庶務部長宛の書簡（草稿か？）である。

史料：一九四二年八月一一日、手紙（筆跡は渋谷定輔。渋谷文庫528―2）

……本部に於ては…時局下産業労働者農民等の為に温泉地の厚生利用に付いて種々考究対策を講じつゝあり、……各温泉地の之が実践こそ急務なりと被存候。然るところ貴県北秋田郡矢立村日景温泉に於いては、日景虎彦及び渋谷定輔両氏の努力に依り、率先其の改新を計画し、今般新に健民荘なる施設を建設し、広く勤労庶民階層の保健厚生に供することと相成候。渋谷氏は嚢に本会の温泉厚生利用協議会に於ける実行委員たり［傍らに「にして」カキコミ：坂本註〕同方面に於ける理論家たると共に熱心なる実践運動家に有之候。就ては特に貴県下に於いて意義ある日景温泉の厚生施設が克く其の本来の使命を達成し得らるる様、今後宜敷御指導御援助を賜り度、何分の御配慮方御依頼申上候。〔中略〕

昭和十七年八月十一日

大政翼賛会実践局厚生部長　桐原葆見

大政翼賛会秋田県　高野庶務部長殿

渋谷定輔は、おそらくこの草稿を持参して大政翼賛会秋田県庶務部長への斡旋を、大政翼賛会の桐原葆見に依頼したものと想定される。なお、「渋谷文庫」には、この書簡草稿とともに、桐原から日景虎彦宛書簡と[24]、「日景温泉附近略図[25]」とが保存されている。渋谷は、「健民荘」の図面を桐原のところに持参して見せた可能性も大きい。

また、渋谷定輔は、雑誌『温泉』一九四二年九月号の「温泉旅館の食事を語る座談会」にも紙上参加している（渋谷以外の出席者は、厚生省嘱託・家庭国民食中央会理事の山岸晟、大政翼賛会厚生部嘱託・木下病院長木下正一、日本温泉協会側は編集部の香月善次・亀谷久任ら）。この座談会では、次の史料のように「温泉栄養食」が話題となっている。

史料：香月／「旅館料理の改善のこと」といふやうな喧しい問題になってますが、今日の如く物資が窮屈になって来ますと、この問題の必要性が痛切に感ぜられると思ふのであります〔中略〕。

渋谷／…温泉といふものが国民の保健厚生施設でなければならないとするならば、それを利用する

『温泉』9月号（1942年）は「温泉旅館の食事を語る座談会」（渋谷定輔出席）、暉峻義等「温泉厚生運動の理念」など掲載。埼玉県富士見市立中央図書館「渋谷定輔文庫」所蔵。

『健民』　第７巻５号（1943年）は渋谷定輔「温泉健康地区建設実践記」などを掲載。埼玉県富士見市立中央図書館「渋谷定輔文庫」所蔵。

人々には保健上に必要なる食事を公平に配給しなくてはならないと思ひます。
その場合金のある人々だけが優先的に魚やその他の栄養物を独占するといふ様な料理しか旅館で出来得ないとしたら、単にそれだけでも温泉が保健厚生施設としての役割を果たせないことになります。
…栄養食を採り入れないで、多数の客に、従来の旅館料理を出そうとして、闇取引を巧みにやることが温泉経営者のいい腕前だなどと考へてゐるものには、国家の要請する温泉の厚生施設といふやうなことは根本からわからないでせう。［以下略］

アジア太平洋戦争が開始され物資欠乏が始まり、温泉業界自体の経営問題が浮上するなかで、渋谷定輔は、富裕者のためだけではない「国民の保健厚生施設」を目指していた。そのために日景温泉の経験に基づいて、「温泉栄養食」を導入して時局便乗などではない温泉の厚生施設化を提案しているのである。そして「国家の要請」を念頭に置くようになっていた。さらに、暉峻義等も雑誌『温泉』一九四二年九月号の論文「温泉厚生運動の理念」で、「国民錬成の目的に、温泉とその風土景観とを活用することは、今迄のやうな考へ方では追着《ママ》かないと思ふ」。「私は全国の各府県に少くとも一箇所の温泉健康地区といふやうなものを設定することが刻下の急務だと思ふ」と述べている。

こうして、渋谷定輔は、暉峻義等の指示・協力のもとに、同年秋頃から一九四三年初頭にかけて「温泉健康地区協会」の設立に奔走するようになったのである。秋田県の日景温泉一帯が典型的モデルとされたが、大政翼賛会事務総長後藤文夫を会長とするこの団体は、アジア太平洋戦争の泥沼化のなかでの「銃後健民」運動組織としての性格を色濃くしていった。[26]

一九四一年夏の段階では日本温泉協会の反発などもあって頓挫した事業が、戦局が悪化するなかで、「温泉健康地区建設」というかたちで実現したのである。俯瞰してみるならば、これらは戦時総力戦体制への加担そのものであった。だが渋谷自身は、国民健康保険制度をこの温泉厚生に利用し、国保加入者への料金割引制度などを考案（雑誌『健民』[27]に執筆）し、また地方農業会とも提携して「農業に従事する者」の福利厚生に邁進したのである。[28]

一九四三年一月一五日大政翼賛会で開催された「温泉健康地区運動協議会」に暉峻義等らとともに出席した渋谷は、次のように語っている。

史料：渋谷定輔氏…重要な役割を持つ温泉が動もすれば非常に不健全な享楽の代名詞の如き形にまで堕落する傾向と云ふものを痛感されて居った次第でありますが……。（北秋田郡に）日景温泉と矢立温泉と下内温泉と三つの泉質の異なる温泉があります。

…三つの温泉を一緒にして秋田県温泉健康地区吉江村地区と云ふ様なものを作りたい。斯うしたことを県当局を始め公共団体、或は村当局と云ふ形に於て漸次具体化して来まして、昨年十二月暉峻先生が来られた時に速く具体化したいと云ふ所まで進んで居ります。併し、中央に於て之等を綜合的に指導して下さる所の中央機関と云ふものがありませぬと、地方に於ける私共の斯うした活動と云ふものは屡々地方的の偏見に陥ってる、或は又之等に対して種々指導頂ける有力な指導者があるに拘らず、さうした方々が十分に私共の実践と云ふものを御取上げ願へる機会が持ち得ないと云ふことは非常に山の中に居りまして心細い次第であります。…

今回斯うした会に於て、翼賛会の御主催に於きまして温泉健康地区総合計画と云ふものが立てられ、夫々の指導監督、当局者の有益なるお話を伺ひ、又中央に於ける利用者団体者（ママ）代表者各位の御説を伺ひまして非常に私共は山の中に於て一つの理想を持って、温泉と云ふものを日本の本当の国民の保健厚生に役立たせ、戦時に於て増産に精励しますする所の産業労務者、或は農村民に対する労力の保全の為に温泉が真に役立つことが出来ると云ふ

ことを今日此処に参りましてはっきりと感じられまして、こんなに喜ばしいことはないのでございます。［以下略］

渋谷の認識は、地方レベルで検討してもなかなか実現できないが、中央（大政翼賛会）と提携することによって、「不健全・享楽」を排して「産業労務者」「農村民」のための保健厚生が実現できるというものであった。この後も、同会評議委員の俣野健輔（飯野海運社長）を訪問し、各界への斡旋依頼に奔走している(29)。

渋谷定輔は、この頃から再婚を希望するが、再婚相手への書簡で、この運動を「僕が再び中央で農民たちの国家の為に捨て身で働く道が拓かれた」と記している（「農民たち」を二重線で抹消し「国家の為」と訂正している(30)）。こうした渋谷の政治意識の前提には、上述のような「革新」的な温泉厚生運動への展望があったのである。

つまり、渋谷定輔は、単に「転向」して体制側の運動に参加したのではなく、労働者・農民のための温泉利用という立場で、即ち奢侈・享楽を排し無産階級を優先する温泉利用厚生運動を展開しようとしていたのである。ただしそのためには、大政翼賛会・大日本産業報国会などの総力戦機関の傘下に参入せざるを得なかった。また、自らもそのことの矛盾には殆ど無自覚で、「戦時のため」＝「労働者農民のため」という政治意識の転成があったことを注視しなければならないだろう。「農民のため」という思想の継承と「戦時のため」という転成である。つまり思想的変遷における「転成と継承」である。これらの戦時下の社会運動(31)に係わった政治意識は、戦後の生協運動や雑誌『思想の科学』への参与、『農民哀史』刊行、革新自治体運動・市民講座などへの協力などの渋谷の活動に継承される思想なのである(32)。渋谷定輔は、長瀬鉄男（温泉健康地区協会常務理事、軍用石鹸工業会理事長、洗濯科学協会理事長）の個人秘書(33)、暉峻義等の秘書(34)としてアジア太平洋戦争末期を生き抜き、一九四五年八月一五日の「敗戦」を迎えたのであった。

第三節　「満州」移民への参加と渡航の政治意識

（1）　大日本農民組合の結成と「満州移民調査団」

一九三七年一〇月の埼玉人民戦線事件後から、全国の農民運動は、急速に国家体制に吸収されたかのように見える。それを象徴する出来事が大日本農民組合の結成である。同年一二月二九日、全国農民組合中央常任委員会は次のような声明書を発した。

史料：声明書　（大原社研資料）

我らは過去の運動方針を再検討し、小作組合型を揚棄して、銃後農業生産力の拡充と農民生活安定のために、勤労農民全体の運動に再出発せんとす。

其の第一歩として国体の本義に基き反共産主義、反人民戦線の立場を明確にせる社会大衆党を支持し、党支持の全農民団体との統一を計り、進んで産業組合、農会その他大衆的農民団体とも提携し、戦時戦後の農業国策の確立に積極的協力を為さんとするものである。

小作組合型から国策協力型への方向転換を明確にしたうえで、反共産主義と反人民戦線の立場、社会大衆党支持を打ち出していったのである。翌一九三八年一月八日には、全国農民組合は、「右派」[1]の日本農民組合総同盟との「合同促進委員会」の名前で、全く同趣旨の声明書（反共産主義・反人民戦線、社会大衆党支持）を発して、「合同の促進」を明言するに至ったのである。そして、同年二月六日、社会大衆党本部会議室で、大日本農民組合が結成され、四月三〇日には第一回全国大会が開催された。この大会の第一号議案は「皇軍将士に対する感謝決議」であり、あわせて「勤労奉公の精神を昂揚」させ銃後の護りを誓うという文面になっている。(2)

こうした全国状況を一時は静観していた全農埼玉県聯合会も、同年三月二日、旧総本部派の山口正一方で、常任執行委員会を開き、全農埼聯の解散と大日本農民組合埼聯を結成することを決定した。三月四日付けの『東京朝日新聞』埼玉版は、「全農県聯も転向し、大日本農民組合に加盟、勤労団体として更生」と報じた。(3)委員長は山口正一、主事新井信作、理事岩上弥三郎らであり、要するに旧総本部派の主要メンバーによる県聯として発足したのである。埼聯の声明書も、既述の全農中央常任委員会の声明と同じく「反共産主義・反人民戦線、社大党支持」を表明し、「銃後農民」の生産力と農民生活安定のために邁進するとしている。

社会大衆党や結成直後の大日本農民組合は、政府とは別途に「満州移民調査団」を派遣することを計画していた。一九三八年四月七日付けの大日本農民組合本部から各府県聯合会への通達は「満洲移民地視察に就いて」(4)であり、「農業実際家満洲移住地視察団」のために次の府県から団員を募集することになった。神奈川・兵庫・新潟・埼玉・鳥取・群馬・静岡・岐阜・長野・宮城・秋田・山形・岡山・香川・高知・福岡・鹿児島・熊本・青森・岩手・福島・佐賀・広島・石川・大分の二五府県である。

団員の応募の出足は良くなかったようである。六月二〇日、六月三〇日に須永好（社会大衆党、満洲移住地小作農視察団長となる）の名前で追加の通達が発せられ、東京出発から新潟解散までの諸費用は視察団で一切負担する旨などが伝えられている。

埼玉県の募集状況は詳しくはわからない。結果的には、委員長の山口正一が派遣されている。ここでは、満洲移住地視察団員の募集に関連して、石川県の募集に関する興味深い史料を検討してみたい。

石川県の旧全農総本部派の中心的活動家に円山定盛《えんやまさだもり》がいた。(5)円山は、一九三七年五月邑知村《おうちむら》村議選に社会大衆党から出馬し、新興仏教青年同盟の支援を受けて、石川県では初の無産政党議員として当選した。のちに円山は、石川県人民戦線事件で検挙されている。これまで旧全国会議派と円山の交流は、石川県の河野登喜雄《こうのときお》・梅田兵一など限られた人物との関係しか確認されていなかったが[(6)]、埼玉県で活動した山本弥作とも関係があったことを確認することができた。三八年六月二六日付と推定される次の書簡などを、確認できたからである。

史料：山本弥作宛円山定盛の書簡（山本正躬氏所蔵資料）

…今日は石動山へおたづねするのを失礼しました。三日にはお逢い致し度いと思ひます。……今回、社会大衆党、大日本農民組合が主唱者となって、満洲移住地に対する小作農の視察団約五十名を派遣されることになりました。石川県も五名の人選を依頼を受けて居るのですが、私は、今その人選に適当な小作人が無く困っています。……泉兄を御推薦下されても、選抜されるや否や保証できませんが、つまらない小作人を派遣するよりも、遥かに適当と考へられます。武部としては、山本菊太郎氏を如何と考へて居りますが、それも貴兄の意見と、貴兄が山本菊太郎氏に逢はれた上で、決定して頂いた方が、適当と考へて居ります。……若し泉敬《ママ》［隆？］兄が、今後無産大衆の為に働いて下さるなら、同兄が洵に適当であらうと考へて居ります。

第二章及び第四章第一節で検討したとおり、旧全国会議派埼聯書記の山本弥作は、当時石川県旧越路村で部落世話役活動や経済更生運動の中心的人物として人望を集めていた。円山定盛は、その山本弥作に面会したり書簡を送ったりしていたのである。しかも、この「満洲移住地視察団」の団員人選の相談をしていたのであり、文面から山本弥作は、おそらく泉隆《いずみたかし》かと推定できる人物を推薦し、円山も「つまらない人」を送るよりも泉隆らの方が適任であると判断したのである。

周知のとおり、泉隆は、第四高等学校から京都帝国大学に進み、治安維持法の最初の適用事件として著名な「京都学連事件」（一九二六年）で検挙され、さらに山本宣治らとともに京都で活動、山本宣治の選挙参謀格であった人物である。一九二九年の四・一六事件で検挙、懲役六年となるが、当時は出獄して郷里の石川県に戻っていたと考えられる。泉・円山・山本弥作を結ぶ統一戦線的人間関係が興味深い。先の円山からの山本弥作宛書簡は、続けて次のように述べている。

> ……社会大衆党の現在の動きは、よい右翼や既成政党の革新分子を糾合して、全国民を組織する如き、大政党に躍進することが、国策上の急務として、その為には、党の解消をも辞せずといふ意気のもとに、あらゆるセクト的誤謬を清算して、大人となるための必死の努力に向って居る次第です。……勿論、社大党では色々な分子の介在してゐることは事実でありますが、それは社大党の中心勢力ではありません。
> 　よい右翼と、既成政党の革新分子と、よい転向者と、社大党とその他あらゆる方面に於けるよい意味の革新分子を糾合して、一片の腐肉の如き既成政党を粉砕する事こそ、我々国民の焦眉の急務であると思ひます。いづれまた、御面談の折りに。［以下略］

当時、在地活動家の円山定盛のような人物は、社会大衆党中央をのり越え、「よい右翼」「既成政党革新分子」「よい転向者」などを糾合した統一戦線を志向していたといえよう。それゆえに、表面的な政治路線では対立していた旧全農の「左右」両派の壁を越えて、在地では共同の道が模索されていたのであった。

「満洲視察団」の人選をめぐるこれらの史実は、弾圧や「転向」のなかでも、「上から」の方針を利用しつつ、「下から」の改革・変革運動につなげていこうとしていた「在野ヒューマニスト」群像の農村社会運動に関与する姿勢として、注目したい。

また、本書刊行にあたり、山本正躬氏所蔵資料を再調査した結果、前述の書簡以外に円山定盛の「村政報告」（一九三八年四月）や、負債整理組合事業について円山が山本弥作に協力を求める書簡などを確認した[7]。昭和一三年頃までは、在地では、共同と統一が断続的に模索されていた時期だったのである。

「満洲移住地小作農視察団」には、須永好を団長、角田藤三郎を幹事長として団員合計四四名が組織された。八月二三日に東京・社会大衆党本部での結団式、二六日まで内原訓練所での共同訓練、明治神宮参拝の後出発し、二七日神戸から「うすりい丸」に乗船、三〇日に大連に到着した。その後、旅順、奉天、新京、ハルビン、牡丹江、千振、林口、莫和山、龍爪など既入植地の視察へ経て、清津から「満洲丸」に乗船し、九月一四日新潟に帰着した。結団式から二三日の日程であった(8)。

この後の大日本農民組合は、一〇月一八日に二つの通達（大原社研資料）を発している。一つが「農業報国運動を開始せよ」、二つ目は「農地調整法実施に伴ふ小作料適正化について」である。前者は、農村労力不足、負債整理、農地・肥料の問題などは協同の力によって解決しなければならないことを理由として、報国運動を提唱したものである。後者は、自作農創設にともなって地価が騰貴したことによる小作料の高騰のなかで、小作料の「公正且つ適正を期するように協力する」ことを組合の任務とするというもので、総力戦体制下で、国策協力の姿勢を明示したものである。この大日本農民組合も、一九四〇年八月一五日に解散を決定した。解散に際する声明書には「一切の農業諸団体は、過去の分立状態を脱して渾然一体となり農村新体制の下の一元的組織に糾合せられねばならぬ(9)」と述べられている。そのほかの農民運動諸団体も解散を順次決定し、ここに「戦前」期の農民組合は消滅するのである。埼玉県の農民組合も、もはや全国的動向に流されるままだったのである。

（2）旧全農全国会議派活動家などの「満州」渡航

ここでは、埼玉県内の元「左派」（全農全国会議派など）に関係した活動家で、「満州」に渡航した人々のうち、手記などを残している石川道彦と牛窪宗吉を取り上げて、「左翼」の活動から「満州」渡航にいたる政治意識について検証したい。

石川道彦は、一九〇六年埼玉県北葛飾郡旧南桜井村（現在庄和町）に生まれた。妹の石川綾（「赤化教員」とされ辞職後、全農埼聯の婦人部長となり岡正吉と結婚。後述）、弟の石川弦（共産青年同盟員として全農埼聯青年部運動などを指導）とともに、「左翼」思想の兄弟であった。石川道彦は、早稲田大学専門部で社会科学研究会に入るが中退、一九三〇年共産青年同盟に加盟し『無産青年』の支局長、京浜地方のオルグとなるが、翌年検挙されて懲役二年の刑を受けている。出獄後、大阪の鉄工場などで働いていたが、東京にもどり、牛窪宗吉（後述）と対面する。石川道彦は、これ以後のことを次のように語っている。

史料：石川道彦「開拓団参加の経緯など」『埼玉県労働運動史研究12号』一九八〇年

……［早稲田大学のすぐそば、戸塚一丁目に帝国更新会という転向者を収容する寮があって］私もそこへ厄介になりましたよ。しかし、みんな灰色で絶望的でね、東京市役所の臨時書記みたいなことでかろうじて月給をもらって食べていたんだが、ちょうどその時です。牛窪君がその更新会へ縁故移民をもとめて訪ねてきたのは。同じ埼玉だからどうだ会ってみるかと。名前は弟から聞いていました。牛窪宗吉君、千野虎三君というのは。この二人がきて、なんというかと思ったら、満州の農業はほとんど機械でやっちゃうんだから、誰でもできるんだと。……一応満州に渡って、そういう現場を踏んでその上で然るべき機関へ飛びこむのもいいだろうと、まあこれが差し迫った一つのふんぎり方なんですが、……もう一つは（家が地主で小作人のことを知っていたので）どうしても働く農民に土地を与えなければ駄目だと思った。……とにかく満州にいって働く農民に土地を与えるということに意義を感じていた訳です。

石川は、「転向者組織」の帝国更新会時代には、経済的に困窮しかつ絶望していたが、「働く農民に土地を与える」ためにということに意義を感じて渡航を決意したというのである。こうして、石川道彦らは、一九三七年五月の先遣隊入植に始まる「第六次満蒙開拓団」の一員として、三八年三月北安省北県老街基埼玉村開拓団（ハルビンの北東、松花江の北）に入植したのである。石川は、この埼玉村開拓団の構成員は「大部分は（一般の農民以外）の小市民」であったとして、そのなかに五名の「転向者」がいたという。さらに続けて次のように語る。

史料：石川道彦「満州開拓団苦闘記」『埼玉県労働運動史研究12号』一九八〇年
（初出は『現代の眼』一九七一年四月号）

［「満州」では］転向者グループは自然とこの小市民派の先頭に立つこととなった。転向者グループは団本部に在って、団長のブレーンとなった。……建設いまだ進まない初期の段階の臨時共同体的集団に、この転向者グループは多大の興味を覚えた。ソ連のコルホーズに似ているからである。元来、彼らは転向しても、決して心から彼らの理想を捨てたのではない。彼らは、農民運動に従事し、当時非合法にあった日共の基本綱領であるところの「働く農民に土地を与えろ」という項目に命をかけた人びとである。開拓地で、支配階級の方向を逆手に取り、自分らの理想を実践できるという考えが、彼らの間には、いわず語らず胸のなかに秘められていたのである。

［以下略］

石川道彦は、後日中国民衆に申し訳ないと思うようになったが、働く農民に土地を与える仕事だからと、「そればっかりを思いつづけてきた」と語った。また、開拓団のなかで青年部を組織し、牛窪宗吉や自らが講師となって「満州国」の地理の学習会を開いたり、料理の講習会・演劇会などの文化活動や、共同購入・共同販売などの協同組合活動などに取り組んだりしたという。「左翼」運動で培われた組織力が発揮されたのである。石川は、こうした経験が「自分が会長になって難しい自治会をなんとかまとめてゆく一つの元になっています」と語るが、「戦後」各方面の市民運動に貢献するのである（次節参照）。

次に牛窪宗吉の場合を検討しよう。牛窪は、一九〇七年埼玉県入間郡に生まれ、旧制川越中学校卒業後、唯物論研究会に参加し、二九年川越共産党事件で検挙された。翌年頃より全農埼聯に参加、三二年から青年部長、常任委員を歴任したが、三三年一〇月七日、常任委員の部落定住方針に反対して「上申書」を提出して常任委員会を離れている。牛窪は、「上申書」のなかで、常任が「不当な」地位を退いて「大衆と共に呼吸しあう『貧農』がその『責任ある地位』につくこと以外に解決の途はない」と書いている。[10]全農埼聯から身をひいた牛窪は、画才を利用して肖像画などで生計を立てていた。

その後の検束・拘留中に知り合った巡査から「いいかげんに転向して満州に行かんか、いま開拓団を募集しているが定員ほど集まらない」と勧誘されて、「絶望的な心境だったので心を動かし」たという。[11]前述の石川道彦の回想では、牛窪が、千野虎三とともに石川道彦を勧誘したことになっている。内原での訓練を終えて、出発する牛窪は、大宮警察署に出張してきた浦和地方裁判所検事から「国策に挺身して新天地でやり直そうという決意に免じて起訴留保にしよう」といわれ、大宮の氷川神社の集合場所で千野虎三に会って、ともに渡航することをはじめて知ったと述べている。[12]

入植した牛窪は、開拓団長出井菊太郎に「団長を助けると思って……」と懇願され、部落長・人事係りなど団の要職を経験することになった。しかし、団長側近による配給物資の隠匿や配給の不公平問題などが発覚するなかで、牛窪・千野らは「改革派」を結集して糾弾闘争を組織するようになる。団長側がこれを「赤化事件」として処理しようとしたため、牛窪らは一九四三年に拘束されたのち、日本へ強制送還されることになった。送還される日の前夜、「改革派」農民や老街基の現地農民らによって手厚い送別会が開催されたという。

牛窪の「満州」渡航の直接的契機は、官憲の「甘言」や保釈を条件とした「転向勧誘」であったかもしれない。しかし、渡航後の開拓団の内部改革の運動は、観念的ながらも全農埼聯の運動のなかで想定していた「貧農のため」の村落形成の実践化という側面が大きかったのではないかと思われる。

「左翼」の「転向」を系統的に検証してきた伊藤晃は、国民精神総動員運動や農業報国運動など以外に、転向者団体が一九三七年頃の段階で自己の存在意義を主張できる分野としての「大陸」について、次のように指摘している。

…「その分野とは」「大陸国防問題、東亜新秩序の建設に必然に伴う思想戦」であった。転向者がかつて運動者として養った能力をもっと生かせる思想国防の第一線がここに求められたのである(13)。
…大陸に赴く転向者は「悉く思想運動の体験者であり、弱少(ママ)民族への同情、植民地問題の考察、戦争論の究明は体当たりにやって来た所であって、その特異な体験は事実認識の上に躍如としてゐる」〔『国民思想』一九三八年一月：伊藤の註〕。……かつて大陸で活躍した人びとには、社会変革の夢を中国に託した自分たちの善意を主張する人も多い。
…彼らは……科学性と合理性、民衆性を付与する必要を説いて、ひそかに自分の「マルクス主義」を生かしていたのかもしれない(14)。

「転向者」のなかには、自らの過去を全面的に否定し、心底から天皇制国家主義者として生き抜くようになった者もいたはずであるが、牛窪宗吉、石川道彦そして千野虎三のような「在野ヒューマニスト」も確かに存在したのである。

そして彼らはそれぞれの「戦後史」を生き抜いていくのであった。しかし、彼らが復活し「転生」するためには、天皇制軍国主義・日本帝国主義の敗北という「大きな断絶」を待たねばならなかったのである。

第四節　「戦後」民主主義運動のなかの活動家群像と政治意識の継承

アジア太平洋戦争の敗戦により、「戦前」の活動家の多くは、息を吹き返し「転生」した。すでに多くの先行研究が指摘するように、大正デモクラシーが伏流水のように継承されて復活し「民主主義革命運動(1)」が展開したのである。

本節では、旧全農（とくに全国会議派）などの活動家が、この時期にどのような活動に取り組んだのか、そしてどのような政治意識を堅持していたのかを検討したい。

（1）大谷竹雄と北条英の町村政民主化運動

大谷竹雄が、吉見村・八和田村の争議のあと、家業を継ぎ、またその後新聞記者となったことや講談師に弟子入りしたことはすでに述べた（第二章第二節）。大谷は、講談の師匠の代理で、岩手県雫石《しずくいし》などでの公演に出かけて東北の地で終戦を迎えた。郷里の深谷町（現在深谷市）に帰ると「もと全農の闘士大谷先生が帰ってきた」という風聞が広まり、町長・警察署長が「先生、民主主義とは何でしょう。これからの日本はどうなるのでしょう」と質問に来たという。その町長・警察署長は、占領軍の深谷進駐が伝えられると行方をくらましてしまった。

「戦前」の深谷には造兵廠があり、砂糖・綿布・ガソリンなどの隠匿物資があることが判明すると、大谷は、その摘発の先頭に立った。また逃亡から戻った町長らが、アメリカ兵を相手にした「闇の料理屋」を始めると、大谷は、町政民主化運動に着手したのである。大谷は語る（前掲大谷の講演録より。五十年後の回顧でもあり、当然脚色もあろう）。

…そのうち、逃げていた町長・署長が帰って来た。東条たちが捕まったが、田舎の署長などは大丈夫だと思ったのか出て来たんだね。彼らは、闇の料亭を開業し始めた。駐屯した米兵を招待したりしていた。私は、怒ったね、深谷町議会に解散を命じたね（笑い）。町長以下全町議の辞職と議会の解散だ。「Yes か No か？」と迫ったところ、翌日「先生、お言葉により全員辞職します」と言って町長以下町議二〇数名全員の辞表を持って来た。また、警察官の不正についても、担当者を引っ張り出して来て、「只今より、戦時中の闇物資摘発に際する不正の……につ いて人民裁判を開催する！」とやった。深谷の鎮守に連れて行って謝罪させたこともあった。その後、食糧メーデーが起こって東京へ行ったね。デモの先頭は徳田球一。首相官邸まで行ったが、警官は見ていても手を出さなかったね。こうして昭和二〇年から二二年くらいまでは戦後民主主義の火が吹いたね。

大谷竹雄は、この後深谷の町議会議員に当選し、日本共産党に入党する。かつての同志山本弥作の未亡人湯沢とめ宛には、八和田・菅谷・七郷の三カ村の農民組合や村会議員に呼びかけて「浪曲と歌謡曲の夕」を開催することを提案している。「党のカンパにもなり、宣伝にもなりますから」(2)というのであった。この頃大谷は、共産党の政策遊説のため、講演・講談で全国を行脚していたのである。一九六四年神田山陽の門下に入り七〇年に真打ちとなるが、この間一九六六年日本・中国の両共産党の対立のなかで、大谷は、日本共産党を離党する。その後は、日中友好協会神奈川本部顧問として、復交前から日中関係の改善と、民間・在野レベルの交流をライフワークとしたのである。

次に、北条英らによる折原村村政民主化運動について検証してみたい。「赤化教員」とされて教壇を追われた北条が、全農埼聯の活動からも身を引いて新聞記者になるまでについては既に述べた（第三章第二節）。記者をやめて北条が折原村に帰郷したのは、一九四四年一二月のことで、ここで北条は終戦を迎えた。「戦前」から折原村村長として独裁的権力を握っていた森章《もりあきら》は、農業会会長、一町八カ村の寄居行政支会長、大里郡町村長会長などを歴任した「大物」であった。「戦前・戦後」の供出に際して森章が物資を隠匿していたことや、農業会の資産を私物化していたことなどが明らかになるにつれ、森の退陣を求める村内世論が高まっていった。

北条英は、折原農村文化会の結成を提唱した。部落ごとに有志を募り発起人会の準備を進めた。文化会の設立趣意書には次のように述べられている(3)。

残酷な戦争生活の中で、偽瞞《ママ》と謀略、搾取と暗黒の政治あることを知った。この時期に私達は、これを許した無知を省み、新しい村づくりの為に、民主主義を学び相互に前進しなければならない。
幸い一部有志の意見が一致して、勉強の場であり、実践の場として、農民《ママ》〔村〕文化会を結成することにした。

時節柄村民各位の御賛同御参加によって、新しい村づくりと生活の明朗化を図りたい覚悟です。

発起人一同

この趣意書と署名用紙を持って発起人たちが各部落をまわった。森章の地盤の集落は署名者比率は高くなかったが、それでも村内全四三〇数戸中三六五戸の賛同署名が集まったという。北条英は、この準備過程で日本共産党に入党している。

折原農村文化会の創立大会は、一九四五年一一月二二日と決められた。占領軍から五名の来賓が出席したほか、この創立大会に招聘された来賓の顔ぶれが大変興味深い。暉峻義等（労働科学研究所長）、渋谷定輔（日本協同組合同盟常任中央委員、後述）、大谷竹雄（深谷民友会）、田島貞衛（寄居文化協会）[4]らであった。要するに来賓は、旧全農埼聯全国会議派の旧友と、渋谷定輔が懇意にしていた暉峻ということであった（北条英も、南方からの復員兵の黄疸的病状の診察のために、復員兵を伴って東京の暉峻を訪問している）。

創立大会は、参加者約一〇〇〇名にのぼり、会長以下約六〇名に及ぶ役員を選出し、会長・大谷武雄・占領軍代表などの挨拶、決議、万歳三唱で終了し、その後、暉峻の「農業労働について」の講演会が開催された。

全日程終了後開かれた役員のみの反省会で、再び森章への批判の声が上がり、隠匿物資を始末してしまわないうちに行動することになった。三〇名あまりが森宅に押し掛け、押し問答ののち、森の退陣を確約させたのである。翌日、占領軍・警察官などの目の前で、村民有志による「人民裁判」が開かれ、森の不正が次々と暴露されていった[5]。

農業会倉庫や森の自宅に隠匿してあった物資が摘発され、森は検挙された（農業会資産の私物化に関しては後日裁判になる。一九四九年森が損害賠償金を支払うことで示談成立）。さらに、助役・村議をはじめ役職員全員の退職が決められたのである。

新しい村づくりのために、折原農村文化会は助役・村議・農業会会長などの推薦候補を決定した。後日村長候補は、北条英と決まった。一九四七年に実施された村長選挙には、中間派・反農村文化会派・北条の三名が立候補し、それぞれ五三八・五二四・四二七の得票で、北条は惜敗した。上位二名の決戦投票で四二七の北条票がそのまま中間派候補に上乗せされ、「折原村共産強し」と新聞が報じたという[6]。

北条は、この後県議会議員選挙に日本共産党から立候補（落選）し、村会議員には当選している。さらにこの時当選した村長は、一九五四年住民税・固定資産税の決算上の不正が北条英らの追及で発覚し、村長リコール運動へと発展した（リコール以前に村長の辞任）。この間の北条らの取り組みは、山林まで解放させた農地改革[7]、農業会再建、酪農組合の改革など多岐にわたった。部落（地域）代表婦人会・農地研究部・青年部などの農村文化会独自の活動は、暉峻義等から継続的に助言を受けていた。北条英が構想していたのは、農村文化会と、村政と、農業会の有機的結合であった[8]。ここには、「戦前」の農民自治や農民委員会の思想的影響も見い出せよう。

しかしながら、管見では、村長リコール運動以後、折原の民主化運動を語る史料はない。一九五五年「町村合併促進法」により寄居町・男衾村・鉢形村・用土村・折原村の合併が決定された。広域行政化や高度経済成長などにともなう自治意識の後退は、折原の民主化をも退潮させていったのである。ただし、北条英の後継者（長男）の北条竜介は、革新統一候補として町長選挙に立候補するために辞職するまで、合計八期、のべ二八年間にわたり寄居町議会議員の議席を維持した。

（2）　渋谷定輔と「戦後」の民主主義運動

既述のとおり、安田常雄によれば、渋谷定輔は一九四五年八月一五日を労働科学研究所の暉峻義等の秘書室で迎えたという。「戦後」すぐに日本共産党に入党した渋谷は、以後当面の活動を日本協同組合同盟（会長賀川豊彦、中央委員長鈴木真洲雄。旧共産党「多数派」の山本秋らも参加している。一九四五年一一月結成。現・日本生活協同組合連合会）に求めた[9]。

渋谷が協同組合活動に入る契機について安田常雄は、秋田消費組合の活動家鈴木真洲雄との出会いによるとしている[10]。また「戦後」になって渋谷を鈴木に紹介したのは黒川泰一であったという。黒川泰一は、「戦前」期には全国協同組合保健協会の常務理事をしており、一九四一年渋谷らが中心となって推進した日本温泉利用厚生協会の準備段階からの旧同志だったのである（第四章第二節参照）。

渋谷定輔は、北条英らの折原村農村文化会の創立大会に暉峻らと出席し、また、次のように労働・農民運動の戦線統一に積極的に発言をしていく[11]。

史料：渋谷定輔「労農戦線統一への方向」『農政評論』一九四七年五・六月合併号（渋谷文庫・雑ノ―15）

…およそ日本人民のうち、保守反動勢力に抑圧されて来た九十五％のある部分を同盟させ、ある部分を中立化させ得るような体制が、ガッチリと作り上げられ、それが民主的に健全に成長しなければならない。つまりそういう民主戦線がつくられねばならない。

当時は、二・一ゼネストが中止となったが、日本国憲法施行に向けての総選挙で日本社会党が第一党となった直後であった。渋谷定輔は「社会党が第一党となったとはいえ、作られる内閣は必ず保守派との連立に違いない。しかし過ぐる総選挙で、保守政党に反対して社会党を支持した大衆は、社会党が何等かの形でその政策を実行することに期待をかけているのである。私達はこの大衆の期待に対し、大衆自身の経験を通さずして徒らに反対すべきではない。」「（連立政府が人民の要求を阻んで）大衆が身をもって体験した時、大衆ははじめて保守政党との連立政府の反動性の批判をはじめるであろう。」と述べている。このように渋谷定輔は、労働者、農民、漁民、中小商工業者、市民が政治的に成長する道を展望し、「それこそが日本における労働戦線統一への新しい姿」であると考えていたのである。渋谷定輔のこうした政治思想は、「戦前・戦後」を通じて一貫して継承してきたものであると同時に、日本社会党への一定の期待や農民から市民など全階層を視野に入れることなど少しずつ幅を拡げるかたちで「曲折」し「転成」されてきたものである。

この後の渋谷は、日中貿易促進会事務局長（一九五〇年頃、野坂参三の勧め）、アジア保健会議事務局長（五四年頃、暉峻義等の要請）、『野良に叫ぶ』の復刊（六四年、下中弥三郎の薦め）、『農民哀史』刊行（七〇年）とその市民読書会、富士見革新市政誕生への支援や三里塚闘争の農民支援（七〇～八〇年代）、思想の科学会長就任（八二年）など文字どおり多岐に渡った。

この間、渋谷定輔は、「戦前」期の農民運動を回顧して、次のように語っている。「物質的面側だけで農民運動をした所は、相当強かった所でも、簡単に崩れていっているが、部落世話役活動に深く入りこんでいって、思想としてまでいかなくとも考え方としてその人間が存在している場合には、戦争が苛烈になっていっても、終戦後すぐに立ち上がれるという強さをもっていました。」（渋谷「曲り角の農民運動」『季刊現代史』一九七三年春季特別号）[12]。

これらの渋谷の活動に見られる思想を総括的に形容・表現する修辞を見出すことは困難である。ただ有機農業に努力する一農民の活動を表した「生命感覚の響き合いの中で生きる方向」[13]という渋谷自身の言葉が、実は渋谷の思想や政治意識に最も近いものなのかもしれない。それは、渋谷の生涯において「転成しつつ継承された」思想なのである。

（3）「戦後」民主主義と活動家群像

渋谷黎子の後任の全農埼聯婦人部長となった岡綾（旧姓石川）は、石川道彦の妹、石川弦の姉であり、南桜井村（現在庄和町）の四〇町歩地主の家に生まれた。綾は、一九二九年女子師範専攻科入学とともに社会科学研究会の組織づくりを開始し[14]、三〇年に同志二名とともに処分されていた。「赤化教員」とされて、三一年秩父郡横瀬小学校を最後に教壇を去り、大谷竹雄、三友次郎らと共和村の吉田林ピオニールの指導などにあたった。のち全農埼聯婦人部長に就任し、岡正吉と結婚したが、三四年には「転向」する。新聞にも「村人が真心の運動／既に罪なし／石川家に春立ち返る／闘士・綾子の清算」[15]、「転向を明かにし／教員就職活動／石川綾さんに県も力を添る」[16]と報じられた。岡綾は、教員として再就職するが、一九四六年三月、帝国主義戦争に反対しながら心ならずも教え子を戦地に送り出した心の痛みから退職した。岡綾は、日本共産党に入党後、埼玉県母親大会議長、共産党婦人部役員などを歴任する。中国共産党と日本共産党との対立激化のなかで、党を離れるが、革新思想のもとで「戦後史」を生きたのであった[17]。

岡綾の兄石川道彦の満蒙開拓団参加までについては、前節で検証した。石川道彦は、また「戦前・戦後」を通じたエスペランティストであった。「谷間は益々暗く、息も詰まる世の中で、一度疲れて浮き上がった者が、手が出せるのはエスペラント運動ぐらいしかなかった」と語る石川は、「戦後」直後から一九七〇年を通じて市民運動家となる。石川は次のように語っている。

史料：石川道彦「開拓団参加の経緯など」『埼玉県労働運動史研究12』一九八〇年

…現在の私が力を入れているのが、自治会、住民運動です。六年前に、農家の保守的なボスとの激しい闘いの結果、非農家、新興住宅の集合の自治会を造り上げました。したがって、庄和町西金野井自治会は、最初から闘う自治会です。自治会そのものが、そっくり住民運動です。

そして、高校誘致・児童館建設・都市計画道路反対などの運動を市民運動として展開した。「目的実現のため、随時、野党各派と共闘を展開します。そのために、私は、反自民無所属革新の立場を堅持しています。」と語った。残された戦場が「地域」であるという。石川のこの回顧録は「私は、そう考えて、余生をこの戦いに捧げるつもりでおります（一九七九年一一月二日）。」と結ばれている（石川道彦のその後は未詳である）。

石川道彦らと満蒙開拓団で渡航した牛窪宗吉についても前節で検討した。牛窪は、一九四五年一一月一〇日、日本共産党埼玉地方委員会の結成に、吉村参弐、日向和夫、田中正太郎らとともに参加した[18]。また翌年の全埼玉農民団体協議会の指導者にもなり、のち日農埼玉県連合会の会長に就任した。妻ふみ子も五一年入間郡福岡村（現在上福岡市）の村会議員となっている。さらに、県知事候補、参議院議員選挙区候補者などになるが、六六年に中国共産党問題で共産党を除名されている（牛窪は、日中友好協会［正統本部］埼玉県本部会長となる）。

なお、一九五六年の参議院議員埼玉県地方区選挙には日本共産党公認で木村豊太郎（田島貞衛・山本弥作・渋谷定輔らと懇意）が立候補し、また翌年の総選挙には埼玉二区から吉村参弐が立ち、ともに湯沢とめに応援依頼の葉書を送付している[19]。

一方の湯沢とめは、農耕・助産婦の仕事などによって亡夫山本弥作の二人の遺児を養育するため、極めて多忙な「戦後史」を生きた。山本弥作の故地ソビエト訪問と墓参を意図して、国交回復直後のソビエト大使館に墓参旅行の許可申請をしている（一九五七年五月、後日実現）。湯沢とめは、助産や看護の技量・知識を活かして先駆的なホームヘルパーとなり、その優しく寛大な人柄が地域の老人たちの心の糧となったという（山本正躬氏談）。また、地域でも日本共産党の支持拡大のために活動した[20]。

吉見事件前後から全農埼聯統一・埼玉人民戦線事件へという過程で中心的役割を果たした田島貞衛について見ておきたい[21]。埼玉人民戦線事件で懲役二年半を宣告され、東京・豊多摩刑務所に服役した田島貞衛は、出獄後は、東京都滝野川で購買組合に勤務し、全農埼聯の旧同志酒井清吉の娘うめと結婚した。一九四五年の夏に寄居町へ転居し、寄居町で終戦を迎えた。進駐軍を「解放軍」として寄居町で歓迎する会を開催したり、警察署長・寄居駅長や疎開していた安井曾太郎や山下新太郎の「両画伯」まで巻き込んで寄居文化協会を設立した。こののちも、借地借家人組合を結成したり、生活協同組合や田園文化共同社（後の『埼北新聞』社の前身。地域の民主化をめざす文化・情宣結社）を結成して民主化運動に取り組んだのである。

田島貞衛は、一九五一年八月には『埼北新聞』を創刊し、寄居町の町政民主化提言をはじめ、「革新」的立場から県北の自治を批判し続けた。「戦後」直後に入党した日本共産党との関係では、共産党埼玉県委員会と田島との政治路線・方針上の対立が五二年に表面化し、田島は脱党する。その後の田島は、民主的思想を保持しつつ、渋沢栄一の顕彰と渋沢の思想・実践を啓蒙する「青淵社《せいえんしゃ》」運動に積極的に参加する。田島の生涯と政治意識の全面的検討は、今後の課題としたいが、「在野」的立場、社会改革の思想、地域貢献の思想などは、「曲折」を含みつつ「継承・一貫」した全農埼聯時代前後からの農村社会運動のなかで、彼が保持してきた思想なのだろうと考えている。

最後に酒井清吉についてふれておきたい。酒井清吉は、寄居町末野の全農埼聯支部の責任者として、北条英らとともに寄居地区の全農全国会議派の中心人的活動家であった。一九三三年寄居事件で検束された後数年間の酒井については不明なことが多いが、次第に産業組合の活動に従事するようになったようである。総力戦体制下の三九年一一月、熊谷市公会堂で開催された『家の光』読書会指導者講習会に寄居産業組合理事として出席している。『寄居町史』は、全農の消費組合活動・無産産業組合設立運動などが「産業組合への大量加入による改革方針に転換」したと述べ、また酒井清吉はその後寄居産業組合長となったことを紹介している。(22)「戦後」の酒井清吉は、農地委員長として寄居地区の農地改革に貢献し、山林の解放までめざして奮闘（結果は地主側が保安林化を主張して失敗）し、農地委員会をリードしていった。(23)

酒井清吉は、すでに「戦前期」に渋谷黎子の死を悼み「薪拾ふ姿の黎子さんを憶ふ」という文章を寄せていた。(24)渋谷黎子の死後に誕生した自分の女児に「黎子」と命名した酒井清吉は「この子供が成人する頃は、黎子さんの正しい努力と遺志が、この日本にも必ず実現することを固く信じてゐるのです。」とその追悼文を結んでいる。酒井清吉は、一九五七年一一月二一日、六五歳の生涯を閉じた。清吉は、晩年「晩耕」と号して和歌を詠んでいるが、戒名「清誉晩耕居士」の酒井清吉の墓には、「はらからの生くる幸をば培かはん町よ平和の常春の園」との一首が刻まれている。北条英は、「侠骨と犠牲的精神に満ち『常春の園』をめざしてたたかったその不屈の生涯が偲ばれる」と旧友の死を悼んでいる。[25]

このように多くの「在野ヒューマニスト」たちは、激動の世紀末にそれぞれの現代史を生き抜いたのである。

まとめ――「虫の目」で見た総力戦体制下の社会運動――

序章でふれた、総力戦体制をシステム社会・現代化の確立期とみなす山之内靖らの新しい研究は、近現代日本社会をいわば「鳥の目」で俯瞰的にとらえたものである。[26]しかし、在地に視座を置く「虫の目」から見た総力戦体制（「下から」の社会運動、あるいは総力戦体制の下部）のもとでの活動家たちの政治意識・政治情勢認識は、当然のことながら決して一様ではなかった。

また、酒井哲哉は、「ファシズム」概念に代わる「革新派」論を提唱した伊藤隆が、大正デモクラシーの担い手が「新体制運動」に関与したことに着目しているとして、「彼等［大正デモクラット：坂本註］の基底的関心の持続性」などを分析することが「大正デモクラシーから日本ファシズムへの移行過程の内在的論理を検証する」上で有効であると指摘している。[27]同様に、塩崎弘明は「新人会や建設者同盟のメンバーとして革新の道を歩み始めた面々が、やがて昭和戦前期に新体制運動もしくは国民運動の担い手となり、昭和戦後期に至っては平和運動あるいは民主化運動の推進者となる革新群像」であるから「革新人脈の連続性は否定し難い」と指摘する。[28]伊藤・酒井・塩崎らの視野にあるいわば「社会的エリート層」のみならず、「在野ヒューマニスト」の多くも、「農民のため」「地域のため」という基底的な思想を持続させながらも、「国民のため」、さらには「国家のため」へと政治意識を変容させて、総力戦体制に参与していったのである。

すでに第二章第四節でみたように、「満蒙開拓」に懐疑的であり中国東北部の民衆を憐憫の情で見ていた在地活動家山本弥作は、「満蒙開拓団」の内原訓練所に矛盾を感じつつ日本建設協会などをへて、「満州」に渡航した。渋谷定輔も、当初は農民運動の在地活動家であったが、労働者・農民の真の厚生を企図しつつ大政翼賛会傘下に参入した。「満蒙」へと渡航した旧在地活動家の多くも、それぞれの意識に若干の差異を含みながら、「現状打開の変革の道」を模索していたのである。

また、「変革の道の模索」ということは、農民運動に挫折した「右派」旧総本部派の中にあって「左派」との提携を模索した石川県の円山定盛が、「つまらない人を派遣するよりも」としてそれまでは政治路線の上では表面上は対立していた「左派」の泉隆（あるいは山本弥作）らを、調査団に推薦したいと考えたという史実とも符合するのである。

「戦後」は、戦時下で供出物資を不正に隠匿した町長を辞職させる運動（大谷竹雄）、農地改革運動（酒井清吉）、村政の民主化運動（北条英、渋谷定輔・暉峻義等・田島貞衛・大谷竹雄らを招聘して農村文化会を結成し、不正村長を辞職に追い込んだ）などに参加するなかで、「戦前」の運動家たちの多くは復活する。

山本弥作は戦病死したが、彼の郷里・旧越路村石動山は、「戦後」は日本共産党支持者が多かったという[29]。山本弥作以外の活動家もまた、代議士候補・県知事候補（牛窪宗吉）、生協運動家（渋谷定輔）、日中復交運動家（大谷竹雄）、ジャーナリスト（田島貞衛）、著述業（渋谷定輔）など多様な現代史を生きる。なお渋谷定輔は、「戦後」すぐに日本共産党に入党したが、一九六〇年安保反対闘争ののち「自然離党」となったといわれている[30]。

それぞれの生涯において、紆余曲折はあっても、農村社会運動の磁場で鍛えられた各自の政治意識は、一九七〇年代以降の革新自治体運動（渋谷定輔）や九〇年代の市民運動（大谷竹雄・岡綾・石川道彦ら）などにも継承されていった。そこには、「（自らが遭遇した）様々な社会的矛盾を如何にして改革するか」という意味での多彩な革新的思想が貫かれていたのではなかろうか。

繰り返すが、生きて「祖国の地」を踏めなかった山本弥作・鞠子稔らを除いて、彼らは、アジア太平洋戦争敗北による民主主義革命運動の中で復活し、それぞれの「戦後史」を生きたのである。ある者は日本共産党系、日本社会党系、そして（「戦後の転向」をへて）無党派市民層として、地域・村落レベル、県レベル、国政レベルと活動の場は異なっても、多様な「現状打開の変革の道」を歩んだのであった。

「虫の目」から見ると、そうした多様性のなかの思想的な「転成と継承」あるいは「曲折と一貫性」の歴史を見い出すことができそうである。つまり、少しずつ変化し変容をとげながらも、一方で変わらない一定の政治意識が存在するのである。例えば、渋谷定輔が、マルクス主義思想を学びそれを留保しつつも温泉厚生運動に身を投じて大政翼賛会に参与したのは、思想的「転成」であり「曲折」であるが、その思想の深部には「全耕作者のため＝農民のため」という思想的「継承」や「一貫性」を見出すことができる。

また、マルクス主義の理論家であった山本弥作が、経済更生運動に邁進し、「満蒙開拓団」幹部訓練所や日本建設協会に参与したのは、思想の「転成」であり「曲折」であろうが、部落世話役活動・消費組合活動以来の地域に依拠した改革運動への参画という行動には、思想的な「継承」性や「一貫性」を確認できそうである。

北条英・大谷竹雄・石川道彦・岡綾など小論で取り上げてきた活動家群像には、多かれ少なかれ「転成と継承」「曲折と一貫性」を見て取ることができるのである。

「転成と継承」「曲折と一貫性」というそれぞれ一見パラドキシカルな思想、これこそ、農民運動を含めた農村社会運動の磁場で鍛えられ、かつ変容してきた「在野ヒューマニスト」(31)の思想そのものであったのである。また、本来個人の思想形成とは、これらのパラドキシカルな意識を、止揚したり合理化したり内在化したり昇華したりするなかで、次第に一つの方向性（「思想的ベクトル」）を獲得していく過程なのである。(32)

［第四章第一節　註］

（1）一九三五年三月一日、渋谷定輔宛山本弥作書簡、渋谷文庫2193。

（2）同前、渋谷文庫2193。

（3）高橋泰隆は、経済更生運動の推移によって「中農以上と貧農との階級差をひどくした」という評価を紹介している（高橋『昭和戦前期の農村と満州移民』吉川弘文館、一九九七年、一一〇頁）。

（4）史料：『村之新聞』編集・発行者河上喜一宛山本弥作書簡（高野源治氏所蔵史料、元のカーボン複写書簡は山本正躬氏所蔵）

一九三五年一月一日

…さて二十六日付けを以て『村の新聞』創刊の集会の懇切なる案内状を頂きましたが、当時は不幸にも炭山に出かけて居りまして漸く昨日拝見した次第なので、出席することは出来ませんでした。然し、この企てに対しては全く賛成であります。貴下等の抱擁と指導を賜らば微力を尽くしたい心算であります。

一言、此処で私見を述べますれば、

一、大衆的に編輯すること。このためには各部落に一名以上の通信員を設くること……、

二、財政の問題［略］

三、新聞の独立性を保たせること。即ちこの新聞は単なる村当局或は産組、農会、学校等紹介記事等に重きを於くのではなくて、寧ろこれ等のものを紹介する事と共に、之に対する批判的なものをも充分受け入れて行くべきです。此処にこの新聞の最大の意義があるのではないでせうか。即ち村民の声、不平不満、要求のハケ口となすべきでせう。

村当局はかくてこの新聞に大衆的な圧力を感じ、之を無視して村政を切り廻すことは出来なくなりませう。

…次回の編輯会議等を傍聴させていただく訳にはいきますまいか……。

一九三五年二月二五日

此の間は突然参上御迷惑をかけた上御馳走にまでなってすみません。あの節のお話によって大体編輯の態度も判りまし

たので何か二、三原稿を書こうと思って居ました所、二十日から悪性の感冒にかゝって寝てゐる始末なので頭の整理が出来ずまとまったものが書けません。自力更正《ママ》について埋草程度のものを一つ書いて同封してありますから、空場所があったらお入れ下さい。

…尚、編輯に就いて私の意見を率直に述べます。

この前お会いした時も少し言ったのですが、紙面をハッキリ整理することが一番大切だと思ひます。第一面は村各団体の紹介欄、第二面は評論感想、国際・国内現況欄、第三面を村内社会記事及び雑欄に、第四面を文芸欄、各商店広告といふ風に編輯するのです。……兎に角、少し位むりしてでも一回か二回やってみることです。このことは、記事をわかりやすくすること、共に、新聞が村民大衆によまれるためには必要不可欠の条件と思ひます。［以下略］

＊なお、山本弥作が渋谷に郵送したと推定される『村之新聞』第四号、一九三五年二月一六日付（渋谷文庫新聞資料922―2）には、山本弥作の筆跡による次のような書き込みがある。第一面に「各種団体・各字記事」、二面に「社説」「政治経済欄」「社会記事」、三面に「社会記事、人事消息」、第四面に「文芸、宗教、随筆」「編集後記、社告、広告」などである。前記河上喜一宛書簡（一九三五年二月二五日付）の編集意見とほぼ一致している。山本弥作は、渋谷定輔にも紙面の改善案を伝えて、意見を求めていたことが推察される（本書、一七五頁）。

（5）『銃後通信』は、一九三九年四月一〇日に第一号、五月一〇日に第二号が刊行されている。発行人代表は久保金造。金沢の特高（保護観察官）廣瀬一英は、山本弥作宛一九三九年四月一八日葉書で「銃後通信は、仲々良いと云ふ評判です。残部ありましたら二部送って下さい。」と書き送っている（山本正躬氏所蔵資料）。ただし、山本弥作の具体的な活動を示す紙面・記事は確認できない。

（6）一九三六年三月八日、渋谷定輔宛山本弥作書簡、渋谷文庫2196。ほかに同2006、同2009など多数。山本弥作の蔵書には、労働パンフ『フランスのファッショと人民戦線』がある。

また、同時期の『時局新聞』（昭和一〇年一〇月二八日号）には、「石川県・農業・山本弥年」の意見として、エチオピアへのイタリア侵攻に対する反対論や、「この局部戦争が第二次世界大戦を惹起する充分な理由を持ってゐること」などを論じた投稿が掲載されている。山本弥作の投稿であろうと思われ、彼の多面的な活動を知る資料である（『時局新聞』は、桑尾光太郎氏に提供して頂いた資料である）。

（7）越路村の指定については、『農山村経済更生運動史資料集成』第七巻、柏書房、一九八五年、三三九頁参照。

（8）山本弥作の部落（地域）での活動は、次の史料でも明らかである。

史料：一九三七年二月五日、渋谷定輔宛山本弥作書簡（渋谷文庫2016）

二月三日の部落の年度初総会です。……出席三十四名、未曾有の盛会です。

議長、区長。書記、山本。〔中略〕

議事

1）本年度人夫賃決定　男九十五銭（昨年ハ八十銭）

女六十銭（昨年ハ五十銭）職人一人一円十銭（昨年ハ九十銭）

2）越路村が経済更生特別助成村となりし場合の計画

（…特別村になれば助成壱万五千円、低利資金壱万五千円を利用できるのです……）

イ、共同作業場の設置　ロ、共同購買組合の設置　ハ、要心池の建設（イ、ロを農業資本主義化の見地より理解されたい）

助成金二千円、特別金二千円カク得の意気込。

3）村税戸数割の件〔中略〕

今年は、過去一ケ年の経済更生運動の経験より、反対なく満場声を上げて賛成す。

4）村会議員候補選衡《ママ》の件（投票による）

第一回結果　八票山本　六票H（富農）　五票T（富農）　その他

［山本の得票はこの上三票付加。山本は二十六歳で被選挙権がないため、やり直し］。

第二回結果　十六票H　八票T〔中略〕

5）区協議員選挙（七名連記制のため総数二四八票となる）
三十　票　N（富農…区第一の資産家…）
二十九票　私（負債整理組合監事、昨年八十六票）
二十六票　H（富農…）
二十五票　T2（貧農、但シNの腰ギン着…）
二十　票　Y1（貧農、私の分家…文盲…）
十八　票　Y2（貧農、私の分家…）
十六　票　O［中略］

　斯くして、今年度も富農連との急激な摩擦を避けつゝ、部落の全体的利益といふ立前から立案する吾々の政策によって区の活動は運用されるでせう。私の態度は、根本的には妥協せず技術的な枝葉の問題については反対者をも時に受け入れるといふ態度です。［以下略］

＊史料中の二月三日の部落総会を迎えるにあたって、山本弥作は、一月二九日付けの渋谷定輔宛書簡で「この日こそ私の過去一ケ年に於ける活動が大衆にどの程度受け入れられてゐるかといふことがハッキリするわけです。」と書いている（渋谷文庫2014―1）。部落世話役活動を展開してきた山本弥作の、この会合を迎える意気込みを伝える書簡であろう。

（9）一九三七年四月二日、渋谷定輔宛書簡、渋谷文庫2021。

（10）一九三七年四月一五日、渋谷定輔宛書簡、渋谷文庫2022。

（11）山本正躬氏所蔵の手紙・葉書類を整理した結果、一九三九年四月までは石川県の旧越路村にいた弥作は、同年六月には茨城県東茨城郡鯉渕村の満蒙開拓幹部訓練所に移り、同年八月短期間内原の満蒙開拓青少年義勇軍訓練所の教員講習班に入り、八月末には鯉渕に戻っている。全農埼聯時代からの旧友木村豊太郎が後述の日本国体研究所に既に所属していたためか、日本国体研究所との通信が始まる（木村から同研究所専用便箋で、尾崎陞・渋谷定輔らとの会見を伝える書簡がある。一九三九年八月一三日付）。同年一〇月二七日の日本国体研究所から鯉渕の山本弥作宛書簡には、次のように述べられている。「義勇軍も種々な点で矛盾に当面しつゝある実情を承り、益々国民組織の建設を基礎とした活動が必要なることを教へられる様です。……（青年は）東亜建設の理想に邁進することが郷里を出る時からの覚悟ですから、若し入所して不都合な行動をすればさうして集まった青年自身から排撃されると云ふことにもなるでせう。……そこで大兄として最も着目すべき点は、口舌で革新を唱へるその内容如何でなく、国を愛し憂ふるの情熱の強い人を先づ掴へることが第一でせう」と。山本弥作自身の書簡が見つかっていないので、この返信から内容を推察するしかないが、弥作は、義勇軍に疑問・矛盾を感じ、革新的方向を志向していたのにも拘わらず、なかなか受け入れられないという問題を抱えていたことが推定できる。

なお、この間に山本弥作は、埼聯時代に知り合った八和田村の全農全国会議派埼聯組合員湯沢竹次郎の養女とめに求婚し、とめの両親は一時反対したが一九三七年に結婚。石川県旧越路村で新婚生活に入った。その後、三八年、四一年に男児が誕生している。

(12)　日本国体研究所・日本建設協会については、伊藤隆「旧左翼人の『新体制』運動〜日本建設協会と国民運動研究会」（近代日本研究会『昭和期の社会運動』山川出版社、一九八三年）参照。日本国体研究所は、一九三八年に緋田工・尾崎・川崎らにより設立されたが、緋田と、尾崎・川崎らの対立によって、四〇年一月尾崎・川崎らが日本建設協会を設立したのである。山本弥作は、四〇年一月に鯉渕から上京し、一時尾崎陞宅に寄寓していたこともあり、日本国体研究所時代から尾崎らと行動を共にしたようである。伊藤隆が指摘するように、山本弥作は、四〇年一〇月二五日に日本建設協会の追加理事として名を連ねることになった。

(13)　米谷匡史は、「国内変革をつうじて日中の連帯とアジア解放をめざした〈戦時変革〉の思想」を三木清、尾崎秀実らの革新左翼に見い出し、三木らの提起が、多くの知識人に影響を与えていたことを論証した（米谷「戦時期日本の社会思想」『思想』八八二号、岩波書店、一九九七年一二月）。山本弥作が関与した日本建設協会が、「国内に於ける建設運動」とともに「亜細亜協同体のために」を掲げたのは、こうした「戦時変革」思想を基盤としていたためであろう。

(14)　この間の山本弥作について、大谷竹雄は、戦時体制下の活動家が色々な職に就いたことを回想するなかで「大理論家であった（俺を批判した）山本は、右翼になった。」と語っている（前掲大谷講演録より）。これも、確かにかつての「左翼」から「右翼への転向」なのかもしれない。しかし「左と右」の座標軸だけでは、思想史的意味は検証できないというのが筆者の仮説的方法論なのである。

（15）山本弥作が、昭和通商（調査部）に入社する際に、面接試験の連絡をとった竹内俊吉（一九四二年に衆議院議員、戦後青森県知事や青森放送会長などを歴任）は、「陸軍の戦争資材を扱う会社」「（昭和通商の調査部は）近衛グループの研究団体とは、いろいろの点で近かった」と回想している（竹内俊吉・淡谷悠蔵対談集『青森に生きる』毎日新聞社、一九八一年）。昭和通商は、「新体制」を翼賛する国策会社であったと推定される。

（16）渋谷定輔の運動スタイルの一貫性について、現場をもった生活者型運動と、政治家や著名人の間を事務局のようにつなぐ運動との間の質の違いに着目する安田常雄氏から、「戦中・戦後の渋谷の運動は基本的に後者ではないか」と御教示頂いた。詳細は、第二節で検証するが、確かに正鵠を射た指摘であると思われる。ただし筆者は、質の差とともに、「ヒューマニズム」の一貫性と戦時下のその「隘路」に着目したいと思う。

［第四章第二節　註］

（1）一九三四年八月、渋谷文庫1836—10。本書、一〇九頁。

（2）一九三四年七月、渋谷文庫1836—3。本書、一〇八頁。

（3）一九三五年三月、渋谷文庫2193など。

（4）一九三四年八月一四日の日記、渋谷文庫233—4。日記は、原史料とみて間違いない。

（5）のちに布施辰治も、長塚節の『土』を高く評価して、渋谷定輔に農民小説を書くことを勧める書簡を送っている（一九三五年六月、渋谷文庫1895）。

（6）一九三六年三月、渋谷定輔宛山本弥作書簡（渋谷文庫2196）でわかる。

（7）渋谷定輔が『日本資本主義分析』『日本資本主義社会の機構』などを読んだ際の読書ノートともいうべき資料が残っ

ている（渋谷文庫1198、1199など）。

また、守屋典郎からの書簡は多数あり、マルクス主義経済学や「講座派」理論についての基本文献の紹介や読み方などを解説したものが多い。例えば次のようなものがある。

史料：一九三六年四月一八日（渋谷文庫1937）＊文中の傍線などは、原文では朱線（守屋）

黎子さんの遺稿集を是非出して欲しい。……君の勉強コースが資本論を読もうとするにあることは正しいと思ふ。然し、君のプランは僕の意見によれば、現在の君に対しては正しくない。先ず僕の案を述べよう。

一、すぐ資本論へ入れ

参考書

aローゼンベルグ「資本論評解」改造社版。一、二、三、四。

b第一巻については河上肇（経済学全集第五巻前篇）＊カキコミ：マルクス主義経済学の基礎理論

c再生産論（第二巻第三篇）については山田盛太郎「再生産表式序説」（経済学全集巻数不明）。その他ブレーゲル「再生産論」叢文閣

d貨幣―信用についてはコムアカデミー「貨幣と信用」ナウカ社

e地代論についてはいゝものがないが、山田勝次郎（歴史科学誌上のもの）が手近でいゝかも知れぬ。（赤印は必読と思ふ）

第二巻以後は屡々横路に入るが其の全体の構成を絶えず注意せねばならぬ。

二、それと共に日本資本主義そのものを具体的に唯物論的に知ることが必要だ。

このためには、a山田盛太郎「日本資本主義分析」、b平野義太郎「日本資本主義社会の機構」以上は必読。くりかへし読むこと。岩波の講座、野呂発達史、小林経評、其の他の論文を併読することも是非。［中略］

以上は基本的なものを極く簡単に云っただけだ。そこで君のプランの批判に入る。

一、君のプランは唯物論的でない。先づ哲学上の原理と論理、それから経済学の法則、それから具体的なもの。勿論

我々は、此の方法でもかなりはやって行けることは事実だ。然し、之れはマルクス主義理論が確立してゐるからであって、従ってその確立したものは知り得るが、之れを現実に適要《（マヽ）》しようとすれば屡々現実を自己に都合よく歪曲してしまふであらう。唯物論的と云へば、具体的に現実をありのまゝに見ることだ。現実を具体的にありのまゝに見るために、理論と法則は必要であるが、理論と法則とを知るために具体的な現実を見ないことは顚倒（マルクスは之を観念論的と云った。）である。そうではなく、具体的な現実をありありと見る時、理論は把握され、生き生きと深められてゆくのである。それを弁証法的唯物論と云ふのだ。弁証法的唯物論とは哲学上の本だけで解決されるものでは決してない。

［中略］

二、現在の君は、哲学の本は充分読んでゐる。之れで沢山だ。我々の哲学とは頭の中の哲学ではない筈だ。それは従来の旧き観念論的残滓をすて去るために必要なので、新しい哲学とは論理（弁証法）と認識論だ。そして、その内容は、それらの方式ではないので、具体的な事実の把握である。その意味に於て日本の此の資本主義体制を知ることは何よりも重要である。僕は獄中でブルジョア書を読み、その中の半真理、その具体的な事実の序述《（マヽ）》に感心し、それを読むことの必要を痛感した。

今君に直ちにブル書に親しめとは云はないが、実際闘ひの必要は従来も誰も、……ブル的統計、地図、説明書ですら具体的な説明部分には之を必要とした筈だ。君は君の長き闘ひの歴史は之等のことを充分に知らしめてゐる筈だ。……福本イズムの時代は我がプロレタリアートは実践的には既にすて去ってゐる。之れは非常なまちがいだ。我々の力の弱小は、福本時代、田中時代からの観念的な政論、考へ方を充分批判し尽してゐない。之れが、今君にも現れてゐる。次の図式を見給へ。

イ、理論過程→経済過程→政治過程（福本の図式）
ロ、宣伝→経済闘争→政治闘争→武装一揆（田中の公式）
ハ、哲学理論→経済学理論→……農民闘争（渋谷のプラン）

以上で誤りはわかるであらう。右の図式で共に欠けている点は、日本資本主義機構とその現実的な把握がないことである。

山田氏の「再生産表式」と「分析」とは此の問題に対して極く一般的な姿を与へて呉れるであらう。従って君にとって是非急速にこぎつける所は此の書である。［後略］

（8） 渋谷定輔宛布施辰治書簡によれば、布施は一九三七年四月に東京・井荻町の酒井谷平を訪ねて温泉分析を依頼し（同年四月二一日付、渋谷文庫1988）、五月には「東北医大の助教授安倍弘教君」に都合をつけて日景を訪問することを依頼している（渋谷文庫1995）。

（9） 渋谷文庫2164―2、2156―2など。

（10） 安田常雄前掲書、三四六頁。

（11） 一九三七年一〇月一六日、秋田雨雀宛渋谷定輔書簡（草稿） 渋谷文庫298―1。

（12） 一九三九年七月七日、山本弥作宛渋谷定輔書簡、山本正躬氏所蔵資料。

（13） 一九三九年七月、山本弥作宛渋谷定輔書簡（印刷葉書） 山本正躬氏所蔵資料。

（14） 安田常雄前掲書、三四八頁および三五一頁。筆者への安田氏の御教示によれば、安田氏の同書の草稿を、渋谷が自ら校正・修正した箇所があるというが、この箇所については、修正していないという。

（15） 渋谷文庫1293―2。掲載された「渋谷君の手紙」では、渋谷が実際に出獄後に世話になる村山弥七（渋谷と旧知の県議・薬局経営者）を身柄引受人として依頼したいことなども書かれている。そして「私の過去を清算した真実の日本全体主義に発展した最近の心境」などの文言が記述されている。

（16） 渋谷自身は、「転向声明」的なものを執筆したことを、次の史料のようにのちに告白している。

史料：渋谷定輔「十年間の自己批判と新しい目標」より（渋谷文庫495。一九四七年一一月）

……私は未決の獄中生活の終り近く、判事の要求に基き『日本國体の認識と自己の任務』という手記を書き、科学的な日本國体の認識の必要を主張したことは、観念論的國体観に対する一つの反ばくではあったが、結論に於て『今後は過去の思想・運動を清算し、わが國体の科学的認識の上に立って、新しい一人の國民として生きたいと思う。』と述べている。

かりにこれが自己の思想の本心からのものではなく、手記の一つの形式的なもので、実は自分の科学的な進歩的思想にたいする「一種」のカモフラージのこぢつけ《ママ》理論であったにせよ、これをこのような表現で書いたということそれ自体の中に深く検討されなければならないものがある。[以下略]

＊「観念論的国体論」への反駁であり、カモフラージュ（「偽装」か？）であったにせよ、こうした文書を書いたこと自体を自己批判しているのである。第三章第二節で検討した「転向」論に即して整理すれば、渋谷定輔は「もう一つの転向者」といってよいのではなかろうか。

(17)　一九三九年三月二六日、渋谷定輔宛佐治謙譲書簡、渋谷文庫2233。

(18)　一九四一年四月「日本温泉利用厚生協会設立趣意書（案）」（渋谷文庫527）

[綴じ込み・日本温泉利用厚生協会の構成（案）・（組織図）略]

一、真の国民厚生運動とは何か

…壮丁平均体力の低下、軍需産業に於ける疾病、災害の頻発、都市農村を通じての結核患者の激増等々が、国防上憂慮に堪へざることは、軍部当局の指摘するところである。これは畢意《ママ》、働く国民が疲労を恢復すべき休養の機会を持たぬことに、その要因の一つがあると考へられる。働く国民の休養は、実に睡眠と同じく絶対的に必要なことである。……

二、温泉地を休養厚生地に役立てやう

…我が国には、古来より、湯治といふ言葉があるごとく、わが国温泉の本来的使命と真価とは、それを国民の保健厚生に余すところなく役立てることでなければならぬ。

…われわれは、斯様な温泉場を国家目的に即応せしむる機関として、本協会を設立するのである［中略］

五、国民全体の生産性を高めやう

…われわれは、高度国防国家体制確立のためには、各自の経験と才能と体力を十分に発揮し、国民全体の生産性を高めることにあることを確信するものである。われわれは、この日本民族の正しき発展を念願しつゝ、粉骨砕身、国家目的に即応する、国民厚生運動の達成に邁進せんとする次第である。

昭和十六年四月　　日本温泉利用厚生協会設立委員会

＊渋谷が提唱した「働く国民」のためという性格と「高度国防国家体制確立のため」「国家目的」という性格がここにおいて一体化している点に注目しておきたい。それは、のちには「戦時のため」＝「労働者や農民のため」という渋谷自身の思想的転成へとつながるのである（後述）。なお、高岡裕之編『総力戦と文化』第二巻（大月書店、二〇〇一年）二三六頁に本史料所載。

(19)　一九四一年五月（渋谷文庫739―2）、六月（同1360）、七月（同793―3）。

(20)　渋谷文庫739―1。なお最終的な設立委員は次のとおりである。

一九四一年七月　日本温泉利用厚生協会設立委員氏名（渋谷文庫739―3）

暉峻　義等（医博・日本労働科学研究所長）
権田保之助（文部省嘱託・大原社会問題研究所理事）
三輪　寿壮（代議士・大日本産業報国会厚生部長）
野津　謙（厚生省体育官・医博・大日本産業報国会保健部長）
有元　英夫（全国産業組合役職員共済会常務理事）
金井　満（産業組合中央会指導部長）＊＊
岸田　國士（大政翼賛会文化部長）
上泉　秀信（大政翼賛会文化部副部長）＊＊
氏家貞一郎（全国産業組合役職員共済会常務理事）
羽仁　説子（自由学園教授）
小田倉　一（大政翼賛会組織局）
山岸　晟（厚生省嘱託・勤労栄養協会主事）
木村　盛（中央社会事業協会）

倉島弥三郎　（日本中央蚕糸会参事）
木立　義道　（江東消費組合・中野組合病院・事務理事）
黒川　泰一　（全国協同組合保健協会常務理事）
渋谷　定輔　（日本温泉利用厚生協会常務理事）
［＊＊は七月の段階で参加］

（21）史料：渋谷定輔の日記より（抄録。一九四一年、渋谷文庫493、紙質・筆跡などから当時の原史料とみて差し支えないと評価している）。

七月一日　暑さに向かって戦ひ抜かう！　日本に於ける厚生運動……今日の仕事は翼賛会で第一回聯絡委員会を開催。

……三日には、厚生省その他への交渉。厚生省労働局指導課長は、すでに大賛成で、会合があったらいつでも出席するとの積極性を示してゐる由、夜温泉協会の人と懇談する。……活動し大いに勉強もはじめやうと思ふ。

七月二日　昨日羽仁説子氏からの手紙に「お仕事御発展の御様子何によりに《ママ》存じます。しっかり根をおろして……進めておいでになるやうに念じ居ります。」とあった。

七月三日　…翼賛会の小田倉氏と共に厚生省、社会局、体力局、衛生局をまわり、協会への協力を依頼す。

七月八日　［七／五～七まで伊香保へ］

…十一日午前中、松山氏、高久氏らと面接し、温泉協会と厚生協会との協力について懇談することにした。吾々は利用者側に立ち、日本温泉協会は業者側に立つといふことになるであらう。

七月一〇日　…午後、小田倉氏と厚生省にて落合《ママ》。労働局指導課長、衛生局保健課長を訪問。指導課長の秋葉氏は頗る革新的人物で、この温泉厚生運動はやり方によれば、一大国民運動になる。温泉には、勤労者にして、保養、休養を必要と国家が認める人以外は、温泉に行けぬやうにする迄にやりたいといふ。単に温泉利用運動にとゞめず、広汎な国民厚生運動として展開せしむべきであるといふ。まことに至言である。あらゆる困難を克服して大いにやらうと思ふ。

七月一八日　朝十時、産報に於て、野津、大石、杉浦氏らと懇談。温泉厚生化運動の実践方針を立てることにした。…

…近衛内閣成立［註：七月一七日第二次近衛内閣総辞職］。みんな同じやうな顔ぶれで、新鮮味無し。只、厚生大臣に小泉氏がなったことは、われわれに取って大きな収穫である。吾々の仕事は、発展するぞ。

八月五日　山岸氏産報を一身上の都合に依り辞職するとの話、愈々嵐は強い感がある。自分は産報に迄入らなくてよかったと思ふ。自分はあくまでも国家の請要《(ママ)》する仕事に応へて行く。自己の運命と国家の運命とをひとつにして闘って行く。それは、全く裸である。裸で行け！　真っすぐに裸で行け！

八月二八日　小田倉氏と暉峻氏で懇談。私を実行委に入れるか入れないかで問題化。暉峻氏が責任をもつといふことで、私をも入れることに確定した由である。

八月三〇日　夜、暉峻氏宅を訪ね七時～九時迄語る。私は氏にはじめて自分の過去を語った。氏はいろいろの所感を述べられ且つ、自著「社会衛生学」と「労働力の再編成」の二冊にサインしてプレゼントして下さった。又、暉峻氏が下中氏と関係あることをきき、一度一緒に飯でも食はうとのことであった。下中氏暉峻氏と自分の関係は面白く展開するであらう。

九月一日　午后一時より四時迄の間…大政翼賛会で温泉厚生第一回委員会を開催。温泉協会の改組と吾々の案とが提出討論された結果、温泉協会は一応、白紙に還り、新しき機関を組織するといふことに意見一致し、実行委員中より小委員会を作りそれに一任するといふことになった。

九月二日　朝、三浦氏と会ってから、翼賛会に行き、それから保護観察所へ行く。横田保護司と山根保護官に会ふ。午后、大石、倉島氏等と規約再検討（明日も続行）。

九月一六日　〔黎子八周忌〕……去年の今日は、日景の三号室で迎えたのであるが、それから丸一年顧みれば、この一ケ年は自分の時代と共に躍進して来た跡は、ハッキリとプラスである。正しい逞しい歩みであることは肯定する事が出来る。今日を意義づけるべく温泉厚生協会の総立《(ママ)》総会を持つべきであると考へたが、それが果せず、結局委員会を持ったのであるが、その委員会の発展として、遂に任意の日本温泉厚生協会を結成することとし、暉峻氏を理事長とし自分は常務理事に選ばれたのである。明日の小委員会は、今晩の空気を強化せねばならぬ……。思へば今日は記念すべき日である。

九月一七日　翼賛会における温泉厚生小委員会、遂に日本温泉協会側との正面衝突にて、結極《ママ》、二本立てでなければ行けないといふやうなことなまでなって了った。自分は今疲れてゐる。

九月二二日　協会の件、益々悪化の感あり。

九月二六日　翼賛会に於ける昨日の決定は、一本でやること。温泉協会の定款改正で行くといふことになったといふ。日本的改革といふのは結局こんな具合でしかないのだらう。自分は実行委員及小委員を辞任しやうと三浦氏と相談した。このことは明日暉峻氏と相談しやう。表面に立たぬこと――これが必要である。

九月二七日　…自分が翼賛会の委員になったことが間違ひであったのだ。私は委員をやめることにした。……自分が表面に出ることは何としても間違ひである。今、自分は静かに自己内省し、六ケ月間の跡を整理しやう。

一〇月五日　…マツダランプでやってゐる国民健康保険組合でやってゐる温泉保養所を見学後、彼ノ伊東温泉組合主催の温泉厚生運動座談会に出席。夕方門川に至る。

一〇月六日　…帰京。三輪氏熊野氏を訪問。熊野、金井、黒川、渋谷、三浦にて懇談。産報、産組、青少年団の三団体をもって、産報・産組、青少年団――（三団体温泉厚生利用委員会）温泉厚生利用委員会を作ることを申合せ、温泉厚生協会事務局がこの事務局にあたることを相談す。

一〇月一四日　…翼賛会へ午後二時より出席、高久、熊野氏、三輪氏出席。官庁側の一本建の希望に基づき検討することとし、名称も「日本温泉厚生協会」とすることを、三輪氏が主張し、高久氏は温泉報国会を主張し、結極《ママ》、役員も翼賛会へ一任する事となった。

一〇月二三日　…午後、名古屋の旅行業の福岡氏来訪。名古屋鉄道局の旅客課では、鉄道省からの温泉厚生問題に干す《ママ》るニュースを取まとめられ、私の名前を上げて、これは「赤」だと言ってゐた由、いよいよデマも行くところまで行けりの感あり。夜川崎君とこれを語る。われわれはデマを克服するいい仕事をすることだといふことになった。

一〇月二九日　…三浦氏来訪。熊野・黒川・三浦と三人で語ること、午後一時迄。…三浦氏は、あなたは「日本に於ける温泉厚生運動の草分けである。」と言ってゐたが、翼賛会へ持って行き、産報・産組と結びつけたことは、たしかに成功してゐると信ずる［以下略］。

(22) 安田常雄は、生前の渋谷自身の談話として、当時の渋谷の生活は、暉峻義等の「個人秘書のような形」で、東京と日景温泉との間を往復する生活であったとしている（安田常雄前掲著、三五四頁）。

(23) 雑誌『温泉』一九四二年二月号、渋谷文庫雑オ—12。

(24) 日付は「昭和十七年八月十一日」、便箋は「大政翼賛会」。渋谷文庫528—3。

(25) 書簡中の「健民荘」が描かれている平面図。渋谷文庫528—3。なお、筆者の日景温泉訪問時の調査（一九九七年一一月）により、日景温泉旅館は、一九四四（昭和一九）年二月には秋田県の事業として「健民修練生」の宿舎となっていたことが判明した（秋田市在住金平常男氏から日景厚子氏宛書簡・写真などより）。

(26) 温泉健康地区協会のおもな役員は次の通り（渋谷文庫741—1）。

会長	大政翼賛会事務総長	後藤文夫
理事長	〃　実践局長	相川勝六
常務理事	厚生省人口局長	中村敬之進
〃		長瀬鉄男
理事	企画院第三部長	亀山孝一
〃	内務省国土局長	新居善太郎
〃	大蔵省総務局	長迫水久常
〃	大日本産業報国会企画局長	三輪寿壮
〃	日本医療団理事	三宅正一
〃	大日本産業報国会理事	氏家貞一郎
〃	労働科学研究所長	暉峻義等

［以下：おもな理事顧問等］

〃　　大政翼賛会実践局厚生部長　桐原葆見
監事　生命保険厚生会理事長　石坂泰三
顧問　内務大臣　湯沢三千男
〃　　厚生大臣　小泉親彦
〃　　大日本産業報国会会長　平生釟三郎
〃　　産業組合中央会会頭　千石興太郎
〃　　農業報国聯盟理事長　石黒忠篤
〃　　工業組合中央会会長　伍堂卓雄
［参与は省の局長、石炭などの各統制会会長］

＊評議員に藤山愛一郎（大日本製糖社長）・俣野健輔（飯野海運社長）他。幹事には大政翼賛会実践局厚生部副部長の小田倉一、産業組合中央会厚生部長の黒川泰一、国民食協会常務理事の山岸晟ら、渋谷定輔と日本温泉利用厚生協会の準備過程以来の「盟友」が就任している。

(27)　渋谷定輔「温泉健康地区建設実践記」雑誌『健民』第七巻第五号、一九四三年五月、六三頁（全国協同組合保健協会編。渋谷文庫雑ケ―65）。

(28)　「温泉健康地区運動協議会記録」（渋谷文庫741―1）より。高岡裕之前掲書、二四一頁にも所載。

(29)　一九四三年三月二三日付、俣野の書簡、渋谷文庫434―3より。なお俣野は「戦後」の造船疑獄の中心人物の一人である。

(30)　一九四四年三月、渋谷定輔の書簡（婚約者宛）渋谷文庫2246。

(31)　一九四四年五月、青森県弘前市で開催された第二回東北地方文化厚生運動連絡協議会でも「厚生利用施設としての温泉利用の件」（岩手県提出）が協議された。「所謂湯治客は頽廃遊蕩的な享楽を索めてゐる傾向があり、……重労働の疲労回復の余地がない」との訴えに対して、「青森県からは入浴許可制の説も出た」（扱いは保留となる）と報じられている

（『東奥日報』一九四四年五月一七日付）。なお、東北地方の文化厚生運動については、河西英通『近代日本の地域思想』窓社、一九九六年、三二八頁を参照。『東奥日報』紙（写）を河西英通氏より提供して頂いた。

（32）第四章第一節の註16ですでに述べたように、安田常雄氏は、政治家・著名人の間を事務局のようにつなぐ運動スタイルになり、そして「だからこそ安保以後もう一度現場に帰ろうとした（渋谷は南畑に戻って農業を再開することを企図する：坂本註）のではないか」という。確かに、農民運動から離れた時期の渋谷は、こうした面が強かった。

（33）一九四四年三月、渋谷定輔の書簡（婚約者宛）渋谷文庫2246。

（34）安田常雄前掲書、三五四頁より。なお、有馬学によれば、暉峻義等らの労働科学研究は、第一次世界大戦期から欧米で流行した作業心理学、産業能率研究（クレペリン検査なども含まれる）を継承したものである。これらの研究も結果的には「新体制」運動を翼賛し、「戦後社会」に連続するものであるという（有馬学「戦前の中の戦後と戦後の中の戦前」近代日本研究会『近代日本研究の検討と課題』山川出版社、一九八八年より）。労働科学研究、国民厚生研究などと在地の社会運動の関係についての検証は、他日を期したい。

［第四章第三節　註］

（1）「合同促進委員会」名の声明書、大原社研資料。

（2）「大日本農民組合第一回全国大会報告書及議案」、大原社研資料。

（3）『新編埼玉県史資料編24』一二四頁。

（4）通達第三号、大原社研資料。

（5）代表は、全農埼聯の統一大会にも出席し、のち治安維持法違反で検挙された妹尾義郎であった。

（6）前掲『近代日本社会運動史人物大事典』や、『石川県社会労働運動史』能登印刷、一九八九年などを参照した。

（7）円山定盛から山本弥作に宛てた書簡は、桐苗の共同管理地やソーメン共同工場について、精神作興に関する取り組み、天引き貯金の制度、贅沢・奢侈の禁止などを提案する内容であるが、社会大衆党については、次のように書いている。

「……私共の方でも、最近羽咋郡南大海村字中沼で産業組合経由の負債整理組合を組織しましたが、理事五名のうち四名迄社大党が当選しました」（山本正躬氏所蔵資料）。

そのあとの文面は、謙虚であり社会大衆党の躍進を誇示することもなく、山本弥作との共同歩調を呼びかけるような文面である。

（8）「満洲移住地小作農視察団趣意書」、大原社研資料。

（9）『社会・労働運動大年表』労働旬報社、一九九五年、三六一頁より。

（10）牛窪宗吉「上申書」、渋谷文庫72。

（11）牛窪宗吉「開拓団への参加と改革闘争」『埼玉県労働運動史研究12号』一九八〇年。

（12）牛窪宗吉前掲資料（註11と同じ）。

（13）伊藤晃『転向と天皇制』勁草書房、一九九五年、二九五頁。

（14）伊藤晃前掲書、三〇〇頁。

［第四章第四節・まとめ　註］

（1）梅田欽治「戦後民主主義運動の流れと日本国憲法の制定」『日本国憲法を国民はどう迎えたか』高文研、一九九七年ほか。梅田は、このなかで、（既述の）中西伊之助らの人民文化同盟の活動のほか、読売新聞争議の業務管理闘争、食糧危機突破闘争などとともに村政民主化闘争の歴史的意義を強調している。

（2）一九四七年八月、湯沢とめ宛大谷竹雄葉書（山本正躬氏所蔵資料）。

（3）北条英『折原の村に生きて』一九八四年、一二四頁。なお、「戦後」の文化運動・青年団などを検証した北河賢三は「戦後の文化運動は、総力戦と敗戦の結果もたらされた混沌と精神的空白という状況のもとで花開いたのであり、そしてその多くは数年で終息していったのである。」と述べている（北河『戦後の出発』青木書店、二〇〇〇年、五八頁）。終息の要因（町村合併・高度経済成長や農村政策の変更、そして住民意識の変容など）については、別途検討してみたい。

（4）寄居文化協会は、寄居町の文化的向上・経済の安定などを目指して、一九四五年一〇月に結成された。田島貞衛と寄居警察署長が発起人となり、疎開中であった安井曽太郎、山下新太郎両画伯、寄居駅長、町長らも加わった。「革新から保守層をふくめた広範な文化運動であった」（『寄居町史近現代資料編』一九八七年、四六八頁より）という。なお、暉峻義等の次男暉峻衆三もこの時折原村を訪問している（渋谷定輔「曲り角の農民運動」『季刊現代史』一九七三年春季特別号より）。

（5）当時、寄居町に居住していた田島貞衛の日記には「夜…町長来訪、昨日森氏の人民裁判の事が近郷に大反響を捲き起し毎日新聞にもトップ大見出しで改革の鋒火遂に挙るの大記事が出たりしたので、町長も当町への波及を案じ内偵がてら諒解を求めに来たわけである。隣村男衾村々議小山氏、予の留守中、村政改革ののろしを挙げたいとの事にて指導を求めて来訪せしとか。」（一九四五年一一月二三日、前掲『寄居町史近現代資料編』四六四頁）と書かれている。近隣地域にも大きな影響を及ぼしたことがわかる。「戦後民主主義革命期」を象徴する史実であろう。

（6）北条英前掲書、一五〇頁。

（7）『寄居町史』一二〇〇頁。

（8）北条英前掲書、一五二頁。なお西田美昭編著『戦後改革期の農業問題』日本経済評論社、一九九四年、三七三頁以降にもこうした経過が紹介されている。

（9）渋谷の回顧録「十年間の自己批判と新しい目標」（一九四七年一一月、渋谷文庫495）によれば、一九四五年一〇月に共産党埼玉地方委員会に入党手続きをし、協同組合フラクションが確立されるとその一員して活動を開始したという。同年一二月に入党が確認された。本来は、農民運動に戻りたかったが、生活のために協同組合の仕事についたとされている。そして「生活の見透《ママ》しが立てば、埼玉の農民運動、特に南畑村を中心とする下からの実質的民主化運動に着手」したいとして、また「これは自分の生涯の基本的な農業・農民運動の実践運動であるという確信と見透しのもとに計画を実践したい」と述べている。

（10）安田常雄前掲書、三五七頁。

(11) すでに、安田常雄は、同論文で渋谷が「統一戦線問題の要点」を述べていることに注目している（安田前掲書、四五六頁）。渋谷は、第一に指導者同士の批判を戒め、第二に労働組合と政党との関係の明確な区別と組合員の政党支持自由の確立を、第三に労働者、農民、漁民、中小商工業者、市民、その他全勤労人民の生活に影響を及ぼす要求を取り上げて共同闘争を展開すること（筆者要約）を提起していた。

(12) 渋谷文庫・雑キ―7。中村政則も、この時の渋谷の発言にすでに注目している（中村前掲『労働者と農民』三五八頁）。「戦前・戦後」の連続・非連続を在地から検証する好例であろう。

(13) 渋谷定輔『農民哀史から六十年』二二四頁。

(14) 森川輝紀『大正自由教育と経済恐慌』三元社、一九九七年、一一六頁。

(15) 『読売新聞』一九三四年九月一六日付。大原社研資料より。

(16) 『時事新報』一九三四年九月一六日付。大原社研資料より。

(17) 岡綾は、一九九六年逝去。鈴木裕子「岡綾」『近代日本社会運動史人物大事典』一九九七年などを参照した。

(18) 田中正太郎「牛窪宗吉君を偲ぶ」『埼玉県労働運動史研究12号』一九八〇年。

(19) 山本正躬氏所蔵資料のうち、葉書類史料。

(20) 湯沢とめは、一九八四年四月二一日に逝去。戦病死して遺骨のない亡夫山本弥作（「真実院釈勇信」）と一緒の墓（とめが生前建立）に、とめ（「蓮月浄心大姉」）は埋葬された。

(21) 田島貞衛『武蔵魂性』東峰書房、一九六八年。本節の註4・5も参照のこと。
なお公刊されてはいないが、近業として、新井修「戦後における革新寄居町政と田園文化都市構想」（立正大学大学院修士論文、二〇〇一年）がある。田島貞衛の「戦前戦後」の思想遍歴や、「戦後」の寄居町政への関与などを実証的に研究したものである。革新政党・政党政治問題など評価を異にする点や、利用されている史料の偏りや誤記などが気になり、全面的には首肯できないが、教えられることが多い優れた論文である。

(22) 前掲『寄居町史』一〇六三頁。

(23) 全国的にも、旧全農活動家が農地改革をリードした実例や、農地改革は占領軍によって与えられたものではなく、農民自身が勝ち取ったものであるとされる例は多い。拙稿「労働運動と農民運動」『近現代の授業づくり』（青木書店、一九九四年）では、鳥取県西伯郡、新潟県木崎、和歌山県日高のほか、この寄居町の酒井清吉の例などについて述べておいた。また香川県の宮井清香の回想による「甘土権」（田の底の土は地主の私有であっても、上三尺は農民の汗と涙で肥やしたものだからという主張で耕作権確立につなげた事例）などは象徴的である（前掲拙稿、一一五頁）。

(24) 『渋谷黎子雑誌』第六号、一九七六年。執筆は「戦前」期。

(25) 北条英前掲書、二五八頁。

(26) 大門正克「総力戦体制をどうとらえるか3」『年報日本現代史第三号　総力戦・ファシズムと現代史』現代史料出版、一九九七年。なお、同書は、山之内靖他『総力戦と現代化』（柏書房、一九九五年）に対する総括的批判のための書評的特集となっている。赤澤史朗は、山之内らの追求の力点が「総力戦体制や『階級社会』や『システム社会』とはなにかといった社会体制そのものの解明には向けられておらず、専らそこに成立した『システム社会』というものを、マクロ的に把握することができる方法的立脚点はなにかという点に置かれていると言ってよい」とした上で、「総力戦体制については専らその下での社会的平準化の傾向だけを、『システム社会』については大衆社会状況の下での私的領域と公的領域の相互浸透の契機だけを、一面的に強調する点が目立って」いると批判する（三頁）。また、大門は「戦時期の描き方に共通の方法的特徴があり、戦時と戦後の連続性を強調することで、今までの歴史研究を批判しようとする戦略がはっきりと含まれている（二六頁）」と整理したうえで、先の「鳥の目」からではない「虫の目」から見ることを提起したのである。筆者は、大門、赤澤らの評価と方法論に基本的に首肯するものである。

(27) 酒井哲哉「一九三〇年代の日本政治」『近代日本研究の検討と課題』山川出版社、一九八八年。

(28) 塩崎弘明「革新運動・思想としての『協同主義』」同前『近代日本研究の検討と課題』。なお、酒井哲哉・塩崎弘明らの指摘は、デモクラットたちの変革志向の継承性の概史として、その基本的枠組には首肯できるが、伊藤隆・酒井哲哉や塩崎弘明らの視野にあるのは、おもに東大新人会・早稲田建設者同盟などの構成員出身者を典型とする社会的上層部の政治家・知識人層であり、本書で検証してきたような個々の在地活動家たる「在野ヒューマニスト」とは異なると考えている（本書の「終章」参照）。

(29) 高野源治「山本弥作について」『労働運動研究』一九九七年八月号。

(30) 安田常雄前掲著、三五八頁。渋谷定輔と政党活動の関係は、思想史上も社会運動史上も重要であるが、充分には解明されていない。資料公開の時期を待って、他日を期したい。

(31) 本書と同様に「ヒューマニズム」の視点から、プロレタリア文学作家の思想的変容について論証した権錫永は、プロレタリア文学作家の中で優ったものとして、「論理的な正しさではなくヒューマニズム的感情であり、何よりも他者への欲求の強さだった」と述べている（権「帝国主義と『ヒューマニズム』」岩波書店、『思想』八八二号、一九九七年一二月）。救済すべき他者としてプロレタリアを見い出していたという権の指摘には賛同したい。ただし、権がプロレタリア文学作家のヒューマニズムと、理念としての「大東亜共栄圏」思想のヒューマニズムの類似性から、プロレタリア文学作家の変節を論じている点については、にわかに首肯できない。権の論を一般化するためには、さらに多様な社会的かつ個人的条件を検証してみる必要性を感じるからである。

(32) 安田常雄は、現代の無党派層が、「中間層市民」として生活革新などの新しい民主主義の可能性を有しているとして次のように指摘する。「……自分の内側からの『生まれかわり』として展開するとき、一つの転回が生まれるかもしれないと思います。……『こうありたい』という規範としての自我の氷が溶け、『本当の自分』は、一瞬ごとに変わる流動的な姿とわかった。それに向き合って、受け入れていくしかないという自覚をテコに生まれかわっていく若者の姿……。ここに、再生されていく〈社会〉の萌芽があると思います。」と（前掲高畠通敏・安田『無党派層を考える』、九三頁）。「転回」、「自我の氷が溶け」、「生まれかわっていく若者の姿」など、ここでの安田の表現は、大変詩的なものであるが、本書で用いた試論的概念・表現である「転成と継承」などと、趣旨は共通するものであると考えている。

終　章　まとめにかえて

第一節　総力戦体制と「在野ヒューマニスト」

農民運動を中心とした埼玉県の農村社会運動に関係した人々の多くは、「右派」も「左派」もそして「転向者」も、結果的にはさまざまなかたちで戦時の総力戦体制に「加担」させられていくことになる。いわば「近代国民国家」の一定の完成体、あるいは「システム社会としての現代社会の成立期」としての総力戦体制に、山本弥作や渋谷定輔たちも（結果としては無自覚のままに）組み込まれていったのだった。

農民委員会活動の経験から山本弥作が邁進した経済更生運動は、結果的にはファシズムと総力戦体制を下支えしたものであった。部落世話役活動の前進と「勝利」が、総力戦体制への出発点でもあった。埼玉県で取り組まれた農民自治会時代の「全耕作者のために」という渋谷定輔の活動は、「銃後の国民厚生・健民運動」として総力戦体制の一環を構成するようになった。「勝利のなかの敗北と、敗北のなかの勝利」をへてきた結果であり、その結果が次なる活動の方向を指し示していたのである。組織などのためではなく、自己の活動の整合性・一貫性を維持しつつ「新天地」を求めた行動の結果であった。

さて、総力戦体制に現代化を抽出する山之内靖らは、「諸階層のシステム内統合が大幅に進展した結果…、旧来型の社会運動は、それが『成果』を獲得すればするほど、現存の社会システムを強化」するという[1]。山之内らによれば、旧来型の社会運動は、例えば、婦人運動が総力戦体制において「銃後の婦人」として女性の社会参加に組み込まれ、また労働運動が生産性向上中心の日本型労働運動として再編されたことなどを含め、さまざまな社会構造の「平準化」という形態によって、「現代化」はこの総力戦体制によって構築されたという。換言すれば、こうした視点での「戦前と戦後」の非断絶論・連続論である。しかし、運動家＝「在野ヒューマニスト」（結果的な「戦争加担者」）の思いはシステム化されるほど単純ではなく、実に多様であり、パラドキシカルでさえあったのである。

本書では、これまでとりあえず「社会正義とヒューマニズムを基調とした群像」を「在野ヒューマニスト」と呼んできた。「在野」とは「昭和戦前期」でいえば、皇族・華族や政府・軍部中枢などの支配権力には与しない政治的領域であることはいうまでもないが、それらを包含するところの、工場・農場などの労働・生産の場または生活の場などにねざした庶民として生きる日常的領域のことであると考えたい。また、ヒューマニズムは、人間主義・人文主義など多義的な言葉であるが、近代資本主義社会の矛盾が顕在化し人間疎外の問題が深刻になるなかで、社会主義的ヒューマニズムや実存主義的ヒューマニズムなどのような現代的ヒューマニズムが模索されてきた[2]。労働者・農民の階級的解放や現実存在としての個の立場を強調するヒューマニズムのことであろう。社会的矛盾が激化するなかでは、これらのヒューマニズムは、当然のことながら多かれ少なかれ変革を志向するものとなる。したがって、近現代社会における「在野ヒューマニスト」とは、「労働・生産の場、生活の場などにねざした日常的領域のなかで、労働者・農民などのために、あるいは生活者たる自己と他者のために、社会正義をめざしつつ、変革を志向する群像」と言い換えてもよいのではなかろうか。本書で、取り上げてきた活動家群像は、まさしく「在野ヒューマニスト」であったと考える。

第一章で検証したように、農民自治会に参画した人々は、「反都会主義」や「全耕作者」のためという思想に互いに共鳴し合いながらも、無産政党支持問題を契機に分裂していった。また日本共産党中央と在地活動家は、大衆的な農民委員会的活動方針をそれぞれに企図しつつもなかなか共通理解に至らなかった。

第二章では、全農全国会議派埼聯の活動家たちが、政治意識の昂揚と一時的勝利のなかで、総本部派や官憲との力関係を見失っていく過程を検証した。また本来共闘できるはずの農民組合員やその幹部は、内部で対立し続けたのであった。弾圧からの再建運動とその一環として取り組まれた農民委員会活動・部落世話役活動に込められた思想も多様であった。

さらに、第三章で検討したように、農民運動から「転向」する人々の意識や、「多数派」の提起や人民戦線方針などの受けとめ方も多様であった。そして在地で一九二〇年代から志向されてきた共闘・統一が本格的に実現しようとした時に、最終的な弾圧の嵐に呑み込まれていったのだった。

第四章では、山本弥作の部落世話役活動から「満州渡航」、渋谷定輔の温泉厚生運動などを例に、「左翼」陣営から次第に総力戦体制に加担していく人々の思想のなかに「転成と継承」や「曲折と一貫性」を見い出してきた。思想的な「転成と継承」などは、「戦後社会」においてもなお続けられた「思想の自己運動」ともいうべきものであろう。「思想の自己運動」とは、自らの思想を断続的に検討しながら自己革新を目指し、それまでの自己の思想との整合性をもたせながら、多様な社会的実践を展望した人々の営為のことである。これらの活動家たちの「思想の自己運動」のなかの民主主義的で良質な側面（変革の展望と勤労者のためという自覚など）こそ、実証的に照射したいと思う。

また、第四章で明らかにしたように、総力戦体制のもとではほとんどの全農活動家が、「敗北」し、「転向」する。それらは、それぞれに決して一様ではないが、少なくとも第一章・第二章などで検証した「三度の挫折」「二重のズレ」、そして全農運動全体の「三つの大きなズレ」に大きな原因があった。またその根底には、農民運動内部にほぼ一貫して存在した政党支持強制問題があったといえよう。これらは、現代においても繰り返して問い直し、横たわる障壁をいかにして克服するのか、熟慮が必要な課題なのである。

第二節　農村社会運動史研究の成果と課題

さてそれでは、以上のようなのことがらは「われわれ」に何を提起するのであろうか。また、これらは日本近代史にとって何を意味することなのであろうか。

近代国民国家成立以前の前近代社会における民衆運動史を、やや乱暴な整理ではあるが敢えて略述すれば、例えば、入間田宣夫が指摘するように、中世の農民一揆は、一味神水・百姓申状・逃散という形態をとった盟約の世界であった[3]。山田忠雄は、一味神水は幕藩制国家権力が法的規制を実現する近世初期まで続くと指摘する[4]。さらに、山田は、百姓一揆は惣百姓結集や村落を越えた結合にまで拡大し、傘連判状や「廻状」などによって百姓は相互に連帯していくという。個人的利害・村落利害で対立しないかぎり、同質の要求では「同質の他者」と団結することが可能な空間であった。確かに、村落内部の利害で対立した村方騒動や、郡上《ぐじょう》一揆（一七五四〜五八年）のように長期化する過程で「立《たち》百姓」（一揆百姓）と「寝百姓」（脱落百姓）との分裂が生じるような例もあった[5]。また、一揆への参加強制（参加しないと焼き打ちなど[6]）の問題なども配慮する必要はあろう。しかし、村々が連合する際に作成された「一揆議定」に関する保坂智の「一揆衆の連帯責任と構成員の間の平等性が貫かれていた[7]」という指摘にも注目したい。

つまり近代国民国家成立以前の社会は、（例外もあるが）「同質の他者」との連帯が可能な世界であったといってもよいと思う。

一方、強力な暴力装置と天皇制イデオロギーなどによって「国民」の統合化が急速に進められた近代日本社会においては、抵抗運動・変革運動を含めた農村社会運動の指導者、あるいは変革主体となり得る思想的条件の一つとして、より強固な政治的確信や政治意識の一時的昂揚などが不可欠であったと考えられる。理論的確信が充分である場合は必ずしも多くはないが、そうした「擬制的」な変革主体をも含めて、政治的確信や政治意識が一時的に昂揚すればするほどに、社会運動は昂揚し一時的に「勝利」する。ところが、こうした状況下では、「他者」認識が決定的に欠落していくのである（例えば、「寄居署襲撃」・吉見事件などの経緯を見よ）。

近代国民国家の「国民」としての「日本人」の抱いた排他的幻想は、「異質な他者」への認識を欠如させてきたといわれる。例えば、酒井直樹は、「日本人」には、『日本』『日本語』『日本文化』の存在の唯一性への偏執的強調があるという(8)。「日本人」としてのユニークさが強調されてきた近代国民国家としての「日本社会」は、「異質な他者への認識」を欠落させてきたという酒井らの主張に、筆者も基本的に首肯するものである。だが、さらに筆者は、近代日本の社会運動においては、変革主体、殊に社会的中間層である在地の変革主体相互が、「同質の他者」をも見失っていったのであると考える。

また、もとより酒井直樹らの社会学的・比較文化論的アプローチに学びつつも、歴史の歩み、とりわけ農民運動など多様な農村社会運動の実際的歩みのなかから現代の課題を追究していくことの重要性を確認したいと思う。分析によって提起された社会的課題は、単なる現状認識・評論的言説のレベルを越えて、実際の社会生活や運動のレベルで改革されていかなければならないと考えるからである。

近代日本の社会運動の隘路（「敗北」）が抱えた課題は、すぐれて現代の社会にも共通する課題であろう。とりわけ「同質の他者」あるいは「異質な他者」へのまなざしを不断に持ち続け、連帯と統一戦線の可能性を歴史的に見直し続けることが、私たちの課題なのである。

第三節　研究上の課題

本書では、史料的な制約や、かつまた筆者の力量不足から、総本部派系の人々についての検証がやや不充分であった。ほぼ同趣旨の理由により、埼玉県以外の農村社会運動について比較検討することがあまりできなかった。

また、国家による国民厚生政策と総力戦体制の関係、労働科学研究や社会衛生学と[9]「健民」政策との関係などを[10]、在地の社会運動との関係で追究する必要がある。当面史料が不足している。これらの史料探索も課題である。

さらには、無自覚のまま（あるいは善意であったにせよ）、結果的に総力戦体制に加担させられた「在野ヒューマニスト」の戦争責任の問題をどうとらえるかという課題が残っている。

吉田裕は、民衆の戦争責任の問題を取り上げることがこれまで不十分であった要因として「結果的には指導者の免責につながるという警戒心が知識人の間で根強かったこと[11]」をあげている。戦争指導者を免責することはできないが、本書で検証してきたとおり、例えば「満蒙」へと渡航した人々は、「土地を働く農民へ」という理想があったとはいえ、やはり侵略戦争の一端を担ったわけである。また渋谷定輔の温泉厚生運動は、「銃後の健民養成」運動として総力戦体制を下支えしたことなどは明瞭である。本書で分析してきた「在野ヒューマニスト」の行動は、ファシズムと侵略戦争への協力・加担という意味では、戦争責任から免れられないだろう[12]。丸山真男が指摘するように「日本におけるファシズム運動も……中間層が社会的担い手になっている[13]」のであるとすれば、中間層または在地指導層としての「在野ヒューマニスト」の戦争協力の多面性・多様性と、それぞれに応じた戦争責任が歴史的にさらに多様に総括されなければならない。また、「新体制運動」や日本型ファシズムの基底には「一君万民」や「二千年来の国体原理」という観念的着想があることは明らかであり[14]、「在野ヒューマニスト」の戦争責任は、天皇制国家の問題と不可

分の問題であると考える。(15)

「在野ヒューマニスト」の「在野性」や「ヒューマニズム」が、実際には天皇制国家・近代国民国家に取り込まれて減殺され、磨滅していく時こそが、責任が問われるような戦争への協力・加担の舞台が準備されていく時なのである。「在野ヒューマニスト」の戦争責任問題は、「死者への糾弾」ではなく、「自虐」でもなく、思想形成と実際的行動のための、現在への示唆として追究されなければならない。(16)また、包括的に「戦争責任を問う」という糾弾のみの姿勢は、思想形成史における無理解の誹りを蒙ることになろう。個々の「在野ヒューマニスト」の事例を、さらに具体的に検証していきたい思う。

課題は山積している。但し全国会議派埼聯と真っ向から対立した時期もあった全農総本部派に属する新潟県聯合会の代表的争議である王番田《おうばでん》争議（現長岡市）の際の小作人組合長塚田清一郎の日記・書簡・ビラなどを中心とした約二〇〇〇点の史料を鋭意整理中である。埼玉県農村社会運動史研究で得た展望を一つの作業仮説としつつ、史料に対しては謙虚に実証的に検討することを継続していきたいと思う。

〔終章：註〕

（1）山之内靖『システム社会の現代的位相』岩波書店、一九九六年、一四頁ほか。
（2）ヒューマニズムについての定義的研究は数多あるが、とりあえず濱嶋朗他『社会学大辞典』有斐閣、一九七七年。
（3）入間田宣夫『百姓申状と起請文の世界』東京大学出版会、一九八六年、二三一頁。
（4）山田忠雄「幕藩制国家と一揆」『一揆5』東京大学出版会、一九八一年、二〇四頁。
（5）山田忠雄前掲論文、二二三頁。
（6）山田忠雄「近世における一揆の組織と要求」『一揆3』東京大学出版会、一九八一年、八七頁。

（7）　保坂智「民衆社会と一揆（コメント）」『前近代史の新しい学び方』青木書店、一九九六年、一一一三頁。

（8）　酒井直樹『死産される日本語・日本人』新曜社、一九九六年、一三三頁。さらに酒井は「日本のユニークさへの偏執は西洋中心人種主義への反発であると同時に、近代人種主義の裏返しになった日本人による内面化なのである。……日本人論は裏返しになったオリエンタリズムなのである」と述べている（同書、二七八頁）。同趣旨の研究には、尹健次『日本国民論』筑摩書房、一九九七年、イ・ヨンスク『「国語」という思想』岩波書店、一九九六年などがある。

（9）　当面「日本型医療システム」形成を論じた小坂登美子『病人哀史』（勁草書房、一九八四年）や、小坂「戦争と厚生」（『日本通史19』岩波書店、一九九五年）などを手がかりとしたい。また、渋谷定輔が温泉厚生運動のなかで導入しようとした国民健康保険組合員の温泉利用割引制度などは、確証はないが暉峻義等の労働科学研究にヒントを得ていると推定される。暉峻義等『労働力の再編成』（科学主義工業社、一九四〇年）には、病気になった時の健康保険だけではなく「病気にならぬ前に、……新鮮溌剌たる労働力をもって、……最善の健康状態を維持して行くと云ふ心構への下に、健康保険の被保険者となり、健康保険組合を結成してゆかねばならぬ。」と述べられている（九五頁）。同書は、第四章第二節註21の渋谷定輔日記に書き留められているように、温泉厚生運動のなかで暉峻が渋谷にサイン入りで寄贈したもので、現在は「渋谷文庫」に収蔵されている。渋谷が、暉峻の秘書的立場であったことを勘案すれば、労働科学研究と温泉厚生運動と健康保険制度との提携関係が存在したことは推察できそうである。

（10）　「ファシズム国家が国民に健康を求めた」という視点からの研究では、藤野豊の『強制された健康』（吉川弘文館、二〇〇〇年）などがある。「温泉報国」のために温泉厚生運動が企図されていく経過が詳しい（同書、一四一頁）。ただし、本書で扱ったような、在地側の主体的参与者の思想や意識については、十分には検証されていない。

（11）　吉田裕『現代歴史学と戦争責任』青木書店、一九九七年、一八八頁。

（12）　渋谷定輔などは、結果的には「国民」のためにという確信的加担（主体的加担）の例であろうかと思われる。中村政則は、鳥取県農民運動の指導者大山初太郎が、誠心誠意農民たちのことを思って戦時下に自作農創設事業を推進し、農村のファシズム的再編に与してしまったことを例に「歴史の背理」「人間の意図をこえた歴史の転回」があると指摘した。

中村は、「歴史学は、この人間の意図と結果との乖離を生み出す仕組みを明らかにしなければならない」と述べている（中村『日本近代と民衆』校倉書房、一九八四年、九〇頁）。渋谷定輔と大山初太郎に共通する「歴史の背理」を銘記しておきたいと思う。

(13) 丸山真男『現代政治の思想と行動』未来社、一九六四年、六三頁。

(14) 例えば、山本弥作も関与した日本建設協会の『日本建設』（改題号、一九四〇年二月）では、「創立趣意書」のなかで「……たゞ日本民族のみが、東亜協同体の創造を通じて意識的にこの世界史的転換の軌道を進んでゐる」として、「それは三千年来のわが国体原理の中に無限の深さを以て湛えられてゐる」と述べられている（渋谷文庫・雑二―12）。

(15) 伊藤晃が「天皇主義そのものを妥協の枠組みとして、そこに転向者が活動するすき間を与えようとした」と述べているのも、筆者の課題意識と重なる（伊藤前掲書、二一八頁）。

(16) 家永三郎は、「戦争責任の追究は、徒らに国家または個人を非難して快しとするものでないのはもちろん、……今日および将来において、かつてのような、否、むしろ過去のそれとは比較にならない悲惨きわまる状況の再現するのを防止するためである。」と述べている（家永三郎『戦争責任』岩波書店、一九八五年、三九六頁）。

あとがき

東京下町の都立高校教員となって二〇年が過ぎようとしている。この間、地域にねざした体系的な通史像と、そうした歴史学の成果を基盤とする歴史教育をめざしてきた。一方で、都市部である東京・下町の労働運動・公害反対運動・消費組合運動などの民衆運動や、関東大震災時の朝鮮人虐殺事件・亀戸事件などの研究に微力を注いできた。

しかし一方で、「農村・農民運動の勉強をしなくてよいのか。殊に郷里の埼玉県における吉見事件・寄居事件など『戦間期』の農民運動などを研究しなくてよいのか」という思いが常に胸の奥に沈殿していた。そのようななかで『農民哀史』の著者故渋谷定輔の所蔵資料の公開（「渋谷定輔文庫」の開設）と、一九九六年から二年間の上越教育大学大学院へ研修派遣（内地留学）を契機に、本格的に埼玉県農村社会運動史を勉強する決意を固めたのである。

その決意は、「本来は在野ヒューマニストである在地活動家は、なぜ対立するのだろうか」という素朴な疑問からの問題意識に発していた。また、歴史教育と歴史研究に携わる者の一人として、ここ数年来所属学会・研究会の友人たちと追究してきた「歴史学と歴史教育との対話」を、自らの一身において挑戦してみたいという思いもあった。

歴史教育に関して、誤解をおそれずに言えば、歴史教育における一九三〇年代史は、ともすれば「昭和恐慌・慢性的不況から一路戦争へ」という歴史として、政治史・戦争史中心に語られることが多かった。政治史・戦争史などの蓄積は、戦後歴史学の貴重な成果であり共有財産であると考えている。決して安直・かつ「確信犯的」な「自由主義史観」には与しないし、戦後歴史学や歴史教育の成果は「自虐史観」などではない。しかしながら、井上財政・高橋財政・馬場財政と推移した三〇年代は、高橋財政期の一定の経済的好況と馬場財政下での軍拡への転換などを視野に入れる必要があろうし、下からの社会運動の昂揚や「挫折」、さらにその政治意識と民衆思想などまで視野に入れた、ダイナミックで多面的な歴史像を歴史教育のなかでも展望したいと思うのである。

「戦前・戦後」の単純な連続論でも、形式的な断絶論でもなく、連続・非連続の両方の側面を「腑分け」して実証的に再構成する営為も緊急の課題である。これらの歴史教育の課題は、歴史学の課題でもあり、両者の研究上の「対話」を深めることによって、内容構成を再検討する必要があると考えている。

このような努力をとおして、豊かな近現代史像を構築したい。また、（政党のヘゲモニーのみに依拠するのではない）在地の民衆による主体的な変革の思想が紆余曲折しつつ継承された歴史像を、歴史学と歴史教育は、さらに豊かなものにしなければならないと思う。

本書は、その「一里塚」たりえたのであろうか？　はなはだ心許ない。


本書は、一九九八年三月に上越教育大学大学院に修士論文として提出した「埼玉県農民運動の思想史的研究――一九三〇～四〇年代の運動論と政治意識を中心に――」をもとにして、修士論文提出後に収集した史料を利用し、また新しい歴史研究の成果を踏まえて、加筆・補筆したものである。

この修士論文は、高校教員の一六～一七年目にあたる大学院時代の研究のまとめであった。ゼミナールで指導して頂いた上越教育大学の河西英通先生をはじめ、歴史教育学の二谷貞夫先生、地理学の大嶽幸彦先生、マルクス経済学の鈴木敏紀先生、近世史の浅倉有子先生、ロシア史の下里俊行先生ほかたくさんの先生方にお世話になった。良い環境と優れた研究・教育スタッフのもとで過ごした二年間がなかったら、本書は形にはならなかった。

東京大学名誉教授高村直助先生には、二〇数年前の大学時代から不肖の学徒であった私を見捨てることなく、修士論文の草稿の段階で大変丁寧にお読み頂き、数多のご助言を頂いた。電気通信大学教授の安田常雄先生にも、草稿をお読み頂き、渋谷定輔論をはじめ社会運動史の細部にわたってご教示頂いた。一〇年来同じ研究会・学会等でご指導頂いてきた宇都宮大学名誉教授梅田欽治先生には、社会主義運動史に関する私の一面的理解や誤謬などをご指摘頂いた。

また、論文の構想・中間発表の段階では、埼玉県近代史研究会・歴史教育者協議会の会員諸氏や、上越教育大学大学院の河西ゼミ・浅倉ゼミの院生をはじめ多くの院生のみなさんにご助言を頂いた。大学院同級生で、石川県出身の大西保氏には、石川県での私の三回にわたる調査に同行下さり宿泊の便宜まで図って頂いた。石川県での調査から得たものと、その調査を契機とした史料収集は膨大なものとなった。大西氏との出合いがなかったら、つまり石川県の調査が実現しなかったならば、本書で検証できた範囲は、三分の二程度になったのではないかと思う（特記して御礼を申し上げたい）。

学外では、埼玉県比企郡小川町の山本正躬氏（山本弥作御長男）には、四年間に数十回にわたり断続的に訪問しては、倉庫の中の資料群を借用させて頂いた。若輩の私を信頼して下さり、資料の整理・収集・利用などは、「全権委任」のような状況でやらせて頂いた。訪問のたびに、私の資料収集が終わるのを待って焼酎を御馳走になりながら、山本氏から、渋谷黎子と湯沢とめ、山本弥作らについての「昔話」をお聞きするのが楽しみの一つになっていった。一九九八年の一一月には、学習院大学助手桑尾光太郎氏をはじめ一橋大学・学習院大学・早稲田大学の学生・院生諸氏にご協力頂いて、山本氏宅の資料をほぼ全面的に整理・調査して、翌年六月には『山本正躬氏所蔵史料仮目録』を作成することができた。これらも、労苦多き作業と研究活動ではあったが、良い思い出である。

石川県羽咋市の高野源治氏には、石川県の農村社会運動史についてご教示頂いたほか、小川町の山本正躬氏宅に史料が残っていることを示唆して頂いた。埼玉県大里郡寄居町の北条竜介氏（北条英御長男）、新潟県長岡市の塚田源嗣氏（王番田小作争議組合長の御長男）、秋田県日景温泉の日景厚子氏らにも、農村社会運動や温泉厚生運動の資料調査で大変お世話になった。皆さんご多忙中にもかかわらず、私の調査にお付き合い頂いた。

そして、何よりも埼玉県富士見市立中央図書館「渋谷定輔文庫」の本多明美氏、二見多鶴子氏の長年の資料整理のご努力と、その成果に感謝しなければならない（本多氏には本書の校正ゲラも読んで頂いた）。お二人のご尽力がなければ、本書刊行はもちろん、研究の構想すらできなかったと思う。私の史料検証などは、お二人の「手のひらの内」での微力に過ぎなかったのではないかと思うことがある。お二人のご努力に少しでも報いたいという思いがなかったら、怠惰な私は、研究を継続することが出来なかったかもしれない。お二人への感謝の気持ちは、筆舌に尽くせない。

冗長な本書ではあるが、いくらかでも成果を世に問う意味があるとすれば、それは書簡・日記・ビラなどの第一次史料を利用して、思想史的に農村社会運動を検証したということであろうか。その多くは、「大量コピー時代」にある今なお、原稿用紙に筆写するという史料閲覧上の制約をふまえた「手製」の収集史料群である。「史料には、厳密かつ忠実に！」という高村直助先生の教えを実践したつもりでいる。史料収集にご協力下さった方々に、重ねて御礼を申し上げたい。

今、この数年の自己の軌跡を顧みると、「教育の現場」の筆舌に尽くし難いまでの困難な日常や、教員への管理統制攻撃の厳しさに埋没してしまい、自己を叱咤しても疲労や酒宴などが続くと睡魔に勝てず、無為に時を過ごしてしまう日々もあった。だが、「在野ヒューマニスト」の思想的来歴を検証したこの研究の軌跡は、「自分探しの旅」であったようにも思う。「在野ヒューマニスト」群像の思想的「転成と継承」「曲折と一貫性」は、著者の来歴でもあり、本書に登場した多様な群像は、著者の多面的な「自画像」であるように思うからである。

またこの間の研究の「旅」は、「先生、歴史は何故学ぶの？」という高校生たちの基本的かつ本源的な問いへの「答え探しの旅」でもあった。本書の校正を終えた二〇〇一年八月は、復古主義と戦争美化とを基調とする中学校歴史教科書採択をめぐる「攻防戦」のような運動が、燎原の火のように広がった猛暑の夏であった。さらには小泉純一郎首相の「人気」を梃子にした上からの「構造改革」提言や、靖国公式参拝の表明などによって、内外から近現代史認識を問い直す声が高まった夏であった。高校生たちの問いへの回答は一通りでなく、実践と研究の相互の統一的な深化を求める「旅」を継続しなければならない。

昨今の専門書の厳しい出版事情のなかで、刊行を決断頂いた日本経済評論社の栗原哲也社長と、編集者として最後まで厳しいご指摘を頂いた宮野芳一氏に感謝したい。

最後に、私事にわたることをお許し頂きたい。研究・実践・酒宴等で家庭を省みずに過ごしてきた私を支えてくれた妻知世と、私の単著刊行を念願しつつ他界した母と父に本書を捧げたい。

二〇〇一年八月

坂本　昇

【ラ・ワ行】

【ナ行】

【ハ行】

【マ行】

【ヤ行】

【サ行】

【タ行】

人名索引

＊渋谷定輔・山本弥作など頻出人名は，おもな叙述頁のみ掲げてある。

【ア行】

【カ行】

著者略歴

坂本　昇（さかもと　のぼる）

1956年　埼玉県大里郡寄居町生まれ

81年　東京大学文学部国史学科卒業

都立東高校・両国高校をへて

現在，都立葛飾商業高校教諭

98年　上越教育大学大学院（修士課程）修了

主要論文・著書

『日本歴史と天皇』大月書店，1989年（共編著）

『平和と民主主義を考える実物資料』桐書房，1992年（共著）

『現代からの歴史』東京書籍，1995年（共著・教科書）

『戦後史から何を学ぶか』青木書店，1995年（共編著）

『地図でたどる日本史』東京堂出版，1995年（共編著）

『関東大震災政府陸海軍関係史料』日本経済評論社，1997年（共編著）

「総力戦体制下の社会運動史の一側面」『埼玉県近代史研究5号』1998年

「21世紀に向けた現代史学習の課題」『歴史教育・社会科教育年報』三省堂，2000年

近代農村社会運動の群像——在野ヒューマニストの思想

2001年10月1日　第1刷発行

定価（本体3800円＋税）

著　者　坂　本　昇

発行者　栗　原　哲　也

〒101-0051　東京都千代田区神田神保町3-2

発行所　株式会社 日本経済評論社

電話 03-3230-1661　FAX 03-3265-2993

振替 00130-3-157198

装丁＊大貫デザイン事務所

印刷・新栄堂　製本・協栄製本

©Sakamoto Noboru, 2001

落丁本・乱丁本はお取替えいたします．

ISBN4-8188-1371-0

Printed in Japan

R

本書の全部または一部を無断で複写複製（コピー）することは，著作権法上での例外を除き，禁じられています．本書からの複写を希望される場合は，小社にご連絡ください．

阿部英樹著
近世庄内地主の生成
A５判　236頁　4500円

戦前までに多くの大地主を輩出した庄内平野の「菱津村」および本間家に次ぐ第二位の大地主「秋野家」の分析を縄伸び地集積の実態を通して，その形成過程を解明する。（1994年）

大鎌邦雄著
行政村の執行体制と集落
―秋田県由利郡西目村の「形成」過程―
A５判　396頁　5800円

国家の農業政策は，ほとんど何らかの形で集落を介して農家へ浸透してきた。このような行政システムはどのような歴史過程を経て形成されたか。また如何なる性格であるか。（1994年）

関東大震災70周年記念行事実行委員会編
この歴史永遠に忘れず
―記念集会の記録―
四六判　300頁　2500円

あの時，何がおこったのか。10万余の死者及び行方不明者を出す中で，6000人を超える大虐殺が行われた。この愚行はくり返してはならない。語り継ごうとする人々の集会記録。（1994年）

西田美昭編
戦後改革期の農業問題
―埼玉県を事例として―
A５判　540頁　8500円

戦後日本農業の出発点となった戦後改革期の農業問題の構造を総体的にとらえる。食糧危機からの脱出，農地改革，農業会の解散，農協の設立など情勢変化の背後にあるものを究明する。（1994年）

小風秀雅・阿部武司・大豆生田稔・松村　敏編解題
実業の系譜　和田豊治日記
―大正期の財界世話役―
A５判　316頁　4800円

渋沢栄一に続く財界世話役といわれた和田は，富士紡の社長を務めながら日本工業倶楽部の設立や数多くの企業経営にかかわる。残された日記は大正期財界の姿を再現させる。（1993年）

麻井宇介著
日本のワイン・誕生と揺籃時代
―本邦葡萄酒産業史論攷―
A５判　420頁　4500円

文明開化，殖産興業のもと，日本のワイン造りは始まるが，それは失敗の連続であった。ワイン隆興の今日，本格ワインの国産化を夢みた人々とその先駆的業績に迫る。（1992年）

大石嘉一郎・西田美昭編著
近代日本の行政村
―長野県埴科郡五加村の研究―
A５判　784頁　14000円

近代天皇制国家の基礎単位として制度化された行政村が，いかにして民主的「公共性」を獲得していったか。膨大な役場文書を駆使し，近代日本の政治構造をその基底から捉え直す。（1991年）

長原　豊著
天皇制国家と農民
―合意形成の組織論―
A５判　465頁　5200円

天皇制は上からの支配機構として強調されてきた。しかし，いかなる国家も下からの合意なしには成立しえない。戦前期，農民の組織化はいかなるメカニズムの中で形成されたか。（1989年）

牧原憲夫著
明治七年の大論争
―建白書から見た近代国家と民衆―
A５判　274頁　3400円

政事に関与することのできなかった民衆が，建白書をもって政府に本格的な論争をいどみはじめた明治７年。建白書と新聞投書から近代国家成立時の「国家と人民」を把える。（1990年）

上山和雄著
陣笠代議士の研究
―日記にみる日本型政治家の源流―
A５判　321頁　2800円

地盤・看板・鞄が命の日本の政治家。明治・大正・昭和を通して政治家としての道を歩んだ，神奈川県の一代議士の日記・出納帳・書簡をもとに，日本型政治家の源流を探る。（1989年）

久留正義著
黎明期労働運動と久留弘三
四六判　311頁　2000円

大正デモクラシーの主人公の一人久留弘三は，野坂参三らと共に友愛会に身を投じ，日本労働総同盟に育てあげた気鋭の労働運動家であった。弘三の息子が綴る同志への鎮魂歌。（1989年）

表示価格に消費税は含まれておりません

高島緑雄著
関東中世水田の研究
―絵図と地図にみる村落の歴史と景観―
B５判　196頁　5800円

極めて稀に残された一枚の絵図。ここから南武蔵，品川，荏原郡，上総香取社の水系に描きだされる中世の景観と生活を現代に読む。
(1997年)

野本京子著
戦前期ペザンティズムの系譜
―農本主義の再検討―
A５判　240頁　4200円

日露戦争以後第二次大戦に至る時期は農業問題（小農保護）が顕在化する。横井時敬・岡田温・山崎延吉・千石興太郎・古瀬伝蔵ら農本主義者の思想と運動を検討し，日本農業を解析する。　(1999年)

西田美昭・加瀬和俊編著
高度経済成長期の農業問題
―戦後自作農体制への挑戦と帰結―
A５判　458頁　6200円

1960年から始まる急激な農村構造・農家経営のさなか，自立農家形成をめざし，大型機械の集団的導入，水田酪農共同経営を展開した茨城県稲敷郡東村の変遷を実証的に分析。　(2000年)

長谷川昭彦著
近代化のなかの村落
―農村社会の生活構造と集団組織―
四六判　274頁　2700円

資本主義経済の浸透による農村の変化は，共同体から個人へと志向が移った近代社会の変容と一致する。その中で農村が失ったものは？
(1997年)

波形昭一・堀越芳昭編著
近代日本の経済官僚
A５判　350頁　4400円

近代化と共に形成された官僚制度の経緯と特徴を国内外の環境，政党の盛衰などとの関連で分析。戦間期，大蔵・商工・農林・内務・鉄道・植民地の（新・革新）官僚たちの行動。　(2000年)

林宥一著
近代日本農民運動史論
A５判　360頁　5200円

社会の底辺におかれた小作農民の運動を一貫して追究し，農民運動が不可避的に生存権要求へと結びつくことを描いた画期的労作。
(2000年)

森　武麿・大門正克編
地域における戦時と戦後
―庄内地方の農村・都市・社会運動―
A５判　354頁　5100円

山形県庄内地方の農村と鶴岡を中心にとりあげ，当時の多様な社会運動との関連にも光をあてて第二次大戦前から戦後にかけた地域社会変貌の総体的把握をめざす。　(1996年)

大門正克著
近代日本と農村社会
―農民世界の変容と国家―
A５判　410頁　5600円

大正デモクラシーから戦時ファシズム体制への変化，及び明治社会から現代社会への移行の契機が現われた時期の農村社会と国家の相互関連を山梨県落合村を事例として検討する。(1994年)

森　武麿・大門正克編
地域における戦時と戦後
―庄内地方の農村・都市・社会運動―
A５判　354頁　5100円

山形県庄内地方の農村と鶴岡を中心にとりあげ，当時の多様な社会運動との関連にも光をあてて第二次大戦前から戦後にかけた地域社会変貌の総体的把握をめざす。　(1996年)

栗原るみ著
1930年代の「日本型民主主義」
―高橋財政下の福島県農村―
A５判　372頁　5900円

1930年代，福島県伊達崎村長の日記を通して農村における合意の具体的なあり方を検討し，実証的に解明。経済政策の実施過程における国民の参加のレベルを日本型民主主義論に論理化することをめざす。　(2001年)

河地　清著
福沢諭吉の農民観
―春日井郡の地租改正反対運動―
A５判　223頁　3300円

農民林金兵衛と啓蒙思想家福沢との出会い。２人の書簡類，関係記事等をとおして，歴史の中の心の触れ合いを探りつつ，「福沢思想」の農民運動に対する影響，地方への伝播を論考する。　(1999年)

表示価格に消費税は含まれておりません